Leitfaden für den Waldbau.

Von

W. Weise,

Kgl. Preuß. Oberforstmeister, Forst-Akademie-Direktor a. D.

Vierte Auflage.

Berlin.

Verlag von Julius Springer.

1911.

ISBN-13:978-3-642-90562-9 e-ISBN-13:978-3-642-92419-4
DOI: 10.1007/978-3-642-92419-4

Softcover reprint of the hardcover 4th edition 1911

Druck von E. Buchbinder (H. Duske) in Neuruppin.

Dem

Königlich Preußischen Oberlandforstmeister und

Ministerial-Direktor a. D. Mitglied des Staatsrats

Herrn

Wirklichen Geheimen Rat K. Donner

in Dankbarkeit und Verehrung.

Vorwort zur ersten Auflage.

Das vorliegende Buch soll nicht mehr sein als sein Titel besagt, nämlich ein Leitfaden. Es verzichtet also auf eine ausführliche Darstellung, wie sie ein Lehrbuch enthalten soll und muß.

Ein Leitfaden soll nach meiner Ansicht gerade soviel geben, daß das Gedächtnis unterstützt wird, um sich schnell den Stoff in seinem vollen Umfange und in geordneter Weise zurückrufen zu können. Erfüllt er richtig seinen Dienst, so gibt er die Grundzüge, die der Dozent im freien Vortrage weiter auszuführen hat, und ebenso gibt er dem Studierenden soviel Anhalt, daß ihm beim Lesen der Vortrag wieder lebendig wird.

Mein Wunsch ist, daß das Buch das Nachschreiben der Studierenden im Kolleg, wie es ohne solchen Leitfaden geübt wird, beseitigen möge. Es hat folgendes gegen sich: Die Lehre vom Waldbau enthält viele Materien, die derartig sind, daß sie jeder sofort versteht und wieder andere, die für den fertigen Forstmann zwar mit wenigen Worten zu erledigen, für den Anfänger aber schwer verständlich sind, und endlich solche, die wirklich ausführlich dargelegt werden müssen. Die Rücksicht auf das Nachschreiben bindet den Dozenten nur zu oft derartig, daß er beim Einfachsten zu lange verweilt, während er bei schwierigsten Dingen, namentlich wenn der Schluß des Semesters winkt, eilen und den schwächer begabten Teil der Studenten auf Selbststudium anweisen muß. — Den freien Vortrag möchte ich von diesem, den Vortragenden ebenso wie die Zuhörenden oft schwer belastenden Gewicht befreien.

Das Buch soll jedoch nicht nur den Studierenden dienen; ich hoffe vielmehr, daß es bei der kurzen, das Tatsächliche überall heraushebenden Darstellung auch bei älteren Fachgenossen seinen

Eingang finden wird. Ein wirklich kurzes Buch über den Waldbau fehlte bisher.

Was die äußere Anordnung des Stoffs betrifft, so findet der geneigte Leser im allgemeinen Teil und in der Standortslehre eine für jeden Abschnitt neu beginnende Nummerfolge. Sie bietet Anhalt für Vortrag, Repetitorium und auch für das Examen. Jede Nummer ist besonderer Gegenstand des Vortrags, sie sollte es auch beim Repetitor sein und kann dem Examinator Stoff zu Fragen geben. Für ältere Forstleute hat die Numerierung ebenfalls Wert, denn es erhält dadurch mancher Satz erhöhte Bedeutung und unwillkürlich wird die Frage angeregt: Weshalb ist er unter besondere Nummer gestellt? Wäre es nicht geschehen, so würde man vielleicht einfach darüber fortlesen, während jetzt die folgende Nummer unwillkürlich ein Halt zuruft.

Möge die bescheidene Gabe eine wohlwollende Aufnahme finden!

Karlsruhe, im November 1887.

Weise.

Vorwort zur dritten Auflage.

Der Inhalt des Leitfadens ist in allen Abschnitten ergänzt. Ganz neu ist der Abschnitt des allgemeinen Teils über Durchforstungen bearbeitet. Ich hoffe, daß die gebotene Darstellung denselben Beifall in der Praxis finden wird, den bei der ersten Auflage die Bearbeitung der Betriebsarten fand. Wie damals auf diesem Gebiete vielen Fachgenossen die Übersicht verloren gegangen war, so auch heut auf jenem. Es war notwendig, die einzelnen Verfahren nach durchgreifenden Gesichtspunkten neu zu ordnen.

Münden, im September 1903.

Weise.

Vorwort zur vierten Auflage.

Zeitgemäß ergänzt, hier und da auch zeitgemäß gekürzt, erscheint das Buch fast in gleichem Umfange wie die dritte Auflage. Reges Leben herrscht in der Waldbau-Literatur und Praxis. Es will mir aber scheinen, daß jene freier sich entwickelt, diese dagegen vielfach unter dem Zwange leidet, der ihr durch die Forderung strengster Nachhaltigkeit auferlegt wird. Es trifft das namentlich die Wirtschaft in natürlicher Verjüngung, im Plenterwald, Mittelwald und in Erlenbrüchern. Auch die von Professor Wagner in Tübingen empfohlene Wirtschaft wird sich schwer mit diesem Zwange abfinden. Volle Freiheit waldbaulicher Betätigung kann erst kommen, wenn die Sorge jährlich gleichmäßiger Geldrenten einem Geldreservefonds übertragen ist. Langsam mehren sich die Anzeichen, daß diese Zeit herannaht, jedenfalls stehen wir jetzt so, daß der Gedanke an solche Befreiung der Wirtschaft nicht mehr von der Tagesordnung verschwinden kann.

Münden, im August 1911.

Weise.

Inhalt.

Dritter Abschnitt.

Die Bestandspflege.

Vierter Abschnitt.

Die Betriebsarten.

Seite

II. Standort und Waldbau.

Erster Abschnitt.

Die physikalischen Eigenschaften des Bodens in ihren waldbaulichen Forderungen und Rückwirkungen

Zweiter Abschnitt.

Die Bodenarten in ihren Eigenschaften, waldbaulichen Forderungen und Rückwirkungen.

Dritter Abschnitt.

III. Angewandter Teil. Waldbau der einzelnen Holzarten.

Erster Abschnitt.

Laubhölzer.

Zweiter Abschnitt.

Nadelhölzer.

Begriff und Einteilung.

Die Lehre vom Waldbau gibt einerseits die Methoden und Regeln an, wie unter Beachtung der obwaltenden Standortsverhältnisse die Bestandsbegründung auszuführen ist, andrerseits auch die Maßregeln, durch welche eine gedeihliche Entwickelung vorhandener Bestände erreicht wird.

Die Waldbauregeln können niemals als ganz allgemein gültig ausgesprochen werden, weil die Verhältnisse des Standorts zu viele Kombinationen zulassen und danach für die Praxis jede Regel mehr oder weniger gewandelt werden muß. Aufgabe der Theorie ist es, soweit zulässig, die Regeln festzulegen und damit die Grundlage für den Unterricht zu gewinnen, nur aus der Praxis kann dagegen die Urteilskraft für richtige Wandelung der Regel gewonnen werden.

Der Stoff ist zu gliedern in

I. einen allgemeinen Teil, darunter
  1. die Lehre von den reinen und gemischten Beständen;
  2. die Bestandsbegründung,
    A. die künstliche,
      Titel I. Saat,
      " II. Pflanzung;
    B. die natürliche;
  3. die Bestandspflege;
  4. die Betriebsarten mit ihren verschiedenen Bestandsformen;

II. Standort und Waldbau.

Nachdem die Standortslehre mit vollem Recht sich zu einem selbständigen Zweige ausgebildet hat, ist dem Waldbau nur die

Aufgabe verblieben, die Beziehungen und Wechselwirkungen zwischen Waldbau und Standortsfaktoren zu besprechen, und es ist daher der Teil wie oben betitelt, darunter aber zu besprechen:

1. die physikalischen Eigenschaften des Bodens in ihren waldbaulichen Forderungen und Rückwirkungen;
2. Die Bodenarten in ihren Eigenschaften, waldbaulichen Forderungen und Rückwirkungen,
3. Luft, Klima und Waldbau.

III. einen angewandten Teil, den Waldbau der einzelnen Holzarten, nämlich

Erster Abschnitt: Laubhölzer

a) Eichen
b) Buche
c) Hainbuche
d) Rüstern
e) Esche
f) Ahorne
g) Edelkastanie
h) Erlen
i) Birken
k) Weiden
l) Pappeln
m) Robinie (Akazie)
n) Nachlese in Laubhölzern;

Zweiter Abschnitt: Nadelhölzer

o) Weißtanne
p) Fichte
q) Kiefer
r) Lärche
s) Strobe (Weymouthskiefer)
t) Nachlese in Nadelhölzern.

Literatur.

Die Anfänge der Waldbau-Literatur liegen weit zurück in Weistümern und Forstordnungen. Die Literatur der Hausväter ist wenig einflußreich gewesen. Viel bedeutender sind die Schriften der Cameralisten, deren Wert aber verblaßte mit G. L. Hartigs Auftreten. Von diesem ab ist eine fortlaufende Entwickelung bis zur Gegenwart.

Hartig, Anweisung zur Holzzucht für Förster. 1791 (bis 1818 8 Aufl.).

Cotta, Anweisung zum Waldbau. 1816. Die nach Cottas Tode herausgekommene 5. und 6. Auflage ist von seinem Sohne August v. Cotta bearbeitet, die 7. und 8. durch E. v. Berg, die 9. durch einen Enkel Cottas Heinrich v. Cotta.

Pfeil, Holzkenntnis und Holzerziehung als Band I von: Vollständige Anleitung zur Behandlung, Benutzung und Schätzung der Forsten 1820/21.

Pfeil, Das forstliche Verhalten der deutschen Waldbäume und ihre Erziehung als zweiter Band der neuen vollständigen Anleitung zur Behandlung usw. 1829. 2. Auflage 1839. 3. Auflage 1854.

Pfeil, Die deutsche Holzzucht. 1860. Aus dem Nachlaß herausgegeb.

Gwinner, Der Waldbau in kurzen Umrissen. 1834. Die 4. Aufl. 1858 ist von Dengler herausgegeben als Waldbau in erweitertem Umfang.

Stumpf, Anleitung zum Waldbau. 1849. (3. Aufl. bis 1863.)

Heyer (Carl), Der Waldbau oder die Forstproduktenzucht. 1854. Die 2. Aufl. 1864 und 3. Aufl. 1878 sind von Gustav Heyer bearbeitet. Eine vierte Auflage ist in neuer Bearbeitung von Heß 1893 herausgegeben, desgl. die fünfte 1909.

Burckhardt, Säen und Pflanzen nach forstlicher Praxis. 1855 (5. Aufl. bis 1880). Die 6. Auflage ist 1893 von seinem Sohne Albert Burckhardt herausgegeben.

Gayer, Der Waldbau 1878. 1882. 1889. 1898.

Heß, Die Eigenschaften und das forstliche Verhalten der wichtigeren in Deutschland vorkommenden Holzarten. Ein akademischer Leitfaden zum Gebrauch bei Vorlesungen über Waldbau 1883. 1895.

Ney, Lehre vom Waldbau für Anfänger in der Praxis. 1884.

Borggreve, Die Holzzucht. 1885. 1891.

Dittmar, Der Waldbau. Ein Leitfaden für den Unterricht und die Praxis, ein Handbuch für den Privatwaldbesitzer. 1910.

C. Wagner, Die Grundlagen der räumlichen Ordnung im Walde. 1907. 2. Auflage im Druck.

Mayr, Waldbau auf naturgesetzlicher Grundlage 1909.

Sehr zu empfehlen ist auch das Studium der Forst-Ästhetik von H. v. Salisch 1885. 1902. 1911.

Außerdem bringen die encyklopädischen Werke die Lehre vom Waldbau; von ihnen sind besonders zu nennen:

G. L. Hartig, Lehrbuch für Förster und für die, welche es werden wollen. 1808. Bis 1877 11 Auflagen, 8.—11. in Bearbeitung von Th. Hartig.

Borggreve, Hartigs Lehrbuch für Förster nach der 3. Auflage (1811) für den ersten Unterricht im Forstwesen zeitgemäß bearbeitet. 1871. 1875.

1*

Hundeshagen, Encyclopädie der Forstwissenschaft. 1822. Bis 1843 4 Auflagen. Die 3. und 4. ist von Klauprecht herausgegeben.

v. Fischbach, Lehrbuch der Forstwissenschaft. 1856. Bis 1886 4 Auflagen.

Lorey 1887/88, Handbuch der Forstwissenschaft. Erster Band, 1. Abteilung VI, S. 515 ff. Waldbau von Lorey. Die zweite Auflage ist herausgegeben von Stötzer, 1903, von diesem ist auch der Waldbau bearbeitet, Band I unter IV, S. 413 ff.

Für die Ausbildung der Forstschutzbeamten sind außer dem schon genannten Hartig-Borggreveschen Buch geschrieben:

Grunert, Die Forstlehre. 1872. 4 Auflagen.

Westermeier, Leitfaden für die Försterprüfungen. Ein Handbuch für den Unterricht und Selbstunterricht unter Berücksichtigung der preußischen Verhältnisse sowie für den praktischen Forstwirt. Elfte umgearbeitete Auflage 1911.

Müller, Leitfaden zur Einführung der Lehrlinge in das Forst- und Jagdwesen. 1883.

Neudammer Försterlehrbuch. Ein Leitfaden für Unterricht und Praxis, sowie ein Handbuch für den Privatwaldbesitzer bearbeitet von Prof. Dr. A. Schwappach, Prof. Dr. C. Eckstein, Oberförster E. Herrmann, Forstass. Dr. W. Borgmann 1899. 2. Aufl. 1902. 3. Auflage 1908.

I. Allgemeiner Teil.

Erster Abschnitt.

Die Lehre von den reinen und gemischten Beständen.

A. Allgemeines.

1. Unter einem Bestande versteht man die Vereinigung vieler Holzpflanzen zu einem solchen Ganzen, daß es in allen Lebensaltern Gegenstand wirtschaftlicher Sonderbehandlung ist bezw. sein kann.

Ist das nicht möglich, so haben wir es nicht mit Beständen, sondern nur mit Bestandsteilen, z. B. Horsten, Gruppen, Einzelstämmen zu tun.

Rein nennt man die Bestände, wenn nur eine Holzart darin vertreten ist, gemischt, wenn es mehr sind.

Das Ziel der heutigen Wirtschaft kann nur die Erziehung von Nutzholz sein. Die Verwendung von Brennholz ist seit mehr als 50 Jahren in stetem Sinken und zwar durch die erleichterte Zufuhr von Kohle und die Verwendung von Gas und Elektrizität. Nutzholzuntüchtiges Holz kann in ferner Zeit dennoch wieder mehr Wert erhalten, weil der Stoff Holz als solcher sehr umwandlungsfähig durch chemische Behandlung ist.

2. Nicht alle Holzarten treten in reinen Beständen auf, es sind vielmehr in Deutschland nur

die Laubhölzer: Eiche, Buche, Edelkastanie, Hainbuche, Erle, Birke, Weide;

die Nadelhölzer: Weißtanne, Fichte, Kiefer, Strobe, Lärche.

Die reinen Laubholzbestände haben in den letzten 100 Jahren viel an Raum verloren, die Eiche namentlich deshalb, weil der

Boden, auf dem sie sich kraftvoll entwickelte, urbar gemacht ist und landwirtschaftlich benutzt wird, die Buche, weil sie zu wenig Nutzholz liefert, die Erle, weil Flußkorrektionen, Entwässerungen, Dränagen den Grundwasserspiegel senkten, die Birke, weil unter ihr der Boden verwildert. Gegenwärtig verdanken die meisten Bestände der Eiche, ebenso wie die der Edelkastanie, Birke, Weide, Lärche und Strobe ihr Dasein dem künstlichen Anbau und besonderer waldbaulicher Pflege.

3. Das Vermögen im geschlossenen Bestande zu erwachsen ist bei den einzelnen Holzarten ein verschiedenes.

Schluß ist vorhanden, wenn keine weiteren Stämme auf der Fläche Platz haben. Bei Schluß werden durch die nachteiligen Folgen des Seitenschattens und der Berührung der Kronen bei Wind fort und fort Stämme in der seitlichen Entwicklung der Kronen behindert, auch leiden die unteren Äste in der Regel durch Überschattung.

4. Die Bedingungen des Schlusses können auf sehr verschiedene Weise erfüllt werden; Einfluß haben: die Bestandsbegründung, der Standort, die Holzart, das Alter der Bestände.

5. Die natürliche Verjüngung liefert die dichtesten Jungbestände, Pflanzung in der Regel die lichtesten. Später gleichen sich von Natur und durch die Durchforstungshiebe die Stellungen aus. Bis zu einem verhältnismäßig hohen Alter läßt sich die lichte Stellung der Stämmchen in der Jugend an tiefgehender Beastung bezw. deren Überbleibseln erkennen und andrerseits eine dicht geschlossene an der Astreinheit. Diese wird nur im Schluß erzeugt, während jede freie Entwickelung der Stämme in der Jugend starke Astentwickelung nach sich zieht. Oft wird daher der Abtriebswert der Bestände schon durch die Stellung der Stämmchen in der Jugend beeinflußt. In der Regel kommt es bei Jungwüchsen viel mehr auf die Qualität des zuwachsenden Holzes und auf die Art des Stammaufbaues an, als auf rasche Massenerzeugung.

6. Je mehr der Standort den Ansprüchen der vorhandenen Holzart angepaßt ist, um so größer wird die Fähigkeit, Zweige lebend auch in Überschattung und im Seitenschatten zu erhalten. Die Kronen werden dadurch dichter und die gleiche Blattmenge wird auf kleinerem Raume gefunden, zugleich wird die Beschirmung des Bodens verstärkt, die Streudecke vermehrt und größere Nährstoffmenge auf bestimmtem Raume gewährt. Damit in Zusammenhang steht, daß unter der Voraussetzung gleicher Ausbildung der Einzel-

stämme auf dem besseren Standorte mehr Stämme stehen als auf dem geringeren. Bei einer Bestandshöhe von 23 m stehen z. B. in normalen Kiefernbeständen I. Bonität über 800 Stämme, auf III ca. 470. Bei einem mittleren Durchmesser von 31 cm stehen in solchen Beständen I. Bonität ca. 600, III. ca 470.

7. Die verschiedenen Holzarten stellen sich nachbarlich ebenfalls verschieden zueinander. In der Regel verlangen lichtbedürftige Holzarten wie z. B. die Kiefer, die Lärche, die Eiche größeren Wachsraum, Schattenhölzer wie z. B. Fichte und Weißtanne kleineren.

8. In der Jugend halten alle Holzarten dichteren Schluß als im Alter; namentlich tritt das hervor bei der Esche und den Ahornen, sodann bei Eiche, Birke, Kiefer und Lärche. Je höher das Holz mit zunehmendem Alter wird, um so deutlicher bildet sich selbst bei Weißtannen und Fichten um jeden Stamm ein Ring aus, der die Krone von der des Nachbarn trennt. Es ist das leicht zu erklären durch die größere und kraftvollere Bewegung, in welche die Stämme bei Wind gesetzt werden. Die Kronen nahestehender Bäume reiben sich nämlich dadurch und dabei an ihrer Peripherie so stark, daß dort Blätter und Knospen verloren, junge Zweige aber und namentlich die noch krautigen Triebe abgebrochen werden.*)

Der Vorgang ist bei den einzelnen Holzarten verschieden. Bei der Eiche brechen namentlich die jungen Maitriebe aus, bei der Buche findet man im Frühjahr viel abgerissene Blätter und Blattstücke, die schlaff herabhängenden jungen Triebe werden aber selten ganz abgerissen, bei den Fichten und Weißtannen brechen die jungen Vorschläge aus, während die Kiefer mit ihren aufrecht stehenden Neutrieben im Frühjahr sich zu schützen weiß. Dagegen verliert sie in dem Kampfe Nadeln und Knospen, wenn die Maitriebe verholzen, auch ist in älteren Kiefern das dünne Astholz besonders brüchig, so daß nach jedem Sturm der Boden mit einer Menge von Zweigwerk bedeckt ist.**)

Unter der Voraussetzung der Gleichaltrigkeit wächst in normalen Beständen die Stammzahl mit sinkender Bonität. 60jährige Kiefernbestände haben z. B. auf I. zwischen 900—1000, III. zwischen 1300 und 1400, V. ca. 2600. Es steht das nicht mit dem unter

*) Oft irrtümlich als Absprünge angesehen.

**) Vgl. Wochenblatt, „Aus dem Walde", 1887, Nr. 23 u. 24. Weise, Die Wirkung des Nebenbestandes und des Windes auf die Beastung der Bestände.

Nr. 6 Vorgetragenen in Widerspruch, ist vielmehr deshalb leicht erklärlich, weil die Ausbildung des Einzelstammes immer geringer wird, je geringer die Ertragsklasse wird. Damit sinkt der Raum, den jeder beansprucht, und es kann die Stammzahl wachsen. Es hat z. B. ein 60jähriger Kiefernbestand bei vorgenannten Stammzahlen

auf Bon. I. einen Mittelstamm von 22 m Höhe u. 24 cm Durchm.
" " III. " " " 15 " " " 18 " "
" " V. " " " 11 " " " 11 " "

9. Man unterscheidet in der Stellung der Stämme eines Bestandes zueinander die Abstufungen:

gedrängt, geschlossen, licht, räumlich.

Allgemein gultige Begriffserklärungen hierfür gibt es nicht. Wir können aber folgendes zur Charakteristik sagen: Beim gedrängten Stande wird Höhen- und Durchmesserzuwachs zurückgehalten, die Krone hat seitlich abnorm kleine Ausdehnung, auch ist sie im Verhältnis zur ganzen Stammlänge kurz. In normal geschlossenen Kieferbeständen fand Verfasser z. B., daß die Länge der Krone von der ganzen Länge der Stämme vom 50. Jahre ab 31% beträgt;*) Bühler fand später und zwar unabhängig also ohne Kenntnis von diesen Untersuchungen für die Fichte vom 60. Jahre ab 33%.**) Beim lichten Stande findet eine seitliche Beengung überhaupt nicht statt, es kann aber eine solche — und damit der Schluß — durch Zuwachs noch herbeigeführt werden; beim räumlichen Stande ist das unmöglich.

10. Der Schlußstand beeinflußt auch die Art, wie sich der Jahrring ablagert. Im gedrängten Stande erfolgt nennenswerter Zuwachs nur im oberen Teile des Schafts, nach unten wird der Ring immer schmaler, ja die Ringbildung kann völlig aussetzen. Im Lichtstande ist der Zuwachsring in den unteren Teilen des Baumes am breitesten, verschmälert sich nach oben. Der Ringflächenzuwachs nimmt in deutlicher Weise von unten nach oben ab.

Zwischen diesen Extremen liegen je nach Schlußstellung die Zwischenformen der Ringablagerung. Bei einem gewissen Maß von Schluß wird in allen Teilen unter der Krone annähernd gleicher Ringflächenzuwachs gefunden, woraus sich ergibt, daß die lineare

---

*) Zeitschrift für Forst- u. Jagdwesen, 1885, S. 380. Zur Frage der Bestandsnormalität.

**) Mitteilungen der Schweizer Zentralanstal f. d. forstlichen Versuchswesen, Band II, 1892. Bühler u. Flury, Untersuchungen über die Astreinheit.

Ringbreite von unten nach oben am Stamme zunimmt. Eine Stellung, die diesen Wuchs bewirkt, wird von den meisten Forstleuten als die normale angesehen.

11. Der normale Schluß, über dessen Begriffsbestimmung viel gestritten ist, ohne daß eine Einigung erreicht ist, kann, wie aus dem eben vorgetragenen folgt, nicht gleichbedeutend sein mit engstem Stand. Normaler Schluß ist vielmehr nur dann vorhanden, wenn der auf die Flächeneinheit bezogene Zuwachs des ganzen Bestandes sich im Maximum bewegt. Beim räumlichen und lichten Bestande kann stammweise ein sehr hoher Zuwachs vorhanden sein, faßt man aber die Stämme eines Hektars als ganzes auf, so bleibt trotzdem die eine oder die andere der massebildenden Größen und damit der Gesamtzuwachs zurück.

12. Aus den zahlreichen von den Versuchsanstalten ausgesuchten Normalbeständen ergibt sich, daß die Massenteilung, wenn fünf Klassen nach der Stärke und gleichen Stammzahlen gebildet werden, vom reiferen Stangenholzalter an bestimmte Gesetzmäßigkeit zeigt. Die Klasse der stärksten Stämme hat 40% der Masse, die folgende 24, die mittlere 17, die folgende 12, die der schwächsten Stämme 7%. Diese Zahlen gelten nach vollzogener mäßiger Durchforstung und für einen Zeitraum von 30—60 Jahren. Abweichungen der Art, daß die Klasse der stärksten Stämme erheblich mehr, die letzte erheblich weniger zeigt, deuten immer darauf hin, daß der Bestand gedrängt steht, ebenso wie umgekehrt ein hoher Massenanteil bei der schwächsten Klasse auf lichte Stellung schließen läßt.

13. Der normale Schluß läßt sich also ganz gut umstellen, wenn man beachtet: im allgemeinen die Stellung der Stämme zueinander, im besonderen die Kronenausbildung, den Zuwachs in Höhe und Durchmesser, die Art der Jahrringablagerung und die Teilung der Massen bei fünf nach Stammstärken gebildeten Klassen.

14. Im allgemeinen ist die Beurteilung eines Schlußmaßes am leichtesten, wenn man außer Holzart und Bestandsalter die auf das Hektar bezogene Querflächensumme in Brusthöhe, d. i. 1,3 m vom Boden gemessen, angibt.

15. Am Bestandszuwachse beteiligen sich im geschlossenen Bestande die Stammklassen um so mehr, je stärker im Durchmesser die Einzelstämme sind. Annähernd arbeiten sie an Herstellung des Bestandszuwachses nach dem Verhältnis, durch welches auch ihr

Massenanteil am Bestande bezeichnet wird. Die stärkeren Stämme wachsen aber noch mehr zu, die schwächeren dafür weniger.

Wenn also bei fünf nach Stammstärken und gleichen Stammzahlen gebildeten Klassen die der stärksten Stämme vier Zehntel der Bestandsmasse hat und trotz der mit steigendem Alter eintretenden Stammzahlminderung behält, so muß sie vom Zuwachs mehr als vier Zehntel produziert haben. Weitere Überlegung ergibt, daß die Stämme, die stärker als der Bestandsmittelstamm sind, mindestens drei Viertel des ganzen Zuwachses bringen.

16. Das Alter der den Bestand bildenden Stämme ist selten ein völlig gleiches. Man übersieht aber geringe Unterschiede und nennt die Bestände nur bei großen ungleichaltrig. Es ist das bei jüngeren Orten um so eher gerechtfertigt, als durch natürliche Ausscheidung und den Durchforstungsbetrieb die Ungleichaltrigkeit abgestumpft wird, auch wohl einmal ganz verschwinden kann.

Im allgemeinen nimmt das Alter in einem nicht gleichaltrigen Bestande mit der Stärke der Stämme zu, so daß im großen Durchschnitt die schwächsten auch die jüngsten und entgegengesetzt die stärksten die ältesten sind. Damit in Verbindung steht, daß bei Berechnung des Alters aus gefällten Probestämmen das Alter mitunter nicht so wächst, wie die zwischen zwei Untersuchungen liegende Zeit ergibt. Da die schwächeren Stämme hauptsächlich im Wege der Durchforstung fallen, so kann nämlich das rechnungsmäßige Alter mehr zunehmen als Jahre zwischen den Untersuchungen liegen. Hat ein 60jähriger Bestand z. B. nach den Probestämmen die Alter 50, 55, 60, 65, 70 ergeben und fallen in den nächsten 20 Jahren die Stämme, die jetzt unter 55 zählen, so können dann nur Stämme in Rechnung treten, die zwischen 75 und 90 liegen, der Durchschnitt muß demgemäß mehr als 80 ergeben.

17. Für gleichaltrige Bestände unterscheidet man:

Schonungen oder Kulturen;

Dickicht, vom Beginne des Schlusses bis zum Beginne der natürlichen Stammreinigung;

Stangenholz und zwar geringes, wenn es durchschnittlich in 1,3 m vom Boden bis 10 cm hat, starkes, wenn es von 10—20 cm dort mißt;

Baumholz, mit der besonderen Bezeichnung: geringes Baumholz bei 20—35 cm Durchmesser des Mittelstammes, mittleres bei 30—50 cm, starkes bei 50 cm und mehr.

18. Die Ausbildung der einzelnen Stämme eines Bestandes ist eine sehr ungleiche. Deshalb hat man wiederholt eine allgemein verständliche Zergliederung des Bestandes versucht.

19. Der von den Versuchsanstalten aufgestellte erste Arbeitsplan unterschied vorherrschende und herrschende, zurückbleibende, unterdrückte, absterbende Stämme.

Zur Erläuterung galt folgendes: Die vorherrschenden und herrschenden Stämme bilden den Hauptteil der Masse und setzen den oberen Bestandsschirm zusammen; die zurückbleibenden nehmen nur soweit noch an diesem Schirm teil, daß bei ihrer Fortnahme zwar eine sichtbare aber von den Nachbarstämmen leicht und rasch zuziehbare Lücke entsteht. In der Regel liegt der größere Kronendurchmesser dieser Stämme tiefer als bei den herrschenden. Die unterdrückten verursachen bei ihrer Entfernung keine Unterbrechung des Schirmes.

20. Der neue Arbeitsplan unterscheidet:

I. Herrschende Stämme. Diese umfassen alle Stämme, welche an dem oberen Kronenschirm teilnehmen und zwar:

1. Stämme mit normaler Kronenentwickelung und guter Stammform.
2. Stämme mit abnormer Kronenentwickelung oder schlechter Stammform.

Hierher gehören:

a) eingeklemmte Stämme,
b) schlechtgeformte Vorwüchse,
c) sonstige Stämme mit fehlerhafter Stammausformung, insbesondere Zwiesel,
d) sogenannte Peitscher und
e) kranke Stämme aller Art.

II. Beherrschte Stämme. Diese umfassen alle Stämme, welche an dem oberen Kronenschirm nicht teilnehmen.

In diese Gruppe sind zu rechnen:

3. Zurückbleibende, aber noch schirmfreie Stämme. 4. Unterdrückte (unterständig; übergipfelte), aber noch lebensfähige Stämme	Für Boden- und Bestandspflege in Betracht kommend.

5. Absterbende und abgestorbene Stämme, für Boden- und Bestandspflege nicht mehr in Betracht kommend.

Auch niedergebogene Stangen gehören hierher.

21. Am meisten Eingang gefunden hat die von Kraft*) gegebene Stammeinteilung, welche unterscheidet:

1. Vorherrschende Stämme mit ausnahmsweise kräftig entwickelten Kronen,
2. Herrschende, in der Regel den Hauptbestand bildende Stämme mit verhältnismäßig gut entwickelten Kronen,
3. Gering mitherrschende Stämme mit Kronen, die zwar noch ziemlich normal geformt sind, aber verhältnismäßig schwach entwickelt und eingeengt sind,
4. Beherrschte Stämme. Kronen mehr oder weniger verkümmert, seitlich zusammengedrückt,
   a) zwischenständige im wesentlichen schirmfreie, meist eingeklemmte Kronen,
   b) teilweise unterständige Stämme.
5. Völlig unterdrückte Stämme.

22. Von Dr. Metzger**) wurde folgende in Dänemark übliche Einteilung bekannt gegeben:

Hauptstämme, d. h. solche, die wegen ihrer Geradschäftigkeit und gleichmäßiger Bekronung zu begünstigen sind.

Schädliche Nebenstämme, d. h. solche, die die zu erhaltenden und fortzubildenden Teile der Kronen der Hauptstämme schädigen. Sie sind bei der Durchforstung zu hauen.

Nützliche Nebenstämme, d. h. solche, die die Astreinigung der Hauptstämme bis zu dem beabsichtigten Grade fördern und deshalb unbedingt zu erhalten sind.

Indifferente Stämme, d. h. solche, welche zurzeit noch nicht erkennen lassen, ob und welcher von ihnen in Zukunft ein Hauptstamm oder ein Nebenstamm wird.

23. Die in solcher und anderer Art vorgenommene Zergliederung des Bestandes hat einen guten theoretischen und praktischen Wert, wenn sie nicht zu weit geht.

Die einfachste Teilung ergibt sich im allgemeinen bei Beachtung des Durchmessers in Brusthöhe: stärkste und starke Stämme sind auch höchste, also vorherrschende und herrschende, schwache und schwächste Stämme sind beherrschte.

---

*) Kraft, Beiträge zur Lehre von den Durchforstungen, Schlagstellungen und Lichtungshieben, Hannover 1884.

**) Mündener forstliche Hefte 1896. Neuntes Heft. S. 86 ff.

B. Die reinen Bestände.

1. Sie sind in Deutschland auf großen Gebieten zunächst deshalb verbreitet, weil sie die einfachste Wirtschaft ermöglichen und das kleinste Maß von Arbeit bringen. Überall, wo kleiner Besitz die Anstellung von wenig geschulten Beamten nach sich zieht, wird allein deshalb die Wirtschaft in reinen Beständen gerechtfertigt sein, sowie auch sonst vielleicht für gemischte Bestände sprechen mag.

2. Aber auch außerhalb dieser Verhältnisse werden sie uns geradezu aufgezwungen durch gewisse Standortsverhältnisse.

Z. B. erträgt von den heimischen Holzarten einerseits nur die Erle wirkliche Nässe, andererseits nur die gemeine Kiefer wirkliche Dürre; Höhen- und Hanglage kann uns als einzig kultivierbaren Baum die Fichte pflanzen lassen.

3. Endlich sei auch hervorgehoben, daß die Zucht gewisser Produkte zu reinen Beständen führen kann. Wer zB. Korbruten ziehen will, muß ungemischte Kulturen anlegen, weil, abgesehen von anderen Gründen, keine Holzart den einjährig wiederkehrenden Schnitt aushält. Wer Eichenlohe als Hauptprodukt gewinnen will, sieht in Mischungen keinen Vorteil.

4. Außer diesen Fällen, in denen wir unter dem Einflusse des Zwanges stehen, treten eine Reihe anderer auf, die die Anzucht der reinen Bestände als zweckmäßig und zulässig erscheinen lassen. Das trifft zu, wenn die gewählte Holzart die Pflege des Bodens in genügender Weise ausübt.

Hiermit wird verlangt, daß der Boden unter dem Einfluß der betr. Holzart in seiner Kraft zum mindesten nicht zurückgeht. Es geschieht das bei Buche, Hainbuche, Tanne, Fichte und Strobe, weil sie einerseits eine dichte Krone haben, andererseits sich lange geschlossen halten. Die anderen für reine Bestände möglichen Holzarten werden mit zunehmendem Alter immer lichtbedürftiger, so daß sie meist nur bis zu einem bestimmten, nicht hohen Alter die Forderung erfüllen. Die Reihenfolge kann so aufgestellt werden, daß die Birke zuerst darin nachläßt, dann kommt die Lärche, die Eiche und Erle, die Edelkastanie, die Kiefer. Dabei ist aber nochmals für alle Holzarten zu bemerken, daß sie sich auf dem ihnen überwiesenen Boden heimisch und wohl fühlen müssen. Je weniger das der Fall ist, desto eher hören sie auf, den Boden zu decken und zu schützen und um so schwerer wird die Anzucht und die Erhaltung eines geschlossenen Bestandes.

5. Aus dem Gesagten folgt, daß man bei niedrigen Umtrieben eine größere Zahl von Holzarten in reinen Beständen anbauen kann als bei hohen.

6. Zweckmäßig und zulässig sind die reinen Bestände auch dann, wenn sie auf dem gegebenen Standort und bei der gewählten Betriebsart die vorteilhaftesten sind.

C. Die gemischten Bestände.

a) Allgemeines.

1. Die Mischung kann verschieden sein nach der Zeitdauer, während welcher sie den Hauptbestand begleitet. Bleibend nennen wir sie, wenn sie dem Hauptbestande bis zu dessen Verjüngung beigesellt ist, gleichviel, ob sie früher, gleichzeitig oder nach dem Hauptholz angebaut war.

Als vorübergehend sprechen wir sie an, wenn sie vor dem Beginne der Verjüngung des Hauptholzes wieder verschwindet.

2. Sie kann ferner verschieden sein nach dem Alter; sie ist nämlich entweder gleichaltrig oder ungleichaltrig. Letzterenfalls ist in der Regel dann auch das früher eingebrachte das ältere Holz. Ausnahmen davon sind möglich, sie können z. B. auftreten, wenn eine Saat vornweg ausgeführt wird und bald darauf eine Pflanzung von starken Loden oder Heistern erfolgt.

3. Auch nach der Höhenwuchsentwickelung der einzelnen Holzarten sind Unterschiede zu machen: Bei Gleichheit in derselben nennen wir die Mischung mitwachsend, beim Voraneilen vorwachsend und beim Zurückbleiben nachwachsend. Werden Mischungen so spät beigegeben, daß sie den Hauptbestand gar nicht oder erst nach vielen Jahrzehnten einholen oder ist ihr Zurückbleiben durch den Standort begründet und durch Wirtschaftsmaßregeln unterstützt, so tritt die Mischung als Unterholz bezw. Unterbau auf.

4. Endlich ist nach dem Raume die Mischung zu sondern: Bei Einzelstand ist die Mischung ringsum von dem Hauptholz umgeben; bei der Gruppe sieht der in der Mitte derselben stehende Beobachter die Stämme 2—3 Glieder tief, beim Horste 4 und mehr, der Hauptbestand bleibt aber sichtbar. Bei der flächenweisen Mischung stehen die Glieder so tief, daß der Hauptbestand ver-

schwindet und zwar nach allen Richtungen. Ist es nur nach zweien der Fall, so steht die Mischholzart in Gürteln, Streifen, Reihen.*)

5. Im Laufe der Umtriebszeit kann eine Mischung verschiedene räumliche Ausdehnung gewinnen. So werden vorübergehende in der Jugend in Gruppen auftreten können, sie müssen dann aber auf Einzelstand zurückgedrängt werden, umgekehrt können einzelständige, dauernde Mischungen durch einen sie begünstigenden Hieb zu Gruppen und Horsten zusammenfließen, ja es ist möglich, daß ein Bestand den äußeren Charakter ganz und gar ändert. Wo z. B. in Buchenverjüngungen einzelständig, aber überall verbreitet, die Fichte steht, läßt sich innerhalb einer Umtriebszeit eine fast völlige Umwandlung in Fichten vollziehen.

Die räumliche Verteilung einer Mischung über eine Fläche hin kann daher für die Behandlung und Entwickelung der Bestände von größter Bedeutung werden.

6. Aus dem Vorgetragenen erhellt, daß gemischte Bestände eine große Vielseitigkeit besitzen. Hieraus allein entspringt bereits eine Reihe von Vorteilen gegenüber den reinen Beständen. Da aber auch etliche Gefahren gemildert auftreten und nicht selten die Güte, oft sogar die Menge des Holzes erhöht wird, so erklärt sich daraus, daß die gemischten Bestände überall da Wirtschaftsziel sind, wo nicht wesentliche Gründe für das Gegenteil sprechen.

Die Vorteile der gemischten Bestände können im einzelnen folgende sein:

7. Da sie den Anbau und die Nutzung vieler Holzarten nebeneinander gestatten, so wird die Einrichtung des Waldes sich

---

*) Über die Begriffsbestimmungen von Mischungen nach dem Raume hat man sich noch nicht geeinigt, namentlich wird bald der Horst, bald die Gruppe als die größere Beimischung genannt. Die hier angenommenen Erklärungen sind diejenigen, die in meiner Taxation der Privat- und Gemeindeforsten nach dem Flächenfachwerk, Berlin 1883 S. 112, gegeben sind.

Diese vor Jahren niedergeschriebene Bemerkung muß leider auch jetzt noch stehen bleiben. Es scheint sogar, als wenn die Verschiedenheit in den Auffassungen eher zu- als abgenommen hat. Jedenfalls tut man gut, die Frage, was unter Horst und Gruppe verstanden wird, überall da vorzulegen, wo über Horst- und Gruppenwirtschaft debattiert wird.

Eine Mischung, die in Norddeutschland eine horstweise genannt wird, bezeichnet man in Süddeutschland im allgemeinen als Gruppenmischung. Was man dagegen in Bayern noch als horstweise Mischung gelten läßt, faßt man vielfach in Norddeutschland überhaupt nicht mehr als Mischung auf.

leichter durchführen lassen, als wenn dieselben Holzarten getrennt voneinander stehen. Selbst unter der Forderung einer nachhaltigen Nutzung braucht nämlich nicht für jede Holzart eine besondere Betriebsklasse — Altersstufenfolge — eingerichtet werden, sondern sie können zusammengefaßt werden. Das geht soweit, daß selbst Verschiedenheiten in den Umtriebszeiten der einzelnen Holzarten geduldet werden können.

So können z. B. im Buchenhochwalde mit 100jährigem Umtriebe Birken im 40jährigen, Aspen im 50jährigen, Rüstern im 80jährigen, Ahorne und Eschen im 100jährigen, Eichen im 200jährigen Umtriebe erzogen werden.

Am leichtesten läßt sich das wohl verstehen, wenn man sich zunächst das Bild eines reinen Jungbestandes von etwa 30 Jahren vergegenwärtigt. Derselbe erfährt von 10 zu 10 Jahren eine bedeutende Stammzahlminderung. Ebenso gut wie im reinen Bestande die eine Holzart die Aushiebsstämme stellt, könnten dieselben doch auch von Mischhölzern geliefert werden. Im 40. Jahre würden dann also die Birken, im 50. die Aspen, im 80. die Rüstern fallen. In dem dann bleibenden Bestande denken wir uns einen Teil der Buchen durch Eschen, Ahorne und Eichen ersetzt. Aus den Eichen wählen wir vor dem Hiebe der Buchen, Ahorne und Eschen diejenigen aus, die für den zweiten Umtrieb übergehalten werden sollen. Da aber in der vollen Betriebsklasse jedes Jahr ein Bestand 40jährig, ein anderer 50-, ein dritter 80jährig wird, so ist es klar, daß eine Betriebsklasse gemischter Bestände jährlich Birken, Aspen, Rüstern liefern kann und die jährliche Nachhaltigkeit gesichert ist. Es bedarf also nicht der Anlage einer besonderen, räumlich abgezweigten Betriebsklasse für Birken, einer solchen für Aspen, je einer solchen für jede weitere Holzart.

8. Die Mischungen bieten dann den weiteren Vorteil, daß beim Wechsel des Standorts die Eigentümlichkeiten eines jeden besser beachtet und ausgenutzt werden können. Wie oft zeigt z. B. ein im allgemeinen für die Kiefer geeigneter Boden einzelne Stellen von hervorragender Frische, so daß die Eiche darauf in vorteilhafter Weise gezogen werden kann, oder andrerseits ein Buchenschlag verödete und verangerte Stücke, auf denen genügsameres Holz noch gutes leistet, während die Buche nur Knüppel zu erzeugen vermag. Daß schon dadurch allein die Massenerzeugung auf gegebener Fläche erhöht werden kann, leuchtet gewiß ein.

9. Den gemischten Beständen wird dann eine größere Widerstandsfähigkeit gegen Gefahren zugetraut. Es trifft das zu:

Gegen Maifrost, soweit solcher eng begrenzt und nicht durch ein allgemeines Sinken der Temperatur unter 0 hervorgerufen ist. Die meisten Maifröste haben eine lokale Ursache, die sich durch den Boden nach seinen physikalischen Eigenschaften, durch die Art der Bodendecke und namentlich durch die Ausformung des Bodens erklären läßt. So erhöht sich die Gefahr bei rasch erwärmtem Boden wegen des frühen Erwachens der Vegetation, bei Graswuchs durch gesteigerte Verdunstung, in Einsenkungen und Mulden durch Ansammlung kalter Luft. Solche Stellen sind frostharten Hölzern zu überweisen, während man im übrigen frostempfindliche beibehalten kann.

10. Gegen Raupen, soweit solche nicht polyphag sind. Sehr viele Raupen werden im Laufe ihrer Entwickelung durch Wind oder zufällige Ursachen auf den Boden geworfen. Ist der Bestand rein, so ist jeder Stamm die richtige Futterpflanze, ist er gemischt, so hat die Raupe diese aufzusuchen. Sie hat aber nicht die Fähigkeit, die Hölzer an der Rinde zu erkennen, muß vielmehr bis zu der Krone aufsteigen und schwächt sich durch vergebliches Klettern und damit verbundenes Hungern. Sie gelangt dann oft nicht zu normaler Entwickelung, erkrankt auch und stirbt ab.

Dazu kommt noch, daß die Bäume selbst häufig widerstandsfähiger und reproduktionskräftiger sind, weil ja jede Holzart auf möglichst passendem Standort steht. Aus diesem letzteren Grunde beweisen die gemischten Bestände auch polyphagen Insekten gegenüber in der Regel eine größere Widerstandskraft.

11. Gegen Sturm. Die Holzarten sind je nach Länge und Bewurzelung den Beschädigungen durch Stürme ausgesetzt. Geben wir leicht zu werfenden Hölzern sturmfeste bei, so gewinnen erstere an diesen einen Rückhalt und werden dadurch sturmfester. Daß umgekehrt sturmfeste, reine Bestände durch eine Beimischung von weniger sicheren Holzarten wirklich gefährdeter werden, bedarf danach wohl keines Beweises.

12. Gegen Feuer. Es trifft das nur bei der Mischung von Nadelholz mit Laubholz zu und zwar dann, wenn die Laubhölzer nicht einzeln, sondern in Streifen, größeren Gruppen oder flächenweise das Nadelholz durchsetzen. Die Feuersgefahr ist für Laubholz am größten im Frühjahr, bevor das Laub ausbricht und bevor das junge Gras durch die alte Pflanzendecke hindurch gewachsen ist.

Für Nadelholz sind die Dürrperioden des Hochsommers die gefährlichsten. Im Frühjahr hält sich die Nadelstreudecke infolge der Überschattung meist so feucht, daß sie verhältnismäßig schwer brennt. Die Anlage von Laubholz-Sicherheitsstreifen ist überall da zu empfehlen, wo man zur Anlage großer, zusammenhängender, gleichaltriger Nadelholzkulturen gezwungen ist, wie das bei Neuaufforstungen oder Verheerungen durch Sturm, Feuer, Insekten der Fall sein kann.

13. Weniger gesichert als reine Orte sind Mischbestände gegen Beschädigung von Wild und Weidevieh. Die Gefahr von dieser Seite nimmt nämlich für eine Holzart um so mehr zu, je seltener dieselbe im Walde vorkommt. Namentlich neueingeführte Holzarten haben heftige Angriffe zu erdulden und sind oft nur durch besondere Schutzvorrichtungen zu erhalten.

14. Eine größere Holzmassenproduktion gemischter Bestände läßt sich erklären

durch die verschiedene Kronenform,

durch die Verschiedenheit der Kronendichtheit, verbunden mit der verschiedenen Fähigkeit Licht und Schatten zu vertragen,

durch die Unterschiede in der Bewurzelung und Ernährung und vor allen Dingen

durch die Ausnutzung der Standortsverschiedenheiten.

Ein Mischbestand von älteren Fichten und Kiefern läßt sich am besten als beweisendes Beispiel benutzen: Die Krone der Kiefer ist licht und kugelig abgewölbt, verhältnismäßig kleine Lücken im Schluß gestatten der pyramidal gebauten Fichte mit dem oberen Teile der Krone hindurchzutreten, der untere breitere, meist bis unter die Kronen der Kiefern reichende Teil der Beastung, bleibt trotz der Beschattung durch die Kiefer in voller Lebenstätigkeit. Die Kiefer wurzelt tief, die Fichte flach. Die Fichte kann die frischen, feuchten Bodenstellen, die Kiefer die geringeren einnehmen und jede an ihrem Teile eine hohe Masse erzeugen, während im reinen Ort die Fichte weniger leistet auf den jetzt der Kiefer zugewiesenen Partien und umgekehrt die Kiefer weniger als die Fichte auf deren Standort.

15. Beschaffenheit und Gebrauchsfähigkeit des Bestandsmaterials kann ebenfalls durch die Mischung erhöht werden. Es gilt das namentlich für Mischungen, die der Buchenwald aufnimmt. Hier wirken eine ganze Reihe von Umständen: in der ersten Jugend der dichte Pflanzenstand, der eine sehr geringe Ast-

entwickelung der mitwachsenden Stämmchen nach sich zieht, später der Seitenschatten, der die Äste zum Eingehen bringt, die Reibung der Stämmchen aneinander bei Wind, wodurch die Äste vollständig abgestoßen werden, und endlich die vorzügliche Bodenpflege, die durch alle Lebensperioden anhält.

16. Aus der größeren Holzmenge und besseren Beschaffenheit erklärt sich allein schon, daß die Rente des Waldes durch Mischbestände erhöht, auch in ihrer Höhe gleichmäßiger und gesicherter werden kann. Die Preise der einzelnen Sortimente und Holzarten gehen nämlich durchaus nicht gleichzeitig in die Höhe oder herab, es zeigt sich vielmehr darin die größte Verschiedenheit und dadurch die Möglichkeit, daß der Verlust bei der einen Holzart durch den Nutzen bei der anderen aufgewogen wird. Die Erfahrungen, die man aus reinen und gemischten Buchenbeständen gewonnen hat, geben zu diesem eine gute Erklärung. Das rasche Sinken der Einnahmen aus unsern reinen Buchenwäldern, hervorgerufen durch den immer mehr sich steigernden Wettbetrieb der Kohle, hat unsere Wirtschafter immer mehr dahin geführt, den Buchenwald zur Aufnahme anderer Holzarten zu öffnen.

17. Die Holzarten sind im Mischbestand auf weiterem Gebiete anbaufähig, denn die Erfahrung zeigt, daß fast alle in einzelnen Exemplaren sehr weit von dem Gebiet ihrer natürlichen Herrschaft verschlagen werden. Begründet ist das darin, daß außerhalb des Gebiets der natürlichen Herrschaft einer Holzart dennoch unter besonderen, räumlich eng begrenzten Verhältnissen alle Standortsforderungen der Holzart erfüllt werden können. Bei reinen Beständen geht dieses Vorgebiet meist verloren und wo wir dennoch die betreffende Holzart rein anbauen, wird sie sich weniger widerstandsfähig namentlich gegen Witterungseinflüsse, Insekten und Pilzangriffe zeigen.

18. Als letztes sei noch hervorgehoben, daß in gemischten Beständen neben allen materiellen Vorteilen auch die Schönheit des Waldes in leichtester und lohnendster Weise sich pflegen läßt, nicht allein dadurch, daß wir ein farbenreicheres, durch seine Abwechselung fesselndes Bild bieten, sondern auch dadurch, daß wir unseren malerisch gestalteten Waldriesen ein längeres Leben erhalten können. Mischungen zum Zweck der Waldverschönerung lassen sich namentlich an den Wegen leicht herstellen, also gerade da, von wo aus der Wanderer in der Regel den Wald und seine Schönheit genießt

und beurteilt. Luft und Licht kommen ja den Wegrändern mehr als dem Waldinnern zugute und leichter kann einmal eine Stammpflege dort eintreten, die im großen angewendet zu kostbar sein würde.

19. Wenn gegenüber dieser langen Reihe von Vorteilen, die gemischten Bestände dennoch nicht die größere Fläche in unseren Waldungen einnehmen, so hat das seinen Grund darin, daß sehr viele Mischungen nur durch eine sorgfältige und stete Pflege erhalten werden können. Gemischte Bestände erfordern eben mehr Arbeit als reine. Auch kommt sehr viel darauf an, daß stets im richtigen Zeitpunkt die Bestandspflege eintritt. Versäumnisse rächen sich weit schwerer als im reinen Bestande.

b) Regeln für die Holzartenwahl und Behandlung gemischter Bestände.

1. Die Bestände sollen hochwertiger werden; wir haben also vor allen Dingen die Auswahl den Standortsverhältnissen entsprechend und so zu treffen, daß dadurch womöglich wechselseitige Stammpflege durch die Holzarten selbst eintritt.

2. Die zu der Mischung vereinigten Holzarten müssen sich gegenseitig in der Fähigkeit ergänzen, die Bodenkraft zu erhalten. Es soll also immer einer solchen Holzart, die die Bodenkraft zurückgehen läßt, eine andere beigegeben werden, die die Bodengüte hebt.

3. Die Wuchsverhältnisse der durch die Mischung zusammengekoppelten Holzarten sind genau zu beachten, damit man rechtzeitig den notleidenden helfen kann.

Die Notlage wird hervorgerufen:

durch die Verschiedenheit im Höhenwachstum und

durch die größere und geringere Fähigkeit, im dichten Stande zu stehen und Seitenschatten zu ertragen.

4. Das Höhenwachstum von zwei beliebigen Holzarten ist bei gegebenem Standort nur ausnahmsweise gleich, die eine ist vielmehr vorwüchsig und bedingt damit die Wirtschaftsregel.

Auf einem Buchenboden I.—II. Klasse ist, Gleichaltrigkeit der Hölzer vorausgesetzt, z. B. die Eiche ohne entsprechenden Freihieb zurückbleibend, Eschen sind lange vorwüchsig, die Weißtanne wird unterdrückt, die Fichte wächst anfangs notdürftig mit, später eilt sie dauernd voran, die Kiefer wird in den ersten 15 Jahren zum sperrig ästigen Busch.

Gehen wir hingegen auf einen Buchenboden III.—IV. Klasse, so kann dort unter Umständen die Eiche vorwachsen, sicherlich würden Eschen verkrüppeln, die Weißtannen wenig leisten, während die Fichte von Jugend auf verdrängend vorwächst.

Man sieht aus diesen Beispielen, daß diese und jene Mischungen nicht allgemein als waldbaulich vorteilhaft empfohlen werden können, sondern immer nur mit Bezug auf bestimmte Standortsverhältnisse. Darauf beruhen häufig die Verschiedenheiten der Erfahrungen, die aus dem Walde beigebracht werden. Allgemein läßt sich nur folgendes aussprechen:

5. Ist Schattenholz vorwüchsig, so muß die nachwachsende Holzart geschützt werden, weil dem ersteren die Fähigkeit innewohnt, Zweige im Innern der Krone in belaubtem und benadeltem Zustande zu erhalten und deshalb die erzeugte Beschattung sehr tief wird.

Der Schutz kann ein leichter sein, wenn die nachwachsende Holzart ebenfalls eine Schattenholzart und der Vorsprung klein ist. Beispiele für solche Bestände ergeben oft Fichte und Weißtanne, jene ist meist die vorwachsende, diese, die Weißtanne, die zurückbleibende.

Der Schutz muß sich mehr und mehr verstärken, wenn der Vorsprung wächst, wie wir das z. B. in Buchen- und Weißtannenverjüngungen finden. Geradezu befreiend hat er aber sich zu gestalten, wenn irgend ein Lichtholz so viel nachwachsend geworden ist, daß dessen Höhenwachstum geschwächt wird und eine Unterdrückung zu fürchten ist. Eine geringe Nachwüchsigkeit ist manchen Lichtholzarten, wie z. B. der Kiefer, im Jugendstadium eher nützlich als schädlich, weil dadurch sperriger Wuchs verhindert wird. Ob man in solchem Falle einzugreifen hat oder nicht, hängt zumeist von der Beantwortung der Frage ab, ob das nachwachsende Lichtholz das Hauptholz ohne Hilfe einholt oder nicht.

6. Ist Lichtholz vorwüchsig, so haben wir zunächst zu unterscheiden, ob dieses oder das nachwachsende Holz die Hauptholzart ist. Ist das Lichtholz die Hauptholzart, so beschränkt sich der Schutz darauf, dem nachwachsenden Holz soviel Licht zu geben, daß es erhalten bleibt. Liegt es in der Absicht, einzelne Stämme in das Oberholz hineinwachsen zu lassen, so ist diesen Licht und

Wachsraum zu beschaffen, auch sind sie gegen Abpeitschen der Wipfel zu schützen.

Ist das nachwachsende Holz die Hauptholzart, so darf das vorwachsende nur solange geduldet werden, wie es unschädlich ist, oder etwa einen besonderen Zweck als Schutz- und Schirmholz erfüllt.

7. Je dichtständiger der Bestand ist, um so kräftiger und früher muß der Schutz der beigegebenen Holzarten sein, gleichviel, ob sie Schatten- oder Lichtholzarten sind. Im Gegensatz dazu kann der Schutz fast fortfallen, soweit bei Waldformen ein gelockerter Schluß in Betracht kommt.

8. Holzarten, die Seitenschatten nicht vertragen, müssen so in den Bestand eingebracht werden, daß sie im Dickungsalter und bei Beginn der Bestandsreinigung mäßig vorwüchsig sind. Werden sie eingeholt vom Hauptbestande, so muß man ihnen seitlich vermehrten und ausreichenden Wachsraum geben. Bringt man sie so ein, daß sie stark vorwüchsig sind bei vorgedachtem Zeitpunkt der Bestandsreinigung, so neigen sie zu Sperrwuchs. Gibt man ihnen seitlich in Überfluß Wachsraum, so bilden sie starke Äste, deren Spuren selten ohne Schaden verwachsen.

9. Holzarten, die Seitenschatten vertragen, müssen bis zum beginnenden Baumholzalter geschlossen gehalten werden, sonst liefern sie kein gutes astreines Holz.

10. Vorübergehende Mischungen dürfen nur einzeln oder in so kleinen Gruppen eingebracht werden, daß nach ihrem Verschwinden die Hauptholzart entweder allein den Schlußstand herzustellen vermag, oder in ein gewünschtes Maß von Freiwuchs tritt.

Zweiter Abschnitt.

Die Bestandsbegründung.

Literatur. Reuß, Die forstliche Bestandesgründung 1907.

Vorbemerkung. Die Bestandsbegründung ist gleichbedeutend mit Herstellung des Bestandes. Verjüngung setzt einen früheren Bestand voraus, Aufforstung*) keinen solchen. Die Verjüngung ist eine natürliche oder künstliche oder kann durch Ausschlag erfolgen; die natürliche vollzieht sich durch Besamung seitens der Stämme, die auf oder neben dem Schlage stehen, die künstliche durch Menschenhand.

Im praktischen Betriebe werden sehr oft Kombinationen angewendet, namentlich unterstützt man die natürliche Verjüngung durch die künstliche.

Unter Vorverjüngung**) versteht man die künstliche Neubegründung eines Bestandes oder von Teilen desselben in einem Altort vor dessen begonnenem bezw. beendetem Abtriebe.

A. Die künstliche Bestandsbegründung.

Titel I. Die Saat.

a) Holzsamen.***)

1. Die Güte desselben hängt zunächst von der Reife ab, sodann auch von Größe und Gewicht. Großer und schwerer Samen ist im allgemeinen keimfähiger.

---

*) Auch hier ist leider noch keine Spracheinigung erzielt.

**) Dasselbe gilt von dem Begriff der Vorverjüngung. In dem Forst- und Jagdlexikon von Fürst heißt es darüber: Sie erfolgt vor der Abnutzung des alten Bestandes entweder natürlich durch den von diesem ausgestreuten Samen oder künstlich durch Saat oder Pflanzung unter dem zu diesem Zweck entsprechend gelichteten Bestand; ersteres wird meist kurzweg als natürliche Verjüngung, letzteres als Verjüngung unter Schutzbestand bezeichnet.

***) Botanisch ist zu unterscheiden: Samen, das reif gewordene Ei und Frucht, das aus Fruchthülle und Samen zusammengesetzte Gebilde. Nach Sprachgebrauch umfaßt Holzsamen, auch kurzweg Samen, beides.

2. Aller Same hat nach dem Abfall eine Keimruhe, die bei einzelnen Holzarten, z. B. den Pappeln und Ulmen sehr kurz, bei anderen z. B. Eschen und Hainbuchen sehr lang ist. Wenn sie vorüber ist, so bewegt sich die Keimfähigkeit im Maximum und wird von da ab geringer, wobei sich zwischen den einzelnen Holzarten große Verschiedenheiten zeigen. Die Keimruhe wird durch trockene Lagerung des Samens verlängert. Ist infolge solcher Lagerung der Wasserverlust des Samens ein zu großer geworden, so treten Abnormitäten hervor, die Buchel liegt z. B. mitunter über, meist erlischt aber die Keimfähigkeit.

3. Auf die Keimfähigkeit hat ferner Einfluß Alter und Stand des Mutterbaumes, sowie die Witterung des Jahres. Mittelalte, freistehende Bäume wärmerer Lagen liefern in normalen Sommern den besten Samen. Früh eintretende Herbstfröste bewirken Abfall des Samens in unreifem Zustande (Eicheln 1892). Nur in ungewöhnlich kalten Sommern kommt es vor, daß an heimischen Holzarten, z. B. der Eiche 1879, die Früchte nicht reif werden; dagegen sind nach kalten Sommern regelmäßig viele Körner taub. Die zur Reife notwendige Wärme ist, nach den Aufzeichnungen der meteorologischen Stationen, im kälteren Klima geringer als im wärmeren, wie denn auch Samen aus kälteren Gegenden bei geringeren Temperaturen keimt, als der aus heißeren.

4. Die Keimfähigkeit läßt sich nach Gewicht, Farbe, Glanz, Vollkörnigkeit, Frische, Geruch und Geschmack bis zu einem gewissen Grade beurteilen. Will man sie genau kennen lernen, so müssen Keimproben gemacht werden.

5. Die **Keimprobe** wird an 50—200 Körnern angestellt und die Keimfähigkeit im Prozentsatz angegeben. Um ein richtiges Ergebnis zu erhalten, muß sie sachgemäß ausgewählt sein. Bei allen transportierten Sämereien lagern sich nämlich die Körner nach der Schwere. Es muß deshalb der Same durcheinander geworfen werden, ehe man die Probe entnimmt, oder sie ist aus verschiedenen Schichten zu greifen. Für kleinere Sämereien kann man sich auch der in der Landwirtschaft zu solchem Zwecke gebräuchlichen Samenstöcke bedienen. Manche von ihnen bieten den Vorteil, daß sie die Entnahme einer Probe gestatten, ohne daß man den Samensack öffnet.

6. Die Probe wird gemacht:

indem man die Samen aufschneidet und untersucht, ob der Inhalt ein normaler ist (Schnittprobe);

indem man den Samen wirklich zum Keimen bringt. Diese Methode ist zuverlässiger und von manchen Verwaltungen zur Anwendung vorgeschrieben. Daher kommt es, daß sie in sehr verschiedener Weise ausgeführt wird und besondere Hilfen durch Apparate usw. geschaffen sind. Die Zahl dieser Apparate ist mit den Jahren sehr groß geworden. Es können daher hier nur diejenigen beschrieben werden, die in der Praxis verwendet werden, und sind die fortgelassen, die in großen Darrbetrieben und Samenprüfungsanstalten verwendet werden. Wir unterscheiden daher folgende:

7. Die Topfprobe (Scherbenprobe). Einen flachen Blumentopf füllt man unten mit Sägemehl, darüber mit Erde. In diese legt man die Samen ein und bedeckt sie leicht mit Erde. Der Topf wird in einen mit Wasser gefüllten Untersatz gestellt.

8. Die Lappenprobe. Die Körner werden in Fries oder Flanell eingeschlagen, der fortwährend feucht zu erhalten ist und deshalb mit seinen Enden in Wasser liegt. Neuerdings wird an Stelle des Zeuges auch dickes Fließpapier genommen. — Eine Abänderung von diesen Proben ist die Ohnesorgesche Flasche. Bei dieser wird der Same in ein kleines Röllchen von Flänell gepackt und dieses an einem Flanellstreifen mit einer Stecknadel befestigt. Der Streifen wird in eine halb mit Wasser gefüllte Rheinweinflasche so eingehängt, daß das Röllchen ungefähr in der Mitte zwischen Wasserspiegel und Flaschenhalsrand schwebt.*) Das Röllchen muß täglich geöffnet werden, sonst leiden die Körner an Luftmangel und keimen nur an den Rändern.

9. Proben in Tonplatten. Die einfachste ist die, daß man drei Blumentopfuntersätze von verschiedener Größe nimmt. In den kleinsten legt man den Samen, stellt ihn in den mittleren, der etwas Wasser enthält; mit dem größten deckt man die beiden anderen zu.**) — Viel angewendet und recht brauchbar ist der Nobbesche Keimapparat, ein mit übergreifendem Deckel versehener, viereckiger Ton-

---

*) Obf. Ohnesorge veröffentlichte sein Verfahren in Burckhardts VI. Heft „Aus dem Walde“ zu derselben Zeit, als auch von mir ein Lappenprobenapparat in der Zeitschrift für Forst- und Jagdwesen VIII. S. 415 beschrieben wurde. Die Ohnesorgesche Flasche ist ebenso gut, aber einfacher. Sie ist deshalb seit Jahren auf Anfragen bezüglich meines Apparates von mir empfohlen. Ich setze sie auch hier an die Stelle desselben.

**) F. Bl. 1886, S. 24, nach Angabe des Oberförsters Paulus.

kasten, in dem durch einen kreisförmigen Kanal der Keimteller abgesondert ist. Dieser ist zur Aufnahme der Körner schwach ausgehöhlt. — Die Hanemannschen Keimplatten tragen auf der Oberfläche kleine Vertiefungen, in welche je ein Korn zu legen ist. Die Unterseite trägt einige radial gestellte Einschnitte. Setzt man die Platte nun auf einen mit etwas Wasser gefüllten Teller, so kann das Wasser leicht die Platte durchfeuchten. Um eine zu scharfe Verdunstung zu verhindern und zu helles Licht abzuhalten, deckt man den Teller mit einer grünen Glasplatte zu. — Bei dem Stainerschen (kleinen) Keimapparat ruht das runde Tonplättchen auf feuchtem in einem Glasnapf befindlichen, grobkörnigen Sande. Eine grüne mit einem Ventilationsloch versehene Glasglocke deckt Platte und Samen. Der Apparat ist sehr zu empfehlen.*)

10. Von Apparaten, in denen gleichzeitig eine ganze Reihe von Proben vorgenommen werden können, seien genannt: v. Liebenberg hat einen Zinkwasserkasten zur Grundlage genommen. Auf Bänken über dem Wasserspiegel liegen die Samen, welchen durch Saugpapier die Feuchtigkeit zugeführt wird. Koldewe und Schönjahn gaben ihrem Apparat auch den Zinkwasserkasten, hingen in diesen aber einen zweiten mit Sand gefüllten, der den Samen aufnimmt. Der Sand wird durch ein Zinkstreifennetz in Felder zerlegt und gegen Luft und Licht mit einer Glasplatte und einem Filzdeckel abgeschlossen. Pfitzenmayer füllt eine kleine mit einem Glasdeckel versehene Holzkiste etwa bis zur Hälfte mit angefeuchteter und feucht zu erhaltender Torfstreu, dahinein bettet er ein durchlochtes Zinkkästchen. Dieses wird mit Sand gefüllt, durch Zinkstreifen in Felder geteilt und dann mit den Keimproben besäet. Die Kiste stellt man, um die Keimung zu befördern, auf einen mäßig erwärmten Ofen. Der Apparat hat sich bei einer längere Zeit währenden Benutzung namentlich dadurch empfohlen, daß keine Schimmelbildung auftritt.

b) Die Bereitung des Keimbettes.

α. Allgemeines.

1. Der Same braucht zum Keimen: Feuchtigkeit, Wärme und Luft. Dunkelheit ist indirekt als förderlich anzusehen, weil sie Bedeckung voraussetzt und diese ihrerseits auf Regelung und Erhaltung

*) Bezugsquelle: Julius Stainer, Wiener Neustadt.

der Feuchtigkeit günstig wirkt. Belichtung wirkt an und für sich nicht schädlich. Um diesen Forderungen gerecht zu werden, muß der Boden für die Aussaat besonders hergerichtet werden. Die Arbeiten erhalten einen Umfang, der sich der räumlichen **Ausdehnung** der Aussaat anschließt.

2. Es kann dieselbe nämlich sein:

eine Voll- oder Breitsaat, wobei die ganze Fläche gleichmäßig besäet wird;

eine Streifensaat, wobei nur über die Fläche laufende Bänder besäet werden, die Zwischenräume, auch Bänke genannt, aber frei bleiben;

eine Platten- oder Plätzesaat, bei der kleine über die Kultur möglichst gleichmäßig gelagerte Flächen zur Saat hergerichtet werden. Sinkt die Größe dieser Plätze so herab, daß nur einige wenige Pflanzen darauf stehen können, so nennen wir die Saat eine Löchersaat; bereitet man das Keimbett immer nur für je ein Korn, so kommen wir zur Punktsaat oder, wie wir es auch bezeichnen, zum Einstufen des Samens.

Die Breitsaat ist selten gebräuchlich, weil sie zuviel kostet; die Streifensaat ist am häufigsten angewendet. Wo ein Rotwildstand ist, geht man gern zur Plätzesaat über, weil das Wild die Streifen oft als Wechsel annimmt. Die Löchersaat wird auf trocknem Boden, aber auch da nur selten, angewendet. Die Punktsaat dient zur Einbringung von Eicheln, allenfalls auch von Bucheln.

3. Wir vermögen das Keimbett in richtiger Weise herzurichten:

I. durch **Dienstbarmachung oder Entfernung des Bodenüberzuges**;

II. durch **Lockerung des Bodens**;

III. durch **angemessen hohe Bedeckung des Samens mit Erde**.

4. Zu I. In den meisten Fällen ist eine Entfernung des Überzuges notwendig, nur auf Flugsand und verödeten Hängen ist an eine Belassung oder gar Herstellung zu denken. In solchen Fällen ist jedoch — beiläufig bemerkt — die Pflanzung gebräuchlicher als die Saat. — Der Überzug wird von den zu besäenden Stellen mit den Wurzeln herausgebracht, was mit Hilfe von Axt, Hacke und Pflug zu erreichen ist. Auf dem Rest der Fläche braucht man ihn nur niederzuhalten und auch das nur, wenn er die Saat zu überwachsen und zu verdämmen droht. In der Regel ver-

ursacht das keine Kosten, bringt vielmehr oft noch Erträge, wenn das Material zum Unterstreuen oder zu Viehfutter benutzt werden kann. Selbstverständlich muß die Aberntung mit Vorsicht geschehen und darf die Saat nicht beschädigen.

Das Abbrennen des Bodenüberzuges vertilgt diesen nie vollständig und zieht in der Regel ein üppiges Wuchern des Graswuchses nach sich. Da es nach der Aussaat nicht wiederholt werden kann, so sollte es als eine Kulturhilfe für die Holzsaat nicht mehr betrachtet werden.

5. Zu II. Die Lockerung des Bodens tritt ein für alle milden, schweren und festen Böden; dort ist sie vorteilhaft, weil sie die Keimbedingungen herstellt. Von Natur lockere und lose Böden verlieren hingegen durch weitergehendere Lockerung oft die für die Keimung günstigen Eigenschaften, namentlich die Feuchtigkeit. Je fester der Boden wird, um so dankbarer erweist er sich für eine Durcharbeitung. Am zweckmäßigsten wird die Ausführung in den Herbst gelegt, weil dann über Winter der Boden einerseits sich soweit wieder setzen kann, daß die Hohlräume verschwinden, andrerseits der Frost alle gebliebenen Schollen zertrümmern und so die mit unseren Instrumenten getane grobe Arbeit verfeinern kann.

6. Zu III. Die Bedeckung des Samens mit Erde verhindert einen zu lebhaften Luftzutritt und daraus entspringenden Wasserverlust, sie bewirkt auch, daß das Korn von Temperaturextremen weniger getroffen wird und, soweit möglich, gleichmäßige Wärme erhält.

Die Höhe der Bedeckung muß so sein, daß der Keimling sich an die Oberfläche hindurch arbeiten kann. Es ist deshalb nicht möglich, bestimmte Maße, die für alle Verhältnisse gelten, anzugeben. Je lockerer der Boden ist, um so höher kann die Bedeckung sein, je fester, um so schwächer muß sie werden. Je kleiner das Korn und je winziger die Keimlingspflanze in ihrer ersten Entwickelung, um so geringer ist die Last, die sie emporheben kann. Die höchste Bedeckung dulden Sämereien, welche die Kotyledonen in der Erde lassen, z. B. Eiche, Edel- und Roßkastanie, doch treten zu ihnen auch noch andere, wie z. B. die Robinie.

β. Bei der Bereitung des Keimbettes verwendbare Hilfen.

I. Für Herstellung und Entfernung des Bodenüberzuges.

7. Die Herstellung eines Bodenüberzuges auf Sandboden wird mitunter allein durch strenge Einschonung erreicht. Wo

sie nicht genügt, hilft man durch Saat von Festuca ovina, Schafschwingel, durch Anbau von Sandgräsern, nämlich Arundo arenaria, Sandrohr, Sandroggen und Elymus arenarius, Sandhafer. Erstere vergrößern bei Überwehungen ihre Stöcke durch Gabeltriebe, letzterer durch Kriechtriebe. Verödete Hänge sind vor jeder Beunruhigung zu bewahren, namentlich vor Weidegang. Eine Benarbung findet sich dann meist von selbst ein.

8. Die Entfernung des Bodenüberzuges geschieht bei stark holzigen Unkräutern, wie z. B. Spartium scoparium mit der Axt, auch wohl mit einer Durchforstungsschere. Da hierbei die Wurzeln im Boden verbleiben, so ersetzt sich die Decke oft rasch und leicht. Eine wirkliche Vertilgung wird nur durch Hacken und Pflügen erreicht.

9. Die hier in Betracht kommenden Hacken müssen ein wenigstens 10 cm breites Blatt mit scharfer Schneide haben und um so größeres Gewicht, je schwerer die zu leistende Arbeit ist. Sehr breite Hacken, namentlich solche, die rechtwinklig in die Höhe gebogene, schneidende Ränder tragen, um bei jedem Schlage die Plaggen auch seitlich zu trennen, sind nur bei minder starkwurzeligem Unkraut verwendbar. Kombinierte Instrumente, wie z. B. die Beilhacke, welche auf der einen Seite ein Beil, auf der anderen eine Hacke tragen, erfüllen selten die gehegten Erwartungen, weil die Gewichtsverteilung keine gute ist.

Hacken mit sehr breitem Blatt nennt man auch Schälhacken im Gegensatz zu den gewöhnlichen Hacken. Spitzhacken, sowie mehrzinkige werden nur für Bodenlockerung angewendet.

10. Die im Walde verwendeten Pflüge müssen in der Regel sehr stark gearbeitet sein, da sie infolge der Bodendurchwurzelung schwere Arbeit zu verrichten haben. Feldpflüge sind nur anwendbar bei einer krautigen Decke und holzwurzelfreiem Boden bezw. solchem, in dem die Wurzeln vollständig vermorscht sind. Die eigentlichen Waldpflüge haben zwei feststehende Streichbretter, dabei können sie wie die Feldpflüge Schwing-, Stelz- oder Karrenpflüge sein; bei den letzten liegt der Pflugbalken auf einem zweiräderigen Wagen auf, welcher die Anspannung trägt. Bei den andern beiden erfolgt die Anspannung direkt am Pflugbalken. Beim Stelzpflug erhält der Pflugbalken ein wenig hinter der Anspannung eine Unterstützung durch eine Stelze, die entweder in ein schlittenkufenartig geformtes Holz ausläuft oder ein Rad trägt. Dem Schwingpflug fehlt eine solche Unterstützung.

In Gebrauch sind:

11. Der von Alemannsche Waldpflug*), ein schwerer hölzerner Karrenpflug mit zwei ebenen, eisenbeschlagenen Streichbrettern. Der Tiefgang wird durch ein am Karren befindliches, höher und tiefer zu stellendes Brett geregelt.

12. Der Eckertsche Waldpflug, ein eiserner Räderpflug mit spiralig gebogenen Streichbrettern, denen sogenannte Abstreicher aufgesetzt werden können, das sind breite Eisen, die den Überzug seitlich niederdrücken, um das Zurückklappen desselben zu verhindern. Der Tiefgang wird durch Stellung des Pflugbalkens an einer vom Karren getragenen Säule vermittelt.

13. Der Rüdersdorfer Waldpflug, ein hölzerner Schwingpflug mit eisernen Streichbrettern, die ihrerseits Messer tragen, um die abgeschälte Decke einzuschneiden und dadurch ein Zurückklappen des Bodenüberzuges zu verhindern.

14. Ein in der Oberförsterei Gahrenberg gebrauchter Schälpflug ist nach Angaben des Revierförsters Reinknecht gebaut. Dieser Pflug hat ein Streichbrett, welches spiralig gewunden, ist und eine Vorrichtung, mit Hilfe deren der Rasen seitlich losgeschnitten wird. Er schiebt sich dann an dem Streichbrett in die Höhe und wird von diesem abgleitend einige Zentimeter von der Furche entfernt umgeklappt niedergelegt.

II. Für Bodenlockerung.

15. Die Bodenlockerung geschieht in oberflächlicher Weise durch Rechen. Der gewöhnliche Rechen mit eisernen Zinken ist dabei nur auf lockerem Boden verwendbar. Wo Laub liegt, geht die Arbeit mit ihm langsam, weil dieses an den Zinken hängen bleibt und oft entfernt werden muß. Außerdem sind in Anwendung:

der hessische Kulturrechen mit Zähnen, die rechtwinklig gebogen und auf den Rechen-Balken aufgenietet sind;

der Sollinger Rechen mit 5 breiten Zähnen;

der Spitzenbergische Wühlrechen, ein Gerät, welches eine Walze mit Längsschneiden und eine mit Querschneiden trägt. Es paßt für lockere, insbesondere für sandige Böden. Ein anderer Wühlrechen desselben Autors trägt nur eine Walze mit Querschneiden. Er wird namentlich für Nachlockerungen benutzt.

*) Über Forstkulturwesen. Aus den Erfahrungen mitgeteilt von v. Alemann. 2. Aufl. 1861 bringt S. 16 und 17 Abbildung und ausführliche Beschreibung.

Für platzweises Aufrechen treten noch die Kreisrechen hinzu, Instrumente, die vielfache kleine Abweichungen der Konstruktionen zeigen, in der Hauptsache sich aber sehr gleichen. Man findet sie nur selten in Anwendung.

16. Die zweite Reihe von Instrumenten bilden die Eggen. Die Arbeit mit Feldeggen nützt sehr wenig, nicht nur weil sie zu leicht sind und weil der Bodenüberzug ein tieferes Eingreifen verhindert, sondern deshalb, weil der Waldboden nicht eben genug ist und daher immer nur wenige Zähne, und zwar bald diese, bald jene arbeiten. Ketteneggen, Wieseneggen leisten auf Waldboden ebenfalls wenig, so daß man von ihrer Anwendung meist nach einigen Versuchen zurückkommt.

Mehr leisten Eggen mit dreieckigem Rahmen und einigen wenigen Zähnen, doch haben auch diese, wenn sie — vielleicht mit Hilfe von Belastung — tiefer eingreifen, den bedeutenden Nachteil, daß man sie über jede noch einigermaßen feste Wurzel und über jeden Stein hinwegheben muß.

17. Diesen Nachteil umgehen solche Eggen, deren Zähne mit einem Mechanismus versehen sind, der ihnen selbsttätig ein Ausweichen bei Hindernissen gestattet. Eine derartige Egge wird von Ingermann in Koldmoos bei Gravenstein vertrieben. Sie gestattet leichten Transport, indem sie durch Verstellung eines Hebels auf die ihr beigegebenen Räder gesetzt werden kann; sie arbeitet in verschiedener Weise, da man die an den Zähnen angebrachten Federn in ihrer Kraft durch einfache Aufschieblinge erhöhen kann. Die Abnutzung ist indessen eine bedeutende und die Führung der Egge nicht leicht.

18. Die beste Arbeit leistet die dänische Rollegge. Sie besteht aus einem festen, schwer gearbeiteten eisernen Rahmen, in dem sich die Achsenlager zweier hintereinander gehender eiserner Walzen befinden. Die Walzen tragen die Grabfüße, welche die Form wie bei Ingermann haben. Sie stehen aber fest.

19. Von Spitzenberg ist ein Wühlrad gegeben, was auf leichtem Boden wohl an Stelle der Rollegge Verwendung finden kann. Es eignet sich namentlich für streifenweise Bodenbearbeitungen. Die Tiefe der Bodenlockerung beträgt etwa 14 cm.*) Vor Beginn

*) Die Spitzenbergschen Kulturgeräte S. 26.

der Wühlarbeit muß von dem zu lockernden Streifen der Bodenüberzug entfernt werden.

20. Für tiefergehende Lockerungen kommen zuerst Hacken in Betracht. Sie dürfen bei lockerem, steinfreiem Boden eine bis 15 cm breite Schneide haben, bei steinigem und festerem kommt man mit schmaleren Hacken rascher vorwärts. In allen Fällen müssen die Hacken schwerer als die in Feld und Garten gebrauchten sein und längere Blätter haben.

Ein in Buchenbesamungsschlägen häufiger angewendetes Instrument ist die von Seebachsche Häckelhacke mit 3 breit geschmiedeten, langen Zinken, von denen jede zum Stiel hakenförmig gebogen ist.

Die Pooksche Doppelhacke gehört nur dem Namen nach hierher, da sie lediglich eine Hilfe zur Einstufung von Eicheln ist.

21. Die zweite Reihe bilden die Spaten. Es empfiehlt sich, die ortsüblichen Formen anzunehmen. Rasch fördernd ist auch die Arbeit mit einer vierzinkigen Grabgabel, die seit etwa 1880 von Amerika her eingeführt und dadurch weiteren Kreisen bekannt geworden ist. In Weinbergen Badens ist sie übrigens ein so alt eingebürgertes Instrument, daß die Vermutung für ursprünglich deutsche Abstammung spricht.

22. In den letzten Jahren hat der Spitzenbergische Wühlspaten vielfach Eingang gefunden. Seine Grundlage ist eine eiserne Querleiste, an der nach unten die Spaten und Stacheln eingefügt sind, nach oben aber eiserne Hohlschäfte, in die der Aufbau der hölzernen Handhaben eingefügt ist. Mit dem Wühlspaten wird der Boden nicht gestürzt, sondern nur gelockert.

23. In dritter Linie beschäftigen uns die Erdbohrer. Mit ihnen kann man immer nur ein kleines Stückchen Erde lockern, gewinnt aber den Vorzug, daß man sehr tief gehen kann. Sie bedingen wenig durchwurzelten und steinfreien Boden und sind schon deshalb nur auf sehr beschränktem Gebiete in Anwendung.

Dem Namen nach ist der Spiralbohrer von Biermans am bekanntesten, mit ihm lassen sich parabolisch geformte Löcher bilden von sehr geringer Größe. Zweckmäßiger möchten die Bohrer sein, die zylindrisch geformte und weitere Löcher geben, Bohrer, die zum Einsetzen von Pfählen, Stangen usw. jetzt viel gebraucht werden, daher auch leicht zu erhalten sind.

24. Endlich haben wir Pflüge und diesen verwandte Instrumente zu betrachten, die zur Bodenlockerung benutzt werden.

Dahin gehört der gewöhnliche Feldpflug; seine Anwendung ist aber nur dann möglich, wenn mehrere Furchen nebeneinander gelegt werden oder wenn durch die Ziehung von Einzelfurchen mit der einmal nach links, einmal nach rechts geworfenen Erde Rabatten gebildet werden sollen.

Der Pflug ohne Streichbrett, der Haken, kann dagegen zur streifenweisen Lockerung gut angewendet werden, trotzdem finden wir auch ihn bei uns aus dem Walde meist verdrängt und durch die sogenannten Untergrundspflüge ersetzt, weil diese zweckentsprechender konstruiert sind.

Zu nennen sind von diesen:

25. Der von Alemannsche Untergrundspflug. Ein hölzerner Stelzpflug mit starkem Sech. Der Tiefgang wird durch Verkürzung bezw. Verlängerung der Stelze geregelt. Er besitzt in zwei an der Grindelsäule angebrachten Streichbrettchen eine Vorrichtung zum gleichzeitigen Ziehen der Saatfurche.

26. Der Eckertsche Untergrundspflug ist von Eisen gebaut und hat statt des Schuhes ein Rad am Ende der Stelze. Die Spitze der Pflugschar wird durch einen verstellbaren Meißel gebildet. Der Tiefgang ist durch die Anspannung, die deshalb in einer Zahnstange hängt, zu regeln.

26. In Buchenschlägen des norddeutschen Gebiets ist hier und da der Genésche Doppelpflug und der große und kleine Balthasarsche Grubber in Anwendung gebracht. Der Doppelpflug ist aus Schmiedeeisen hergestellt und trägt an einem sehr fest und widerstandsfähig gearbeiteten Rahmen links und rechts je ein Kolter und eine Pflugschar mit Streichbrett. Es werden also auf einmal zwei Pflugfurchen gerissen.

28. Der Balthasarsche Grubber — der große wie der kleine — arbeitet ebenfalls mit zwei Koltern, von denen das eine rechts, das andere links an dem Gestell angebracht ist. In den Linien dieser vorarbeitenden Instrumente gehen zweckentsprechend geformte Eisen mit Streichbrettern — die eigentlichen Grubber — und reißen das Erdreich auf. Der Tiefgang wird bei dem sogenanten kleinen Grubber durch Belastung eines an dem Hauptgestell angebrachten Kastens mit Steinen erreicht, bei dem großen Grubber werden Laufgewichte verschieden eingestellt. Der kleine Grubber wird über entgegenstehende Hindernisse fortgehoben, der große ist so eingerichtet, daß Kolter und Grubber durch das Hindernis

selbst ausgehoben werden und nach Überwindung desselben vermöge der Gewichte in die Arbeitslage zurückkehren. Die Arbeit mit dem Grubber wird vor dem Samenabfall fertig gestellt, nach dem Samenabfall läßt man eine Egge über die Flächen hingehen, um den Samen vollends unterzubringen.

Auch andere Grubber (Bühring, Kähler) findet man örtlich in Gebrauch und leisten dort gute Dienste.

29. Seit einigen Jahrzehnten hat auch der Dampfpflug den Wald betreten. Der eigentliche Pflug ist ein doppelarmiger. Jeder Arm enthält zwei Schare, die den Boden mit ihren Streichbrettern stürzen oder nur eine solche und einen Untergrundspflug, ersterenfalls bearbeitet jede Schar einen besonderen Streifen, letzterenfalls geht der Untergrundspflug in der bereits vorgearbeiteten Furche. Die Arme des Pfluges stehen zueinander im Winkel und werden durch ein in dessen Scheitelpunkt angebrachtes Räderpaar gehalten. Beim Hingang arbeitet der eine Arm, beim Rückgang der andere, der freie kippt jedesmal in die Höhe. Zum Treiben des Dampfpfluges gehören in der Regel zwei Lokomobilen. Der Pflug ist durch je ein Drahtseil mit jeder Maschine verbunden. Die arbeitende Lokomobile wickelt das Drahtseil auf eine Trommel und zieht damit den Pflug durch das Erdreich an sich heran, die andere Lokomobile wickelt gleichzeitig nachgebend ihr Drahtseil ab. Ist der Pflug bis an die Arbeitsmaschine herangerückt, so gehen beide Lokomobilen soweit vor, wie die Furchen voneinander entfernt sein sollen. Dann fängt die zweite Lokomobile an zu arbeiten und zieht ihrerseits den Pflug an sich heran, während die erste nunmehr das Seil abwickelt.

Angewendet sind die Dampfflüge bisher fast ausschließlich zur Urbarmachung des Ortsteins und tragen sie deshalb noch besondere Vorrichtungen, um den Bodenüberzug von Heide abzuschneiden und ein Zurückklappen zu verhindern. Man hat einen Tiefgang von 81 cm erreicht.

c) Die Beschaffung des Holzsamens.

1. Auf die Zuchtwahl im Walde beginnt man in steigendem Maße zu achten und mit vollem Recht. Denn wenn wir auch keine Sicherheit dafür haben, daß sich die Eigenschaften der alten Bäume auf die Nachkommenschaft vererben, so liegt doch eine große Wahrscheinlichkeit dafür vor. Die Gegner der Zuchtwahl heben

namentlich die Unmöglichkeit hervor, die Bestäubung so zu regeln, wie es eine wirkliche Zuchtwahl erfordert und es ist richtig, daß das unmöglich ist. Wir werden immer nur den Mutterbaum auswählen und bestimmen können und müssen den Ursprung des Blütenstaubes dem Zufall doch überlassen. Zweifellos wird aber die Wahrscheinlichkeit, gute Rasse zu erhalten, mehr erhöht, wenn wenigstens der Mutterbaum richtig ausgewählt ist, als wenn auch das dem Zufall völlig überlassen wird. Jedenfalls kann eine so betriebene Zucht von Waldsämereien dem Walde in keiner Weise Schaden, sondern nur Nutzen bringen.

Man sollte also geradfaserig und rasch gewachsene, gesunde Stämme frühzeitig so licht stellen und so begünstigen, daß sie viel und oft Samen tragen. Bei frostempfindlichen Holzarten würde man die Auswahl so treffen, daß man nur solche zu Samenbäumen nimmt, die möglichst spät ergrünen.

Wenn man bedenkt, mit wie geringer Mühe und mit wie wenig Kosten sich auf diese Weise ein wahrscheinlich vorzügliches Saatgut beschaffen läßt, so muß man sich in der Tat wundern, daß die seit Jahren gegebenen Anregungen bisher nicht häufiger eine Ausführung des Gedankens nach sich gezogen haben. In Erwägung zu nehmen ist, daß ein allgemeines Vorgehen der Forstverwaltungen und Forstbesitzer nach gedachter Richtung in sehr kurzer Zeit einen wohltätigen reformierenden Einfluß auf den Samenhandel haben muß und die Händler dazu zwingen wird, sich stets um den Ursprung der von ihnen vertriebenen Sämereien zu kümmern.

Gegen den Bezug von Samen durch den Handel, wie er heute ist, läßt sich in allen Fällen nichts sagen, wo man sich über die Herkunft des Samens hinfortsetzt. Der sehr vermehrte Wettbewerb auf diesem Gebiete hat eine wirkliche Zuverlässigkeit groß gezogen, so daß man ohne Mißtrauen die Quellen benutzen kann. Trotzdem ist es notwendig, die in der Regel den Sendungen beigegebenen Keimprozentangaben auf ihre Richtigkeit zu prüfen, auch nachzusehen, ob der richtige Samen geliefert ist. Bei der herrschenden Namensverwirrung bezüglich der Nadelhölzer sind Mißverständnisse auf der einen und anderen Seite nicht ausgeschlossen.

2. Reizmittel, um die gesunkene Keimkraft zu beleben, werden selten angewendet. Man regelt lieber die Stärke der Einsaat nach Maßgabe der in jedem Einzelfalle festgestellten Keimkraft. Das Einweichen in Chlorwasser, Kalkwasser, stark verdünnte Säuren

ist beim Nadelholzsamen wohl einmal angewendet, spielt aber mehr in den Büchern als in der Praxis eine Rolle.

3. Die Zeit von der Aussaat bis zum Aufgehen der Saat läßt sich durch Quellen und Anmalzen verkürzen. Zum Quellen werden die Samen in Wasser gelegt. Sie dürfen jedoch nicht einen vollen Tag darin liegen, da Versuche ergeben haben, daß alle keimschwachen Körner sonst getötet werden. Wenn auf die Aussaat trocknes Wetter folgt, so geht auch der gequollene Samen sehr schlecht auf.

Beim Anmalzen oder Ankeimen wird der Same mit weniger, feucht zu haltender Erde gemengt und in Stall- oder gelinde Treibhauswärme gebracht, bis die Keime hervorbrechen. In diesem Zustande erfolgt die Aussaat.

Auch diese Hülfen werden selten angewendet. Das Anmalzen verdient jedoch bei zweifelhaftem Saatgute und solchem Samen, der lange liegt, wie z. B. der von der Douglasie, der Strobe und anderen, namentlich fremden Holzarten, eine häufigere Anwendung.

d) Die Aussaat — abgesehen vom Einstufen.

1. Sie muß in regenfreier Zeit geschehen, weil sonst der Same ungleich fällt.

2. Fläche und Same wird eingeteilt, damit man Fehler in der Stärke der Aussaat rechtzeitig abstellen kann.

3. Der Same wird entweder breitwürfig gestreut oder in Rillen (Riefen) gesäet, das sind bis 5 cm breite Streifchen. Man bedeckt ihn darauf, soweit nötig und zweckmäßig, mit Erde. Die Rillen werden mit dem Rechenstiel, einer schmalen Hacke, durch den Druck eines Karrenrades, oder mit besonderen Rillenziehern gezogen.

4. Die Aussaat geschieht mit der Hand, mit einfachen Hilfsmitteln, mit Maschinen.

5. Beim Säen mit der Hand muß aus dem Säetuch immer die gleiche Menge gegriffen und diese in gleichmäßigem Fortschreiten ausgesäet werden.

Die Bedeckung des Samens geschieht bei breitwürfiger Saat am besten durch Einrechen. Das Übererden mit dem Spaten bringt meist ungleiche Bedeckung und ist dabei teuer. Der zuweilen empfohlene Übertrieb einer Schafherde ist selten ausführbar. Eggen können überhaupt nur bei Vollsaat in Betracht kommen, arbeiten aber auf Waldboden zu unvollkommen. Die Strauchegge und der

Schleppbusch führen leicht von den Erhebungen den Samen mit fort und den Vertiefungen zu viel Erde zu. Das Übersieben mit Erde ist bei Freisaaten der Kosten wegen meist ausgeschlossen. Eine Bedeckung durch die vom Pfluge ausgeworfene Erde ist nur bei der Saat von Eicheln möglich.

Bei Rillensaaten zieht man mit dem Rechen oder der Hand vom Rande der Rillen soviel Erde heran, als zur Deckung notwendig ist.

Die Deckung des Samens hat der Aussaat möglichst rasch zu folgen.

6. Die einfachen Hülfen, die man statt der Handsaat wählen kann, sind in Saat mit Flasche und Säehorn zu suchen. Die Flasche, am besten eine gewöhnliche Rheinweinflasche, wird etwa zur Hälfte mit Samen gefüllt und der Same im Fortschreiten mit kurzer, rüttelnder Bewegung der Hand ausgeschleudert. Will man breitwürfig säen, so hält man die Flasche höher und rüttelt stärker als bei der Saat in Rillen. Die letztere verlangt immer eine etwas größere Einübung.

7. Das Säehorn ist ein mit Deckel und Traghandhabe versehener Trichter, dessen Ausflußröhre umgebogen ist und durch Ansatzstücke verlängert und verengt werden kann. Je länger sie gemacht wird, um so spärlicher wird der Same gestreut.

Bei einiger Übung kann man die Aussaat übrigens auch genügend durch die Art des Rüttelns und größere oder kleinere Neigung der Ausfallsröhre regeln. Mit dem Horn läßt sich ebenfalls breitwürfig und in Rillen säen.

8. Säemaschinen sind für Streifen- und Plattensaaten erdacht, die für Streifen säen je nach ihrer Konstruktion breitwürfig oder in Rillen, und die meisten von ihnen sind mit Vorrichtungen zum Unterbringen des Samens versehen.

Wenn man an Maschinen die drei Anforderungen stellt, deren Erfüllung man doch füglich verlangen kann, nämlich

beliebige Regulierung der Saatmenge, billigere und leichtere Arbeit,

so ist hervorzuheben, daß keine der bisher gebrauchten allen Anforderungen genügt.

Die Saatflinte, die Säemaschine nach Runde-Ahlborn, die Maschinen mit drehbaren, durchlochten Samentrommeln (v. Koch; Göhren, Klähr u. a.), erfüllen die erste Bedingung, beliebige Regulierung der Saatmenge, nicht genügend.

Die Maschine von Drewitz, zu der noch die Drillmaschine von Spitzenberg getreten ist, setzen, obwohl sie ja sonst sehr hübsch durchdacht sind, ebenso wie diejenige von Rotter die an und für sich leichte Arbeit des Säens in eine schwere um.

Am meisten möchte die Rundesche Maschine mit den neuesten von Ahlborn gegebenen Abänderungen zu empfehlen sein.

Wir wollen die Maschinen in der Reihenfolge, wie sie genannt sind, in kurzen Zügen beschreiben.

9. Die Saatflinte besteht aus einem langen, schmalen, im Querschnitt quadratischen Kasten, dem Samenbehälter. Dieser endigt in einem durchbohrten Holzklotz, an den eine im Querschnitt wieder quadratische Blechtülle angefügt ist. Durch diese fällt der Same ins Freie. Die Öffnung in dem Holzklotz kann verengt und erweitert werden, wodurch eine gewisse Regelung des Samendurchtritts erreicht wird; feiner wird sie dadurch, daß ein Draht durch die Klotzdurchbohrung geführt ist. Er ist so gebogen und so angebracht, daß er von außen auf- und abgeschoben werden kann. Je schneller das geschieht, um so mehr Same fällt. Sie ist nur noch sehr wenig in Gebrauch.

10. Die Rundesche Maschine*) ist ursprünglich für die Landwirtschaft erdacht, und von Ahlborn für Waldsaat in Doppelrillen geändert. Sie ist von Eisen, trotzdem aber so leicht, daß sie ohne jede Schwierigkeit von einem Manne gehandhabt werden kann. Der Samenbehälter hat als Boden ein verschiebbares Blech. Die Verschiebung ist von der Bewegung des Rades abhängig, auf dem die Maschine ruht und tritt bei jeder Umdrehung desselben etliche Male ein. Jedesmal öffnet sich, weil das Blech entsprechend durchlocht ist, der Boden des Samenkastens. Es fällt dann etwas Samen in die Säetüllen, von da in die Rillen und wird dort von je zwei Blechen eingekratzt. Eine Walze, die Ahlborn noch über die fertige Saat gehen läßt, empfiehlt sich wenig, weil sie bei dem unebenen Boden, den wir fast immer haben, ungleich arbeitet.

11. v. Koch, Göhren, Klähr und andere haben eine Karre als Grundlage angenommen. Das Karrenrad dreht die zweckentsprechend durchlochte Samentrommel, wobei der Samen durch die Löcher herausfällt. Um die Saatmenge zu regeln, können die Löcher durch Schieber kleiner oder größer gemacht werden. Bei v. Koch

*) Zeitschrift f. Forst- u. Jagdwesen 1882, S. 165.

fällt der Same direkt auf den Boden und wird von einer nachgehenden, unter der Karre angebrachten Harke eingerecht. Bei der Göhrenschen und Klährschen Maschine fällt das Korn in eine Trichterführung und von da in die durch das Karrenrad gedrückte Saatrille. Die Deckung mit Erde wird von einem kleinen Rechen besorgt.

12. Die Drewitzsche Maschine hat als Unterlage ein eisernes Karrengestell. Das Rad drückt die Rille ein, weswegen seinem Kranz eine im Querschnitt dreieckige Nase aufgesetzt ist. Außerdem treibt es ein Zahnräderwerk, was schließlich ein durch den Samenkasten gehendes Rädchen bewegt. Dieses schaufelt mit seinen Zähnen den Samen aus dem Kasten in den Ausfalltrichter, von wo er in die offene Rille fällt. Ein aus kleinen Blechen bestehender Rechen füllt die Rille zu und bedeckt den Samen mit Erde, die dann noch durch ein nachfolgendes Walzrad gefestigt wird. Die Saatmenge wird dadurch reguliert, daß man verschiedenwertige Zahnräder in das Getriebe einsetzen und so den Umlauf des Ausschaufelrädchens beschleunigen oder verlangsamen kann. Die Maschine zeichnet sich dadurch aus, daß auch nebensächliche Dinge bei der Konstruktion gut durchdacht sind, z. B. die Ausschaltung des Samenstreuapparats beim Übergang von einer Furche zur anderen.

13. Die Spitzenbergische Maschine ist der Drewitzschen ähnlich, säet aber mit zweiriefiger Rille.

14. Die Rottersche Maschine säet breitwürfig. Sie hat ebenfalls die Karre als Grundform. Das Rad bewegt Räder mit Löffelchen, die aus dem Samenkasten ein jedes einige Körner ausschöpfen und in den Ausfalltrichter werfen. Durch diesen fallen sie auf eine schiefe Ebene, gleiten von da herab auf die Erde zwischen das Rechenwerk der Maschine und zwar hinter den schweren, die Bodenverwundung besorgenden Vorrecher und vor den leichten, den Samen mit Erde deckenden Nachrecher. Eine leichte Walze schließt mit ihrer Arbeit die Tätigkeit der Maschine ab. Die Regelung der Saatmenge wird dadurch möglich, daß man Löffel leergehend stellen kann.

15. Maschinen für Plattensaaten sind überflüssig. Um ungleiche und zu starke Einsaat der Platten zu verhindern, wendet man bei Aussaat von kleinen Sämereien ein ähnliches Hohlmaß an, wie man es zum Abmessen des Schrotes für Patronenfüllung gebraucht, bei großem Samen, Eicheln, Edelkastanien u. a. regelt man die Aussaat nach Stückzahl.

e) Das Einstufen.

16. Für das Einstufen (Punktsaat) sind eine ganze Reihe von Hülsen konstruiert. Am meisten gebräuchlich ist es jedoch, die Saat mit den ortsüblichen Hacken auszuführen. Man schlägt die Hacke angemessen tief ein, zieht sie etwas an sich, so daß die Eichel oder Buchel in das dabei entstehende Loch geworfen werden kann. Zieht man die Hacke nun heraus, so klappt der Boden zurück und deckt das Korn, nötigenfalls tritt man die Erde noch mit dem Fuß fest.

17. Mit der in der Provinz Hannover viel angewendeten Pook'schen Doppelhacke, einer zweiarmigen Hacke, die statt der Schneiden runde Scheiben trägt, werden durch einen Schlag je zwei Saatlöcher geöffnet.

18. Im übrigen sind zu nennen: Setzpfähle von Holz und Eisen, letzterenfalls mit Spitzen, die sehr verschiedene Querschnitte und Formen zeigen. Alle dienen zum Herstellen der Saatlöcher. Gleichem Zweck dient auch der Saatklotz, das ist ein Setzpfahl, der wegen eines aufgeschobenen Klotzes nur bis zu bestimmter Tiefe in die Erde eindringen kann, das Steckbrett, ein mit aufgebauten Handhaben versehenes Zapfenbrett, durch welches gleichzeitig eine Anzahl Löcher von bestimmter Tiefe gefertigt werden.

19. Mit dem Saathammer soll einerseits, nämlich mit der etwas ausgezogenen Spitze das Loch gestoßen, andrerseits, nämlich mit dem breiten, runden Rücken dasselbe zugeschlagen werden.

20. Durch hohle Setzstöcke will man die Arbeit bequemer machen. Die in die Erde gestoßene Spitze derselben öffnet das Saatloch und durch den ausgehöhlten Stock läßt man dann die Eichel oder Buchel in dasselbe fallen. Die Stöcke haben sich übrigens nur hier und da eingebürgert.

21. Endlich haben wir noch eine ganze Reihe von Saatschippen und Schippchen, durch welche die Arbeit möglichst erleichtert werden soll, so daß sie auch von Frauen und Kindern geleistet werden kann.

Titel II. Die Pflanzung.

Vorbemerkung. Man pflanzt:

bewurzelte (Kernpflanzen, Wurzelbrut, Ableger),

unbewurzelte (Stecklinge, Setzstangen; Senker gehören ebenfalls hierher, sie bleiben aber mit dem Mutterbaum in Verbindung und sind nicht selbständig).

Man unterscheidet:
Ballenpflanzen und ballenlose,
bekronte und Stummel- oder Stutzpflanzen.

Man bezeichnet die Pflanzen:
nach dem Alter: als Keimlinge, Jährlinge, 2-, 3- usw. jährige;
nach der Höhe: als Loden, wenn sie 1 m,
als Halbheister, wenn sie über 1 m und weniger als 2 m messen.
als Heister, wenn sie 2 m und darüber messen.

Die Pflanzen sind Wildlinge oder Kamppflanzen, letzterenfalls können sie verschult oder unverschult sein.

Endlich trennen wir Einzel-, Zwillings-, Drillings- und Büschelpflanzung. Drillingspflanzung wird neuerdings vielfach schon zur Büschelpflanzung gerechnet.

a) Die Pflanzenzucht.

Literatur: Fürst, Die Pflanzenzucht im Walde 1882. Berlin, Jul. Springer. 4. Auflage 1907.
Die Spitzenbergischen Kulturgeräte.*) Berlin, Parey. 2. Auflage 1898.

α. Allgemeines über Beschaffung der Pflanzen.

1. Wenn auch unter heutigen Verhältnissen die Beschaffung aller Pflanzen aus Privatbaumschulen möglich ist, so gilt doch als Regel, daß der Forstwirt die Pflanzen selbst erzieht. Der Staat sollte jedoch nicht über die Grenzen des eignen Bedarfs gehen und namentlich nicht durch Verkauf des Überschusses zu sehr billigen Preisen die Privatindustrie drücken. Dagegen sollen die Staatsbeamten stets bereit sein, den übrigen Beamten, den Kommunen und Waldbesitzern guten Rat zu erteilen.

2. Wir erziehen die Pflanzen in ständigen Forstgärten und in Wanderpflanz- bezw. Saatschulen. In der Saatschule bleiben die Pflanzen von der Aussaat bis zur Verpflanzung unverschult stehen, im Pflanzkamp unterliegen sie der Verschulung aus dem Saat-(Mutter)beet.

3. Die Frage, ob ständige oder Wanderkämpe zweckmäßiger sind, muß von Fall zu Fall entschieden werden.

*) Vertrieb der Geräte durch die Firma Francke & Co., Berlin SW. Charlottenstraße 9/10.

Für ständige Kämpe spricht:

die größere Möglichkeit, einen völlig passenden Standort zu finden;

die Ersparnis an Urbarmachungskosten;

die leichte Kontrolle durch konzentrierten Betrieb;

die geringere Schwierigkeit, gute Pflanzenzüchter für die Gärten zu finden;

auch wohl der geringere Aufwand für Einfriedigung.

Diesen in vielen Fällen hoch anzuschlagenden Vorteilen stehen Nachteile gegenüber, die je nach Umständen ebenfalls erheblich sein können.

Es sind das:

die stärkere Verunkrautung,

die Höhe der Düngungskosten,

die größere Höhe der Transportkosten,

die Schäden durch Engerlingsfraß.

Wanderkämpe sind vorzuziehen:

wo geeignete Stellen reichlich vorhanden sind;

wo die Bodenbearbeitung leicht ist;

wo der Transport an und für sich schwierig (Ballen) oder sehr teuer ist;

wo Engerlingsfraß herrscht;

wo eine billig herzustellende, einfache Einzäunung genügt.

β. Die Auswahl des Platzes.

Für ständige Kämpe.

4. Sie sollen nicht weit vom Wohnsitze des Pflanzenzüchters und der Arbeiter entfernt sein, an guten Wegen liegen und vor Frost und Hitze möglichst geschützt sein. Man vermeidet daher Süd- und Westhänge, Frostlagen, Mulden (Tobel), enge Täler. Höhere Lagen empfehlen sich mehr als tiefe.

Der Kamp soll so liegen, daß die Vegetation darin nicht früher erwacht, als auf den Kulturstellen der Boden frostfrei ist. Im Gebirge wird man daher häufig mehrere Kämpe anlegen müssen.

Der Boden soll womöglich eben sein und in den physikalischen Eigenschaften eine gute Mittelstraße halten, jedenfalls aber keinen undurchlassenden Untergrund haben.

Die bisherige Benutzung ist in Betracht zu ziehen. Zur Landwirtschaft untauglich gewordenes Ackerland ist auch zur Pflanzenzucht ungeeignet, stark verunkrauteter Waldboden neigt auch nach der Urbarmachung zu Kampland sehr zu Unkrautwuchs. Gartenboden, gut gepflegte Äcker und gut bestandenes Waldland sind am geeignetsten. In der Regel steht nur das letztere zur Verfügung und kommt fast ausschließlich in Betracht, da wir noch weitere Ansprüche machen.

Die Umgebung ist nämlich womöglich so zu wählen, daß nach Süden und namentlich nach Westen Seitenschutz ist. Nach Norden und Osten bleiben die Seiten besser frei, weil sonst Reflexe schädlich werden.

Wasser soll in der Nähe sein.

Die Gestalt ist wegen der Umfriedigungslängen nicht gleichgültig und würde sich deshalb dem Quadrat möglichst zu nähern haben.

Die Größe hängt ab von der Kulturflächengröße und dem jährlichen Pflanzenbedarf, dem Alter und der Ausbildung der Pflanzen, den Standortsverhältnissen und dem für die einzelnen Holzarten zu wählenden Verbande. Der praktische Betrieb gibt verhältnismäßig rasch einen Anhalt für die Regelung der Flächengröße.

Für Wanderkämpe.

5. Sie sind in die Nähe der Kulturstellen zu bringen und brauchen nicht unbedingt am Wege zu liegen.

Im übrigen aber sind soviel wie möglich alle vorhin genannten Rücksichten zu nehmen.

γ. Die Vorbereitung des Bodens.

6. Man beginnt mit der Entfernung des Bodenüberzuges. Bestand er aus Laub, Nadeln, Moos oder nicht holzigen Unkräutern, so setzt man ihn in Haufen zusammen, um ihn später als Dünger zu verwenden; in jedem Fall kann man ihn auch verbrennen und die Asche zu Dünger ausnutzen.

Dann folgt Rodung der Stöcke und der zutage tretenden Steine, tieferliegende werden bei der Durcharbeitung des Bodens herausgebracht.

7. Die Tiefe der Lockerung hängt ab
von der Holzart und dem Charakter ihrer Bewurzelung,
von der Stärke des zu erziehenden Pflanzmaterials,
von der Länge der Wurzeln, die die Pflanzen haben sollen.

8. Die Lockerung geschieht durch Hacken, Umgraben oder Riolen.

9. Der ersten Durcharbeitung des Bodens folgt dann das Abstecken der Wege, das Ebenen und wenn nötig das Terrassieren.

10. Es ist gut, die Bearbeitung im Herbste vorzunehmen, damit der Boden vor der Benutzung sich setzen kann. Es verschwinden dabei die Hohlräume und der Boden erhält eine gleichmäßige und angemessene Dichtheit. Hat man die Umarbeitung im Frühjahr vorgenommen, so muß man ihn antreten lassen, ein Notbehelf, der niemals die Arbeit der Natur ersetzen kann.

δ. Die Verbesserung des Bodens.

Die Verbesserung der physikalischen Eigenschaften.

11. Zu große Feuchtigkeit muß durch Entwässerung, durch offene Gräben oder Drains, Trockenheit durch Bewässerung beseitigt werden.

Die Bindigkeit kann man durch entsprechende Mengung verbessern.

Die Arbeiten brauchen verhältnismäßig nur selten vorgenommen zu werden, weil wir sie durch die Auswahl des Platzes zu umgehen suchen. Am häufigsten wird wohl eine Regulierung der Feuchtigkeitsverhältnisse notwendig, weil sie sich mitunter nach der Abholzung des Altbestandes wesentlich ändern.

Die Verbesserung des Nährstoffgehalts.

Literatur. Helbig, Über Düngung im forstlichen Betriebe 1906.

12. Sie kann durch Düngung herbeigeführt werden, und zwar wendet man an: animalische, vegetabilische, mineralische und gemengte Dünger.

Animalische Dünger.

13. Menschen- und Rindviehdünger ist am besten, der von Pferden und Schafen erhitzt, geradezu gefährlich kann die Verwendung von Hühnermist werden. Knochenmehl schafft namentlich Ersatz für Phosphorsäureentzug. Guano ist kostspielig und ein Erfolg nicht sicher.

14. Die Poudrette, welche aus den städtischen Fäkalstoffen hergestellt wird, ist mehrfach bereits mit Erfolg angewendet. Torfmull der mit Fäkalien durchzogen ist, empfiehlt sich für bindige Böden.

Vegetabilische Dünger.

15. Gründüngung. Man säet Lupinen und pflügt oder gräbt diese, wenn sie blühen, unter. Vonhausen verwendete auch geschnittenes Gras und saftiges Unkraut, wenn es noch keinen reifen Samen hatte. Auch ist von ihm erfolgreich der stehende Krautwuchs — im Frühjahr meist Veronica, Senecio, Poa-Arten, im Sommer hauptsächlich Poa-Arten — durch Umgraben zur Düngung benutzt.

16. Rotthaufendünger. Das ausgejätete Unkraut wird auf Haufen gebracht, meist dabei auch mit Ätzkalk vermischt und so lange in dieser Form gelassen, bis es verrottet ist. Dieser Dünger zieht immer die Gefahr starken Unkrautwuchses nach sich. Setzt man die Haufen nicht aus den Kampabfällen, sondern aus Waldstreu, so erhält man als Zersetzungsprodukt einen Dünger, der nicht nur durch seine Stoffe, sondern auch durch seine physikalischen Eigenschaften vorteilhaft wirkt und daher sehr zu empfehlen ist.

17. Aschendüngung. Am besten ist Holzasche, viel häufiger angewendet aber die Rasenasche. Zu ihrer Gewinnung werden getrocknete Rasenplaggen und Reisig zu kleinen Meilern gesetzt und verbrannt. Die Asche kann in der Regel frisch verwendet werden. Bemerkt sei aber, daß von andrer Seite empfohlen wird, sie mindestens über Winter liegen zu lassen. Man vermischt sie dazu mit Erde.

18. Die Düngung mit Holzasche ist trotz ihrer großen Vorzüge selten geworden, weil der reine Holzbrand selten geworden ist. Den Forstverwaltungen ist es aber sehr leicht möglich, das nötige Quantum sich zu verschaffen, wenn sie den Holzhauern nicht gestatten, bald hier, bald da Feuer anzumachen, sondern bestimmte Stellen dafür anweisen und dort ganz einfache Vorrichtungen zum Sammeln der Asche anbringen lassen. Es empfiehlt sich, für die abgelieferte Asche Zahlung zu leisten. Die im Winter gewonnene Asche kann im Frühjahr ohne jeden Nachteil für die Düngung der Kämpe benutzt werden.

19. **Mineralische Dünger**

sind der Theorie nach so auszuwählen, daß dadurch die dem Boden fehlenden, bezw. durch die Pflanzen hauptsächlich entzogenen Stoffe wieder zugeführt werden. In der Praxis sind die Düngungen selten vorgenommen, weil man durch Auswahl des Platzes der

Notwendigkeit der Düngung vorzubeugen oder sie durch Veränderung desselben zu umgehen sucht. Am häufigsten wird wohl die Mergelung vorgenommen. In neuerer Zeit ist, um Ersatz für den Entzug von Phosphorsäure zu schaffen, die Düngung mit Thomasschlacke (Phosphatmehl) in Anwendung gebracht. Seitens der Industrie werden alljährlich neue Düngungsmittel angeboten. Wünschenswert wäre es, wenn das Ergebnis der damit angestellten Versuche alljährlich gesammelt und zur allgemeinen Kenntnis gebracht würde. Ausgebaute Böden forstet man mit möglichst gutem Pflanzmaterial auf.

20. Gemengte Dünger (Kompost)

bestehen aus den mannigfachsten organischen und mineralischen Substanzen, z. B. Unkraut, Laub, Nadeln, Straßenkehricht, Kot, Grabenaushub, Asche, Kalk, Lehm.

Man bringt alles dieses Material auf regellose Haufen, die bis zu erreichter Gare mehrmals umgearbeitet werden, oder man setzt sie künstlich, indem man etwa 15 cm hohe Schichten des Gemenges mit dünnen Lagen Ätzkalk abwechseln läßt. Die Decke wird so gesetzt, daß sich Wasser in der Mitte ansammeln kann; die Seiten sind gut mit Erde zu decken. So läßt man die Haufen entweder bis zur Verwendung stehen, oder arbeitet sie nach mehrmonatlicher Ruhe in Zwischenräumen von etwa sechs Wochen um.

Ausführung der Düngung.

21. Alle mit Pflanzen bestellten Flächen können nur in ihrer Oberfläche oder den obersten Schichten gedüngt werden, während bei abgeräumten der Dung in die Tiefe gebracht werden kann. Da die Wurzeln sich nach dem Dung hinziehen, so hat man in der tieferen oder flacheren Lagerung desselben ein Mittel, die Wurzelbildung zu regeln.

22. Animalische Dünger, wie sie aus Ställen und Gruben genommen werden, finden nur für Kahlflächen Verwendung, man düngt sie so ab, wie es bei landwirtschaftlicher Nutzung geschehen müßte. Knochenmehl kann oberflächlich ausgestreut und leicht untergehackt, also auch nach der Hauptbodenbearbeitung, nach Saat und Pflanzung, verwendet werden.

Für die Düngung mit Poudrette nimmt man auf 1 a 10 l und vermengt sie mit 50 l Erde. Diese Menge wird oberflächlich ausgestreut. Solche Düngung ist auf Flächen, die mehrere Jahre hindurch als Saatbeete oder für Verschulungen von einjähriger Dauer benutzt wurden, zwei auch dreimal jährlich zur Ausführung gekommen und zwar dann, wenn die Pflanzen in ihrer Belaubung oder in ihrer ganzen Entwickelung Zeichen der Schwäche trugen.

23. Die Gründüngung mit Lupinen fordert reine Flächen. Die Stärke der Aussaat, die voll und in Rillen erfolgen kann, wird verschieden angegeben (bis zu 2 hl pro ha). Die Düngung mit Gras und Unkraut bei bepflanzten Beeten setzt voraus, daß die Pflanzen Lodenhöhe haben, also schon in weiterem Verbande stehen.

24. Die übrigen vegetabilischen Dünger können sowohl bei leerer wie bei bepflanzter Fläche angewendet werden, immer mischt man sie aber durch Hacken mit der Bodenoberfläche.

Das Gleiche gilt von den übrigen Düngern. Auf Abdüngung kahler Flächen mit Dammerde rechnet man etwa 300 cbm, auf Mergelung 150 cbm, auf Düngung mit Thomasschlacke 5—600 kg pro ha. Im allgemeinen ist jedoch die Stärke der Düngung nach örtlichen Erfahrungen und von Fall zu Fall zu bemessen.

25. Tiefdüngungen erfolgen meist im Herbst, Gründüngungen im Laufe des Sommers, andere Düngungen im Frühjahr und auch noch im Sommer.

ε. Einfriedigungen.

26. Man nimmt für dieselben zu Pfosten 16—20 cm starkes Kernholz von Eichen, Kiefern, Lärchen und Stroben, zu horizontalem und schrägem Gestänge Durchforstungsstangen von verschiedener, den Anforderungen angepaßter Stärke.

27. Die Art der Einfriedigung richtet sich nach dem Zweck; soll sie nur dazu dienen, Menschen und zahmes Vieh vor dem Betreten des Gartens zu hindern, so genügen 3—4 m voneinander stehende Pfosten, die durch je zwei horizontale Stangen miteinander verbunden sind.

Gegen Wild ist die Einfriedigung so dicht zu bauen, daß es nicht hindurch kann. In Anwendung sind:

28. Feste hölzerne Stangenzäune, bei denen die Pfosten mit horizontalen, entsprechend dicht stehenden Stangen genügend hoch benagelt sind.

29. Flechtzäune; schwächere Pfosten sind mit kurzen Zwischenräumen in die Erde gearbeitet, und es wird von ganz schwachen Stangen ein Geflecht um und zwischen sie gelegt.

30. Spriegelzäune; die Pfosten werden durch drei — selten mehr — Horizontalstangen verbunden und diese zur Einflechtung von senkrecht stehenden, schwachen Stangen benutzt.

31. Leicht versetzbare, hölzerne Einfriedigungen; sie bestehen aus trennbaren, Hürden nachgebildeten Stücken. Einzelne Stangen ragen über den Rahmen heraus und werden zur Herstellung der Verbindung mit dem nächsten Stück benutzt. Festen Stand erhält das Gatter durch angesetzte Streben.

32. Gatter mit Anwendung von Draht in folgenden Formen: Senkrechte Holzpfosten werden durch gewöhnlichen Telegraphendraht oder mit dem jetzt überall vorrätigen, verzinkten, starken Draht verbunden. Diese horizontal laufenden Drähte müssen mit schwächeren vertikal durchflochten werden, weil sie sonst das Wild nicht von den Gärten abhalten.

33. Drahtspriegelzäune; sie werden in der Art hergerichtet, daß man an Stelle der horizontalen Latten starke Drähte zieht und zwischen diese die Spriegel senkrecht einbringt.

34. Am besten sind für unsere Zwecke, da nun einmal dichte Brett- und Palisadenzäune als zu teuer nicht in Betracht kommen können, solche Gatter, die vollständige Drahtgeflechte benutzen, wie sie jetzt von vielen Firmen in sehr dauerhafter und billiger Weise gefertigt werden. Oft reichen schon 1 m hohe Geflechte; sie werden so an die Pfosten genagelt, daß sie bis zur Erde reichen. Der Aufbau darüber kann dann mit Draht oder Holz geschehen; letzteres möchte aber den Vorzug verdienen, weil es ein für das Wild sichtbares Hindernis ist.

Das Schumachersche*) Rautengatter ist ebenfalls zu empfehlen. Die Art, wie der Draht bei diesem gezogen wird, mindert dessen Nachgiebigkeit.

35. Die Einfriedigung durch Graben und Wall, durch lebende Hecken reicht nicht aus; die durch Dornreishaufen empfiehlt sich nicht, weil in denselben Mäuse Schutz finden.

ζ. Die Einteilung.

36. Die kleinen Saatkämpe werden nur in Beete eingeteilt. Ständige Pflanzgärten erhalten in der Mitte einen Hauptweg und, wenn nötig, rechtwinklig zu diesem Nebenwege, auch Parallelwege.

---

*) Schumacher, Das Rautengatter 1897.

Wo dadurch viele Quartiere entstehen, gibt man den Wegen Ziffern und Buchstaben. Diese Bezeichnung ist deutlich sichtbar an fest bestimmter Stelle in jedem Quartier anzubringen.

Die Wege zwischen den Beeten sind 20—40 cm, die Nebenwege 1 m, der Hauptweg 1,80 m breit anzulegen.

37. Die Beete werden 1 m, höchstens 1,2 m breit gemacht, damit man vom Wege aus bequem alles Unkraut ausjäten kann, ohne sie zu betreten.

η. Die Aussaat.

38. Die Aussaat geschieht in Rillen oder breitwürfig, letzteres jedoch nur bei Samen mit sehr geringer Keimfähigkeit.

39. Die Rillen werden wie bei der Freisaat hergestellt, außerdem aber auch mit besonders dazu konstruierten Rillenziehern gezogen oder durch Saatbretter, sowie mit einer Rillenwalze eingedrückt. Die Bretter und Walzen tragen zu dem Zwecke in bestimmten Abständen Leisten, die sich in den Boden eindrücken und damit die Rillen geben. Je nach dem Querschnitt der Leisten formen sich die Rillen. In Anwendung ist namentlich das Rechteck, selten der Halbkreis. Das Nürnberger Saatbrett gibt je zwei feine, nebeneinanderlaufende Rillen, erzeugt durch eine Leiste mit dem Querschnitt eines lateinischen W. Beim bayrischen Saatbrett erhalten wir ebenfalls zwei nebeneinanderlaufende Rillen, sie sind aber ein wenig breiter als beim Nürnberger Saatbrett und durch einen abgewölbten Erdrücken getrennt. Die Leisten sind also etwas anders geformt. Die Länge der Bretter wird der Breite der Beete gleich genommen.

Spitzenberg hat die Unterschiede in den Rillenbrettern noch weiter verfeinert. Er hat Saatpunktrillen für Eicheln, keilförmige Rillen für einlinige Saaten, Kammrillen für mehrzeilige Saaten, endlich Plattrillen, d. h. flache Rillen mit breiter Sohle, namentlich für Sämereien verwendbar, die nur schwach gedeckt werden sollen.

40. Die Aussaat geschieht durch die Hand, mit Flasche und Säehorn, die wir schon bei den Freisaaten kennen gelernt haben. Außerdem ist in Anwendung Säebrettchen und Saatleiste.

41. Die Säebrettchen haben Beetbreite, sie bestehen aus zwei Brettern, die so zusammengefügt sind, daß sie einen rechten Winkel bilden. Ist das mit Nägeln geschehen, so wird das Brett, nachdem der Same darauf gestreut und gut verteilt ist, an den Rand der

Rille gelegt und dann gekippt. Der Same fällt dabei in die Rille. Verbindet man hingegen die Brettchen durch Scharniere, so klappt man sie zusammen; dann fällt der Same durch die dabei entstehende Fuge zur Erde und in die Rille, wenn man die Brettchen entsprechend gehalten hat.

42. Die Saatleiste trägt eine vertiefte Rinne. Der Samen liegt in einem der Leistenlänge angepaßten Kasten und es soll die Leiste so unter den Samen getaucht werden, daß sich die Rinne mit demselben füllt. Der dabei gefaßte Same wird in die Erdrille gekippt.

43. Eine Säemaschine vom Oberförster Prara beruht auf dem Prinzip der Schöpfräder, streut den Samen in Rillen und sorgt nicht nur für Aussaat, sondern auch für die Unterbringung des Samens.

Eine zweite Maschine ist von Hacker konstruiert und von dem Erfinder zu beziehen. Bei ihr ist die Grundlage ein hölzernes Walzrad, dessen feststehende Achse nicht nur den Stiel, sondern auch den Samenkasten mit Aussäevorrichtung trägt. Der Samenkasten ist unten durch Bürsten und eine Aussaatwalze geschlossen. Die Aussaatwalze ist von Gummi und mit Vertiefungen versehen, in die der Same hineinfällt. Bringt man das Walzrad in Gang, so dreht sich die Aussaatwalze mit und die von den Vertiefungen aufgenommenen Körner fallen bei weiterer Drehung zu Boden. Die Bürsten sorgen dabei dafür, daß die Vertiefungen der Aussaatwalze immer nur gestrichenes, nicht gehäuftes Maß aus dem Samenkasten entnehmen können. Feinere Regulierung der Saatmengen ist durch Aufschieben von Messingringen auf die Aussaatwalze möglich. Will man wirkliche Rillen mit der Maschine besäen, so muß ein Führungsbrett zur Anwendung gelangen. Der Same fällt dann zunächst auf das Brett und von da durch eine nach unten sich verengende Spalte in die Rille. Das Brett wird für 1 fl. geliefert.

Die Runde'sche Maschine ist sowohl in der ursprünglichen Form, wie in der verbesserten Ahlborn'schen diejenige, welche am besten verwendbar erscheint.

44. Die Bedeckung des Samens geschieht am häufigsten mit der Erde des Saatbeets oder mit Sand, bei breitwürfiger Saat durch Übersieben, sonst durch Einstreuen mit der Hand.

Die Bedeckung mit humoser Dammerde zieht die Regenwürmer in die Saaten und begünstigt ganz offenbar die Wucherung von Phytophthora omnivora (dem Keimlingspilz). Zur Bekämpfung dieser beiden Übel ist eine Deckung des Samens mit rieselndem Sande angewendet.*) Während des Auflaufens der Saat und später muß erforderlichenfalls die Einstreuung in die Rillen nochmals erfolgen, wenn nämlich der Sand inzwischen in die Regenwürmergänge gespült ist. Auf diese Weise gelang es Saaten auf Beeten durchzubringen, die seit zwei Jahren wegen der Pilzkalamität nur Fehlsaaten aufzuweisen hatten.

45. Spitzenberg hat einen besonderen Samenbedecker konstruiert. Er besteht aus einer hohlen Gitter- oder Streuwalze und einer glatten hölzernen Druckwalze. Die Rillen werden zuerst mit der Gitterwalze befahren und dann mit der Druckwalze. Außerdem hat er noch eine Bedeckharke, die für schwere und stärkere Samenarten in Anwendung tritt.

9. Die Verschulung.

46. Sie besteht darin, daß man die Pflanzen aus den Saatbeeten herausnimmt und auf Pflanzbeete in bestimmten Verband bringt zum Zweck guter Ausbildung für die spätere Auspflanzung ins Freie.

Die Verschulung von nicht überwinterten Pflanzen nennt man auch pikieren.

Die Größe der zu verschulenden Pflanzen muß so sein, daß man dieselben mit der Hand gut fassen kann. Das ist in der Regel schon bei einjährigen Pflanzen der Fall.

47. Bei allen Verschulungen empfiehlt es sich, nach der Mitte der Beete hin stärkere Pflanzen, an die Ränder schwächere zu bringen. Man erzielt dadurch gleichmäßigeres Material und erhält vollere Beete.

48. Wo starke Heister erzogen werden sollen, verschult man in der Regel zweimal, weil man den Pflanzen, so lange sie klein sind, nicht den großen Wachsraum zu geben braucht, den sie später haben müssen, also an Fläche spart, auch eine nochmalige Revision hinsichtlich der Brauchbarkeit der Pflanzen vornehmen und den Wurzelwuchs regeln kann. Auf der andern Seite ist zu beachten,

*) Vgl. Mündener forstliche Hefte, Nr. II, S. 8.

daß die zweite Verschulung wenigstens für das Jahr, in dem sie erfolgt, eine Verzögerung in der Entwickelung der Pflanze nach sich zieht.

49. Das Ausheben zu verschulender Kleinpflanzen geschieht so, daß man ein Gräbchen öffnet, was etwas tiefer ist, als die Bewurzelung reicht. Man setzt dann den Spaten in die Mitte der Bank ein, so daß der Boden abbricht und mit den Pflanzen in den Graben rutscht. Dabei zerfällt die Erde, bekommt Risse und man kann dann leicht die Pflanzen herausschälen. Größere Pflanzen müssen richtig ausgegraben werden.

50. Die Wurzel wird beschnitten, wenn sie verletzt oder zu lang ist. Der Schnitt ist mit scharfem Messer auch mit guter scharfer Schere so zu führen, daß die Pflanze auf der Schnittfläche aufsteht.

51. Zweige werden nur zum Zweck der Stammregulierung beschnitten.

52. Die Pflanzentfernung ist verschieden je nach der Größe, die die Pflanzen im Kamp erreichen sollen und nach dem Boden. Unter 10 cm und über 90 cm soll und braucht man nicht zu gehen.

53. Die Entfernungen sind an einer ausgespannten Pflanzleine markiert. Längs dieser wird entweder jedes Pflanzloch einzeln gefertigt, oder ein fortlaufender Pflanzgraben gezogen. Spitzenberg hat eine Kulturleine mit selbsttätiger Spannvorrichtung gegeben. Anstatt der Leine nimmt man auch eine Holzlatte mit entsprechenden Marken; Nägel, Einschnitte und andere Hilfen sind im Gebrauch. Längs dieser Latte läßt sich der Graben sehr leicht ziehen, auch kann man dazu einen für solche Zwecke konstruierten Handpflug verwenden.

54. Zur Verschulung kleiner Pflanzen hat man auch Keilbretter und Zapfenbretter konstruiert, durch erstere wird ein zusammenhängendes keilförmiges Loch gedrückt, durch letztere eine Reihe von Einzellöchern.

55. Bei der Verschulung ist darauf zu sehen, daß nur gute Pflanzen gesetzt und die Wurzeln in richtige Lage gebracht werden, auch der Stand der Pflanzen weder zu hoch noch zu tief wird. Das erfordert stete Aufmerksamkeit und man kann deshalb die Arbeit nur Leuten anvertrauen, die diese üben. Frauenarbeit wird vielfach vorgezogen, zumal sie für geringeren Preis zu haben ist.

56. In neuerer Zeit sind zwei Instrumente eingeführt, die für Verschulung von Nadelhölzern in sehr gut durcharbeitetem, steinfreiem Boden verwendbar sind: die Tygesonsche Pflanzharke und die Hackersche Verschulungsmaschine.

57. Die Pflanzharke*) kommt aus Dänemark, sie hat in der äußeren Form Ähnlichkeit mit einer Harke. Der Rechenbalken ist so lang, wie das Pflanzbeet breit und besteht aus einer 2 cm starken nach der Kante hin abgeschrägten Leiste. Diese trägt in gewissen Abständen schmale Einschnitte, in die man die Pflänzchen einhängt. Man zieht nun längs eines Brettes ein Gräbchen mit einer steilen Wand, legt die Leiste mit den Pflanzen so, daß die Wurzeln an dieser Wand herabhängen und schiebt dann mit einem gewöhnlichen Rechen Erde an die Wurzeln fest heran. Ist das geschehen, so wird die Pflanzharke derartig fortgezogen, daß die Pflanzen durch die Einschnitte austreten können.

58. Die Hackersche Verschulungsmaschine hat in gewisser Hinsicht Ähnlichkeit mit der Pflanzharke. Sie benutzt nämlich Pflanzlineale mit Einschnitten, in die die Pflanzen eingehängt werden. Die eigentliche Maschine bestand ursprünglich aus einem mechanisch fortzubewegenden, vierrädrigen Wagen mit Grabrechen. Jetzt ist der Grabrechen an einem zweirädrigen Gestell angebracht und dieses wird von dem Pflanzer jedesmal um soviel weiter gefahren, wie die Pflanzreihen Abstand haben sollen. Auch hat H. in seinem „vereinfachten Verschulapparat" den Wagen ganz beseitigt und läßt den Grabrechen mit der Hand führen. Der Grabrechen fertigt den Pflanzgraben, an dessen steile Wand das Lineal mit Pflanzen gelegt wird. Hängen die Wurzeln gut an der Wand herab, so wird der Graben mit dem Grabrechen geschlossen.

c. Stecklinge und Setzstangen.

59. Als Stecklinge werden gewöhnlich einjährige, selten ältere Triebe von geradem, gutem Wuchs ausgewählt, zu Setzstangen nur ältere, nicht unter 5 cm starke, gute Schößlinge. Die Länge der Stecklinge ist etwa 30 cm, die der Stangen sehr verschieden, je nach den Verhältnissen der Kultur, für die sie bestimmt sind.

Beide Pflanzenmaterialien werden nicht in unseren Forstgärten erzogen, sondern von Freistämmen und Sträuchern, wie sich die

*) Zentralblatt für das gesamte Forstwesen 1882, S. 219. Zeitschrift f. Forst- u. Jagdwesen 1885, S. 25.

Gelegenheit bietet, entnommen. Man sollte aber mehr als bisher darauf sehen, daß das Material nur von gesunden, jüngeren Pflanzen geschnitten wird; denn es ist durch Versuche erwiesen, daß die Abkunft von Bedeutung ist und kranke Mutterstämme sehr viel kränkelnde Pflanzen liefern. Infolgedessen bleibt auch deren Massenproduktion ganz erheblich hinter derjenigen gesunder Stämme zurück.

Empfehlenswert würde es sein, auf möglichst passendem Standort gesunde Mutterstämme der betreffenden Holzarten anzupflanzen und nur von solchen das Kulturmaterial zu entnehmen.

b) Die Ausführung der Pflanzkultur.

α. Allgemeines.

1. Jahreszeit. Die Möglichkeit der Verpflanzung liegt mit beginnendem Frühjahr vor, so bald der Boden nicht mehr gefroren ist, und hält an bis der Winterfrost ihn wieder schließt. Die Pflanzung bei weit vorgeschrittener Vegetation erfordert jedoch große Sorgfalt und sehr viel Pflege. Diese kann im großen Betriebe nur nach gewissen Richtungen und nicht immer dann, wenn sie notwendig ist, betätigt werden. Es ist im allgemeinen z. B. unmöglich, die Kulturen zu begießen, das müssen wir der Natur überlassen. Schon deshalb ist in der Regel der Hochsommer als Kulturzeit ausgeschlossen und wir pflanzen im Herbst und namentlich im Frühjahr, also zu denjenigen Zeiten, wo aller Wahrscheinlichkeit nach die Kultur genügende Bodenfeuchtigkeit findet. Den Herbst nimmt man hinzu, wenn die Arbeit so groß ist, daß sie im Frühja r nicht bewältigt werden kann; doch läßt sie sich dann auch so teilen, daß man die Bodenbearbeitung im Herbst, die Pflanzung im Frühjahr ausführt. Nasse Böden werden des niedrigen Wasserstandes halber in der Regel im Herbst bepflanzt. Im übrigen vermeidet man die Herbstarbeit, weil sie fast immer teurer ist, was in der Kürze der Tage begründet liegt.

Laubhölzer pflanzt man vor der Knospenöffnung*), bei den Nadelhölzern kann man auch angetriebene Pflanzen setzen. Man behauptet sogar, daß sie dann leichter angingen, als wenn sie mit geschlossenen Knospen gepflanzt werden.

---

*) Eine Ausnahme bildet Liriodendron, der Tulpenbaum. Er muß stets angetrieben verpflanzt werden.

Sommerpflanzung muß mitunter im Gebirge eintreten; man wartet jedoch mit dem Beginn so lange, bis der junge Trieb verholzt ist.

2. Das Ausheben der Pflanzen geschieht

bei kleinen bis mittleren ballenlosen so, wie es beim Kampbetrieb unter Verschulung besprochen ist;

bei kleinen Ballenpflanzen mit dem gewöhnlichen Spaten, so daß die Ballen viereckigen Querschnitt zeigen, oder mit solchen Spaten, die ein mehr oder minder gebogenes Blatt haben oder mit einen der vielen Ballenformer wie z. B. mit dem Heyerschen Hohlbohrer;

bei größeren Bällen mit einem breiten Spaten und zwar so, daß man mit je einem Stich den Ballen an drei Seiten löst, mit dem vierten ihn aushebt. Die Form des Ballens verjüngt sich nach unten, die Stiche sind demgemäß nach der Mitte hin zu führen;

bei Halbheistern und Heistern mit schweren, eisernen Spaten, die stoßend geführt werden. Sind die Stiche ringsum tief genug geführt, so wird der Ballen ausgehoben und das Wurzelwerk von Erde frei gemacht.

3. Der Schnitt der Pflanzen beim Aussetzen in das Freie soll möglichst beschränkt werden. Er tritt ein bei Verletzungen an Zweigen und Wurzeln und zu langen Wurzelschwänzen. Er zeigt für die einzelnen Holzarten Besonderheiten, muß daher im speziellen Teil des Waldbaues abgehandelt werden.

4. Der Transport geschieht bei Kleinpflanzen in der Spitzenbergischen Pflanzenlade, einem zweckmäßig mit Griff gebauten Holzkasten, der durch ein Friestuch bedeckt wird, sonst in Tragkörben, auf Karren und Wagen. Dabei werden Ballen dicht nebeneinander gestellt, ballenlose Pflanzen so gepackt, daß die Wurzeln im Innern der Körbe bezw. Wagen liegen. Man umfüttert sie mit feuchtem Moos und sorgt bei größeren Entfernungen, sonnenwarmen oder windigen Tagen für Frischerhaltung desselben. Sind die Pflanzen tagelang unterwegs, so müssen größere mit Stroh und Moos in Bunde gebracht werden. Feste Schnürung derselben ist notwendig, damit die Pflanzen sich nicht aneinander reiben. Kleinere Pflanzen verschickt man in Körben; sie liegen darin mit den Wurzeln nach der Mitte und werden lagenweise auf feuchtes Moos gebettet.

5. Zur Aufbewahrung auf der Kulturstelle schlägt man die Pflanzen ein. Man öffnet zu dem Zwecke einen Graben, legt in diesen die Pflanzen ein und bedeckt die Wurzeln mit dem Aushub eines Parallelgrabens. Man wählt dazu schattige Plätze oder überdeckt in Ermangelung solcher die Pflanzen mit benadelten Zweigen oder feuchtem Moos.

6. Im Pflanzenverband unterscheiden wir den Quadrat-, Quinkunx-, Dreiecks-, Reihen-Verband und die Strahlenpflanzung.

Den Quadrat- und Dreiecksverband bezeichnet man näher nach der Seite der Wachsraumfigur. Die Quinkunxpflanzung läßt sich auffassen als eine doppelte Quadratverbandspflanzung.

Beim Rechtecksverband nennen wir die Seiten der Wachsraumsfigur getrennt; die größere gilt als Entfernung der Reihen, die kleinere als solche in denselben.

Die Strahlenpflanzung ist für Jagdreviere zu empfehlen. Sie beschränkt sich auf den Rand von etwa 50 m Breite. Die Herstellung geschieht so, daß man zuerst die Randlinie in bestimmten Abständen bepflanzt. Von dem Punkte, von dem die Strahlen ausgehen sollen, pflanzt man nun den senkrecht auf den Rand stehenden Strahl und die im Winkel von 45° geneigten. Die weiteren Strahlen fügt man ein, so bald die früher gepflanzten genügend Raum dazu lassen.

7. Die Absteckung der Verbände erfolgt mit der Pflanzleine, beim Dreiecksverband auch mit drei Stäben von gleicher Länge.

Der Pflanzenbedarf für das Hektar wird gefunden, wenn man mit der Größe der Wachsraumsfigur in 10000 dividiert also:

für den Quadratverband aus der Formel $10000 : s^2$,

für den Quinkunxverband aus der Formel $10000 : \frac{s^2}{2}$

wobei s die Entfernung der im Quadratverbande zueinander stehenden Pflanzen ist,

für den Rechtecksverband aus der Formel $10000 : s^1 \cdot s^2$,

wobei s^1 Entfernung der Reihen, s^2 Entfernung in den Reihen bedeutet.

Für den Dreiecksverband ist der Wachsraum gleich der Größe von zwei gleichseitigen Dreiecken mit der Seite s (Entfernnng der Pflanzen). Demnach ist der Wachsraum $= \frac{s^2}{2}\sqrt{3} = s^2 \cdot 0{,}866$, die Pflanzenzahl pro ha $= \frac{11550}{s^2}$, woraus folgt, daß der Dreiecksverband $15\frac{1}{2}$ % mehr erfordert als der Quadratverband.

β. Die Pflanzmethoden.

8. Ballenpflanzungen. Genau geformte Ballen, wie sie z. B. Heyers Hohlbohrer und eine Anzahl von Ballenaushebern liefern, kommen in entsprechend geformte, nur wenig größere Löcher. Sie lassen sich übrigens nur auf völlig stein- und holzwurzelfreiem Boden herstellen. Da dieser selten ist, findet man die Instrumente wenig in Gebrauch. Der Bodenanschluß wird bei kleinen Ballen durch einen leichten Druck auf den Ballen vermittels beider Daumen erreicht, bei größeren durch Antreten.

Wiederholt ist auch Ballenpflanzung in Töpfen aus Materialien versucht, die den Wurzeln kein Hindernis bieten oder allein durch Atmosphärilien zerstört werden.

Andere Ballen kommen in Pflanzlöcher, deren Durchmesser etwa 10 cm größer als der einzusetzende Ballen. Die Sohle des Lochs wird vor dem Einsetzen des Ballens gelockert und erforderlichenfalls vertieft oder erhöht, so daß die Pflanze weder zu hoch noch zu tief zu stehen kommt. Der Ballen ist mit krümeliger Erde gut zu umfüttern, so daß kein Hohlraum bleiben kann. Das Umfüttern und sorgfältige Unterstopfen ist für das Gelingen der Pflanzung von großer Bedeutung. Bei den Formballen ist der Anschluß oft nicht genügend. Bei heißer trockner Witterung zieht sich nämlich der Ballen in sich zusammen, ein Spalt öffnet sich dann, die Pflanze vertrocknet.

Das Einhügeln von Ballen wird bei der Hügelpflanzung besprochen.

9. Pflanzung mit entblößter Wurzel in gegrabene oder gehackte Löcher. Allgemein gilt für diese Methode, daß ein dem Wurzelsysteme des Pflanzenmaterials entsprechend großes Loch mit Hacke oder Spaten so ausgehoben wird, daß womöglich Bodenüberzug, die humose obere und die rohe Erde aus der Tiefe getrennt liegt. Die Sohle wird gelockert und je nach Umständen vertieft oder erhöht. Die Pflanze ist so einzusetzen, daß die Wurzeln sämtlich mit Erde bedeckt sind, sie aber weder höher noch tiefer in der Erde steht als vorher. Die Wurzeln müssen in natürliche Lage kommen, zum Einfüttern derselben nimmt man die beste Erde. Mit kleinen, kurz gestielten, leichten Handharken oder Hacken wird sie, wenn nötig, krümelig gemacht.

Man läßt das Pflanzloch oft vertieft, damit sich Wasser darin fangen kann. Der Bodenüberzug wird von vielen Pflanzern umgeklappt gegen Südwesten an den Rand des Pflanzloches gelegt, um es so zu beschatten. Das ist von geringem Wert, oft sogar von Nachteil, da sich leicht Ungeziefer darunter sammelt. Viel besser tut man, den Überzug so zu klopfen, daß die daran haftende Erde ab und in die Tiefe des Pflanzloches fällt.

10. Zur Pflanzung von Heistern gehören zwei Personen, von denen eine den Stamm hält, ihn rüttelt, die Anweisung für das Einschütten der Erde gibt, die Wurzeln ordnet und legt, die andere lediglich das Einschütten der Erde nach gegebener Anweisung besorgt und zum Schluß den Stamm antritt.

11. Bei Halbheistern hält eine Person den Stamm und sorgt für geraden Stand, die andere besorgt alles übrige.

12. Zur Pflanzung von Lohden und kleineren Pflanzen, die man in der hier besprochenen Methode einsetzen will, braucht man nur je eine Person, sie hat den Stamm zu halten, mit der Hand oder der Pflanzhacke die Erde herbeizuziehen, die Wurzeln zu ordnen, das Loch zu füllen und die Pflanze schließlich anzutreten.

13. Pflanzung mit entblößter Wurzel in gebohrte Löcher. Das Verfahren ist für kleine Pflanzen anwendbar, die dann, wie eben beschrieben einzusetzen sind. Besondere Vorschrift verlangt die jetzt nur noch wenig übliche Biermanssche Spiralbohrerpflanzung.*) Man arbeitet zunächst das Loch mit dem Bohrer vor und hebt die Erde mit diesem und der Hand aus. An die Wand des Loches drückt man darauf eine Hand voll Rasenasche, hält die Pflanze dagegen und drückt abermals eine Hand voll Rasenasche gegen die Wurzel. Der Rest des Loches wird mit der ausgehobenen Erde gefüllt und die Pflanze schließlich festgetreten. Die Rasenasche führt man in einem Korbe mit.

14. Pflanzung mit entblößter Wurzel in gestoßene Löcher. Das Stoßen der Löcher ist nur möglich in an und für sich lockerem oder vorher gelockertem Boden. Man kann die zahlreichen Methoden unter drei Gruppen ordnen:

Handpflanzung,
Pflanzung mit Lochstoßern,
Pflanzung mit anderen Hilfen.

---

*) v. Nachtrab, Anleitung zu dem neuen Waldkulturverfahren des Kgl. Preuß. Oberförsters Biermans 1846.

In der Praxis sind außerdem noch den gerade vorliegenden Verhältnissen angepaßte Variationen in Gebrauch.

Handpflanzung.

15. Unter Verwendung des Danzschen Keils: Man denke sich einen Spaten mit einem kräftigen Querholz als Handhabe. Der Spaten selbst besteht aus einem starken Keil, dessen Schneide mit Eisen vorgeschuht ist. Dieser Keil wird so in die Erde gestoßen, daß eine senkrechte Pflanzwand entsteht und das Loch weit genug ist, um zB. den Wurzeln von verschulten 2jährigen Kiefern Platz zu geben. Die Pflanze hält man gegen die senkrechte Wand, umfüttert die Wurzel mit Erde und tritt sie schließlich an.

16. Die sonst noch angewendeten Spaten — vom leichten hölzernen bis zum schweren, massiv eisernen -- sind sämtlich ihrer Form nach ebenfalls als Keilspaten zu charakterisieren, doch ist ihr Anlauf geringer als beim Danzschen Keil und geben sie daher nicht so weit geöffnete Löcher. Man kann demnach auch nur Pflanzen mit seitlich wenig entwickelten Wurzeln in dieselben bringen. Die Pflanzung wird so ausgeführt, daß man die Wurzel der Pflanze in das Loch hängt und es nun entweder mit besonderer, im Korbe mitgenommener Erde füllt oder dazu die an Ort nud Stelle befindliche benutzt.

17. Die Handpflanzung bietet den großen Vorteil, daß dabei die Wurzeln in eine natürliche Lage kommen, während bei den jetzt folgenden Verfahren eine Sicherheit dafür nicht besteht.

Pflanzungen mit Lochstoßern.

18. Die hierher gehörigen Verfahren haben alle gemeinsam, daß man nach Einhängung von einer oder zwei Pflanzen in das Pflanzloch parallel dem ersten, das Loch herstellenden Stich einen zweiten führt und damit das Loch wieder schließt. Das zweite Loch wird dann durch mehrere weitere kleinere Stiche geschlossen. Die Wurzeln der Pflanzen werden bei den älteren dieser Verfahren fächerförmig gepreßt. Daraus haben viele Forstleute eine Reihe von Nachteilen, ja, ein Eingehen anfangs üppig gewachsener Pflanzen hergeleitet. Dem preuß. Oberforstmeister von Dücker gebührt das Verdienst, so energisch auf die Nachteile der Pflanzmethode aufmerksam gemacht zu haben, daß man die Sache gründlich untersucht hat. von Dückers Ansicht, daß bei Anwendung

dieser Pflanzungsmethoden überhaupt keine wetterständigen und eine normale Nutzholzausbeute gewährenden Bestände von natürlichem Haubarkeitsalter herangezogen werden können, hat sich dabei zwar als zu weit gehend erwiesen, tatsächlich aber ist festgestellt, daß ein großer Teil der Pflanzen die Schäden der Wurzelpressung niemals überwindet und an den Folgen der auftretenden Mißbildungen noch nach vielen Jahren zugrunde geht.

19. Die Pflanzung mit dem Buttlarschen Eisen. Dasselbe wird so geworfen, daß es bis zum Griff in die Erde dringt, den zweiten Stich führt man langsam und vorsichtig, damit die Wurzel nicht geschädigt wird. Die Verwendung des Eisens ist nur auf lockerem und steinfreiem Boden möglich, bei Unkrautwuchs und Durchwurzelung sehr erschwert. Es ist zurzeit nur noch wenig im Gebrauch.

20. Das gleiche kann man von den Abarten dieses Instrumentes sagen: dem Wartenbergschen Stieleisen und dem von Grünewald erdachten Pflanzstichel.

Das Wartenbergsche Eisen ist weiter nichts als ein mit langem graden Stiel und Querholzhandgriff versehenes Buttlarsches Eisen.

Der Pflanzstichel ist in allen Teilen schlanker und leichter als sein Vorbild. Der gebogene Griff ist am Ende zur Schneide zugeschärft, um Unkräuter damit zu entfernen.

Beide Instrumente sind nicht als Verbesserungen anzusehen, denn bei der Arbeit mit dem Wartenbergschen Eisen kommen zweifellos beim zweiten Einstoßen des Eisens, also bei Schließuug des Pflanzlochs, Wurzelverletzungen vor, weil der Arbeiter mit dem Auge zu weit von dem Pflanzloch entfernt ist. Der Pflanzstichel gibt hingegen zu kleine Löcher, die nur auf lockerem, wurzelfreien Boden genügend erweitert werden können.

21. Pfeils Pflanzung mit dem Setzholz oder Pflanzdolch. Pfeil ließ Plätze bis auf 40 cm Tiefe riolen, sie erhielten die Form eines Quadrats. In zwei diagonal gegenüberstehende Ecken bringt man dann je eine Pflanze. Zum Löchermachen und Einflanzen benutzt man ein einfaches Pflanzholz oder einen sogenannten Pflanzdolch, das ist ein Pflanzholz mit verlängerter eiserner Spitze. Bei dem gelockerten Boden kann man selbst mit schwachen Pflanzhölzern ein genügend weites Loch herstellen, indem man das Holz nach dem Einstoßen hin und her wiegt.

22. Das Klemmen mit Keilspaten. In das mit Keilspaten gemachte Loch werden von einer zweiten Arbeitskraft zwei Pflanzen, je eine in eine der beiden Ecken der einen Längswand des Pflanzenlochs eingehängt. Das Loch wird darauf mit dem Keilspaten in der oben beschriebenen Art geschlossen. Den Keilspaten führt ein Mann, das Einhängen der Pflanzen können Frauen und Kinder besorgen.

23. Spitzenbergs Pflanzung mit dem Spaltschneider. Das Instrument hat denselben oberen Aufbau, wie der Wühlspaten (vgl. S. 32). Der in die Erde eindringende Spaltschneider selbst hat eine flache und eine abgerundete Seite, verjüngt sich nach unten und trägt zwei seitliche und eine untere Schneidekante; an dieser sitzt die Wühlspitze. Das Instrument wird auch mit zwei Spaltschneidern und sogar mit solchen verfertigt, die untereinander verstellbar sind. Mit dem Spaltschneider werden die Pflanzlöcher gefertigt. Das Einpflanzen geschieht mit dem Pflanzholz. Es hat unten dieselbe Form, wie der Spaltschneider, oben aber nur ein kurzes Halsstück, woran der Griff sitzt.

Die Pflanze wird beim Einpflanzen an die breite gerade Spaltwand gehalten, dann wird mit der freien Hand der Spalt auf etwa dreiviertel mit Erde krümelnd gefüllt und endlich das Pflanzholz seitwärts und senkrecht, so in den Boden gestoßen, daß die Erde gut an die Pflanzenwurzel angedrückt wird.

Pflanzung mit anderen Hilfen.

24. v. Alemanns Klemmpflanzung*). Mit dem Spaten werden von einem Vorarbeiter in die gelockerte Pflugfurche Löcher gestoßen und durch Hin- und Herwiegen genügend erweitert. Eine Pflanzerin folgt, hängt in das Loch eine Pflanze ein und tritt es unmittelbar darauf von den Seiten her zu.

Der Ausdruck Klemmen wird übrigens jetzt für jede Art von Pflanzung gebraucht, bei der die Fächerbildung der Wurzel eine Folge des angewendeten Verfahrens ist, also namentlich auch für das oben beschriebene Klemmen mit den verschiedenen Klemmspaten. Die ursprüngliche v. Alemannsche Klemmpflanzung ist fast in Vergessenheit geraten. Ihr Erfolg ist auch nur gering gewesen,

*) v. Alemann, Über Forstkulturwesen. 3. Aufl. 1884.

weil das Zutreten der Pflanzlöcher Hohlräume ließ, durch deren Einfluß die Pflanzen vertrockneten.

Obenaufpflanzungen.

Die Manteuffelsche Hügelpflanzung.

Literatur: Die Hügelpflanzung der Laub- und Nadelhölzer von v. Manteuffel. Leipzig 1865.

25. Sie besteht darin, daß man von guter Erde Hügel bildet und in diese die Pflanzen setzt. Die Erde wird im Herbst zuvor gesammelt, indem man den Bodenüberzug an geeigneten Stellen abschält, die unterliegende Erde herausnimmt, tüchtig durchhackt und dann auf der Oberfläche 20 cm hoch ausbreitet. Darüber kommt Erde, die aus Rasenplaggen ausgeklopft wird. Dann wird das Ganze durchgehackt, der geklopfte Bodenüberzug verbrannt und die Asche durch nochmaliges Hacken mit der Erde vermengt. Endlich setzt man die Erde in prismatische Haufen, die überwintern. An Stelle der Rasenasche kann man auch gute Dammerde beimengen.

Unmittelbar vor der Kultur wird die Erde in Körben nach der Pflanzstelle transportiert und dort auf den Bodenüberzug geschüttet. Entfernt werden nur die etwa vorhandenen holzigen Unkräuter und auch die Moospolster.

Zur Pflanzung zieht man den Hügel bis auf den Grund auseinander, setzt die Pflanze ein, breitet die Wurzeln aus und bildet den Hügel wieder, ohne ihn festzudrücken. Er wird dann zum Schluß durch zwei mondsichelförmige Rasenplaggen, die übereinander greifen und deren erste nach Norden zu legen ist, gedeckt.

v. Manteuffel nimmt ballenlose Pflanzen, man kann aber auch in gleicher Weise Ballen einhügeln.

26. Soll ein Heister in Hügel gebracht werden, so wird er mit seinen Wurzeln auf die Bodendecke gesetzt, der Pflanzer hält ihn mit der linken Hand senkrecht, während die rechte die Wurzeln in natürliche Lage bringt. Darauf läßt er einen Korb Erde langsam auf die Wurzeln schütten und füttert damit die Wurzeln gut ein. Weitere Erde wird nach Bedarf gegeben. Schließlich ist der Hügel mit Plaggen einzudecken, wodurch ein fester Stand erzielt wird.

27. Als Variationen der v. Manteuffelschen Hügelpflanzung haben wir die ungedeckten Hügel anzusehen, außerdem auch:

28. Die Lochhügelpflanzung, bei der der Hügel nach Abschälung des Bodenüberzuges durch den Aushub einer kranzförmigen

Vertiefung formiert wird. Ebenso muß auch diejenige Pflanzung an Berghängen bezeichnet werden, bei der abwärts ein Hügel oder eine Plattform aus dem unmittelbar oberhalb entnommenen Boden geformt wird. Der Hügel (Plattform) wird bepflanzt, nicht das ausgehobene Loch. Solche Pflanzungen sind neuerdings mit gutem Erfolge ausgeführt.

29. Die Plaggenhügelpflanzung, bei der zwei Lagen Rasenplaggen im Herbst mit dem Gras nach unten auf die Erde gelegt werden, damit sie so verrotten. Im Frühjahr fertigt man mit einem Erdbohrer ein Pflanzloch und setzt die Pflanze ein.

Rabattenpflanzungen.

30. Rabatten nennen wir Bodenaufhöhungen, zu denen die Erde durch Ausheben zusammenhängender oder unterbrochener Gräben auf der Fläche selbst gewonnen wird. Sie werden da angewendet, wo die Feuchtigkeitsverhältnisse des Bodens einen erhöhten Stand der Pflanzen erfordern, zuweilen auch auf Ortstein.

Dabei unterscheidet man Beetrabatten und rabattierte Plätze, die ersteren können, wenn sie schmal und nicht hoch sein dürfen und der Boden es erlaubt, mit dem Pfluge hergestellt werden, man wendet aber auch für sie meist, wie für alle übrigen den Spaten an. Die Pflanzung geschieht nach einer der vorher geschilderten Methoden.

31. Als Grabenhügelpflanzung bezeichnet man es, wenn der Grabenaushub nicht ausgebreitet, sondern zur Aufschüttung von zusammenhängenden Aufwürfen längs der Grabenlinien und von Hügeln auf dem zwischen zwei Gräben liegenden Gelände benutzt wird. Solche Pflanzungen sind um Münden vielfach mit Fichten ausgeführt. Die jetzt bis zu 60 Jahr alten Bestände zeichnen sich meist durch einen vorzüglichen Wuchs aus und lassen das Verfahren als ein recht brauchbares erscheinen.

32. Das Setzen von Stecklingen

geschieht bei hinreichend gelockertem Boden so, daß man sie senkrecht in der Regel bis zum letzten Auge in die Erde schiebt. Ist der Boden nicht genügend locker, so wird ein Loch mit einer hölzernen oder eisernen Stange vorgestoßen. Schräges Einstoßen ist weniger gut, weil der Wind dadurch nach dem Laubausbruch eine größere Macht und nachteilige Wirkung auf die Bewurzelung erhält. Senkrecht eingestoßen wird nämlich der Steckling nur so hin- und herbewegt wie die aufgebauten oberirdischen Baumteile, schräg eingestoßen erweitert sich oben das Steckloch mit wachsender Last des Bäumchens und der Steckling selbst, also der in den Boden gestoßene Teil kann eine rollende Bewegung erhalten, wobei die neugebildeten Wurzeln reißen.

(Besonderheiten der Weidenkultur werden im angewandten Teile abgehandelt, desgleichen das Pflanzen von Setzstangen.)

B. Die natürliche Bestandsbegründung.

1. Bei dieser wird der Jungbestand durch den Samen erzeugt entweder von Bäumen, die auf der Verjüngungsfläche selbst oder von solchen, die seitlich davon stehen.

2. In dem ersteren Hauptfalle haben wir eine Besamung unter Schirmstand. Man unterscheidet dabei bestimmte Methoden, je nachdem die zum Zweck der Verjüngung notwendigen Maßregeln auf zusammenhängenden größeren Flächen gleichmäßig eingelegt werden (schlagweise Verjüngung, Breitsamenschläge) oder von räumlich getrennten Angriffspunkten ausgegangen wird (horstweise Verjüngung, löcherweise Verjüngung) oder von Streifen (Saumschläge).

In der Praxis gehen diese Methoden häufig ineinander über, werden auch je nach den gerade obwaltenden Verhältnissen neben einander angewendet, so daß man die mannigfachsten Waldbilder findet.

3. Auch im zweiten Hauptfalle können Unterschiede gemacht werden, je nachdem man die Kulturflächen einseitig (Randverjüngung) oder zweiseitig vom Mutterholz begrenzt. (Verjüngung in Kulissenschlägen).

a) Breitsamenschläge.

4. Wir unterscheiden im Gange der Verjüngung:

den Vorbereitungsschlag,
den Samenschlag,
den Lichtschlag,
den Abräumungsschlag.

5. Der Vorbereitungsschlag wird notwendig, wenn der Boden nicht für die Besamung empfänglich ist, oder die Bäume noch keine zum Samentragen befähigten Kronen haben. Nebenbei bezweckt er, die nicht für die Nachzucht gewünschten Holzarten zu beseitigen.

Er kann auch als Mittel benutzt werden, um der Forderung gleichmäßig hoher Abnutzungssätze gerecht zu werden, wenn unerwartet lange die Samenjahre ausbleiben.

6. Er besteht in einer Auslichtung, bei der die etwa noch vorhandenen unterständigen Stämme **sämtlich** und die Bäume mit eingeklemmten, seitlich gedrückten Kronen **zum größten Teil** fortgenommen werden. Dadurch wird der Streufall verringert, den Atmosphärilien mehr Zutritt zum Boden gestattet und den Kronen der bleibenden Stämme Raum zur Ausdehnung gegeben. Die Zeitdauer der Vorbereitung ist — abgesehen von dem in der Praxis oft vorkommenden Fall, wo die Abgabesätze ihren Einfluß üben — von der Tätigkeit des Bodens und den obwaltenden Bestandsverhältnissen abhängig. Sollte ein zu benutzendes Samenjahr eintreten, ehe die Natur selbst den Boden genügend vorbereitet hat, so muß künstlich durch Hacken, Eggen, Pflügen, Grubbern, Streuabgabe ein empfänglicher Zustand herbeigeführt werden. Auch der Eintrieb von Vieh, namentlich von Schweineherden ist zu empfehlen. **Zu beachten aber ist, daß Verjüngungen ohne ausreichende und vollkommene Vorbereitung sehr leicht fehlschlagen**, selbst wenn die genannten Hilfen zur Anwendung gekommen sind.

7. Der **Samenschlag** fällt in ein Samenjahr. Der Hieb wird nach dem Abfall des Samens geführt. Er muß so beschaffen sein, daß die jungen Pflanzen sich in den ersten Jahren gut entwickeln können. Daraus ergeben sich je nach den Verhältnissen Verschiedenheiten. Dunkler ist die Stellung bei Neigung zu Unkrautwuchs, Frost- und Hitzgefahr, Windlagen, an Bestandsrändern, lichter als sonst bei tiefangesetzten Kronen.

Als Oberholzstand sind am besten die stark mittleren Stämme geeignet. Kann man sehr starkkronige nicht fortnehmen, so ist es gut, sie zweckentsprechend zu entästen.

Der Übergang vom Vorbereitungsschlag in den Samenschlag ist oft ein so allmählicher, daß die Stufe sich mehr durch den Eintritt der tatsächlichen Verjüngung, als durch Verminderung des Mutterbestandes kennzeichnet. Die Stufe wird vielfach auch mit dem Namen Dunkelschlag bezeichnet.

8. Der **Lichtschlag** wird je nach dem Bedürfnisse des Jungwuchses gestellt und zwar bei Lichtholzarten meist durch **einen** kräftigen Hieb, bei Schattenhölzern durch eine Reihe von allmählichen Auszugshieben, die sich oft ungleich über die Fläche verteilen, indem

sie dem jeweiligen Lichtbedürfnis des vorhandenen Jungwuchses Rechnung tragen. Die einzelnen Hiebe werden auch mit dem Namen Kräftigungshiebe bezeichnet.

9. Der Abräumungsschlag schließt die Reihe der Verjüngungshiebe. Man legt ihn ein, wenn der Jungwuchs entweder den Mutterbestand entbehren kann oder dessen Entfernung fordert. Auch kann das örtliche Mißlingen der Verjüngung eine Veranlassung zur Räumung werden, dann nämlich, wenn sich die Überzeugung Bahn gebrochen hat, daß ein weiteres Warten doch nicht zum Ziel führt, vielmehr eine wachsende Bodenverwilderung und Aushagerung nach sich zieht.

10. Borggreve spricht für die Naturbesamung folgende hierher gehörende allgemeine Regel aus*):

Jede Fläche ist in der Zeit der Verjüngung gegen alle Arten von Forstnebennutzungen einzuschonen.

Jede Fläche muß so viel mannbare Samenbäume der gewünschten Holzart tragen, beziehungsweise in der Nähe haben, daß je nach der Natur der betreffenden Holzart ein reichliches Überwerfen derselben mit Samen gesichert erscheint.

Dem Nachwuchs aller unserer wertvollen Holzarten ist in der Regel auf allen Standorten bis zur Kniehöhe die Beschirmung von reichlich zwei Drittel seines eignen vollen haubaren Mutterbestandes, und dann bis zur Mannshöhe die von reichlich ein Drittel derselben zu erhalten.

b) Horstweise Verjüngung.

11. Bei dieser wird die Verjüngung angeschlossen an schon vorhandene Jungwüchse oder es wird durch Lichtstellung sehr kleiner Flächen, durch Aufhieb eben solcher Lücken für Entstehung von Jungwuchs gesorgt. Der Weiterhieb besteht in Lichtung und Räumung der Ränder, wobei jedesmal dieselben Rücksichten wie bei den Breitsamenschlägen zu nehmen sind. Auf ein und derselben Fläche werden also alle Stadien der Verjüngung gleichzeitig angetroffen. Gayer sagt in seinem Waldbau zur Charakteristik des Vorgehens, daß man sich den Bestand in zahlreiche kleinere zerlegt denken kann, von denen jeder seinen besonderen Verjüngungsprozeß durchmacht und zwar früher oder später, als die unmittelbar angrenzenden Kleinbestände und Horste.

*) Borggreve, Die Holzzucht.

12. Dieses Vorgehen führt zu langen Verjüngungszeiträumen. Um diese abzukürzen, kann man außerdem auch noch streifenweise den Bestand in Verjüngung stellen, also sogenannte Saumschläge zu Hilfe nehmen und mit diesen je nach den Verhältnissen von einer oder von mehreren Linien aus vorrücken.

c) Die natürliche Verjüngung in Saumschlägen.

13. Ältere Formen.

Solche können nur eintreten bei Holzarten, die geflügelten Samen haben. Die Breite der Schlagflächen muß sich nach dem erfahrungsmäßigen Flugvermögen des Samens richten, immer aber werden schmale Schläge eine dichtere Besamung zeigen; sie sind deshalb auch Regel. Von thüringischen Forstwirten hört man den Satz, daß der Schlag nicht breiter sein darf, als die Randstämme hoch sind. Von anderer Seite ist als höchstes Maß der Breite die doppelte Höhe der Randstämme genannt.

Liegt die Schlagfläche so, daß sie nur von einer Seite her beworfen werden kann, so haben wir es mit Randverjüngungen im gewöhnlichen Sinne des Worts zu tun. Ist die Fläche hingegen von beiden Längsseiten durch den Mutterbestand begrenzt, so erhalten wir den Kulissenschlag. Diese letztere Schlagform hat in neuerer Zeit höhere Bedeutung erlangt, weniger aber durch die mit der natürlichen Verjüngung erzielten Erfolge, als dadurch, daß sie sich vortrefflich eignet zur künstlichen Einbringung von Mischhölzern. Die Verjüngung der stehengebliebenen Kulissen ist oft eine recht schwierige, weil der Boden verwildert ist.

14. Neue Form.

Literatur: Wagner, Die Grundlagen der räumlichen Ordnung im Walde, 1907. Neue Auflage im Druck.

Wagner will die Verjüngung grundsätzlich durch Saumschläge leiten, die von Süden nach Norden vorschreiten. Die Breite beträgt ungefähr halbe Baumhöhe. Bei W. liegen die Verjüngungsstufen also streifenweise von Süden nach Norden geordnet. In tastendem Fortschreiten und stets im Blick auf Boden und Ansamung werden aus dem geschlossenen Bestandsrand Stämme nicht erwünschter Holzarten und zwar immer zuerst die dichtest bekronten ausgezogen, während in der Folge der Hieb im schon gelichteten

Saum ganz den Bedürfnissen des in der Randlinie gruppenweise erscheinenden und von Mittelpunkten her sich ausbreitenden Anflugs folgt und gleichzeitig die Randlinie des Altholzes nach Bedarf vorrückt.

d) Die Bestandsverjüngung durch Stockausschlag und Wurzelbrut.

15. Sie ist streng genommen keine Neubegründung, denn der junge Bestand entsteht durch die Reproduktion der im Boden verbliebenen Reste des alten Bestandes und ist ohne diese nicht denkbar.

16. Der Hieb des alten Holzes auf Stockausschlag soll in der Regel tief geführt werden, damit die Stockausschläge sich selbständig bewurzeln können, er soll eine glatte geneigte Fläche zeigen, damit das Wasser vollständig und rasch davon abfließen kann, er darf endlich den Stock nicht zersplittern.

Der Hieb auf Wurzelbrut ist möglichst tief zu führen, damit der alte Stock nicht im ersten Frühjahr zu viel Saft an sich zieht und zu viel Ausschläge liefert.

Hamm empfiehlt Verwundungen der Wurzeln, indem man den Pflug durch den Bestand gehen läßt. Die Überwallungen bilden leicht Knospen und Ausschläge.

Nachtrag zum zweiten Abschnitt.

Die Kosten.

1. Die Kosten einer Kultur sind je nach der Örtlichkeit sehr verschieden, und deshalb ist es nicht möglich, für alle Verhältnisse zutreffende Sätze anzugeben, mag man nun diese in Mark, Mannstagelöhnen oder sonstwie ausdrücken.

Die Schwankungen werden veranlaßt durch die Bodenart, durch den Zustand des Bodens namentlich in bezug auf Verunkrautung und Durchwurzelung, durch die Temperatur desselben, durch die Feuchtigkeit, durch die Witterung bei Ausführung der Kultur, durch die Größe der Kulturfläche (kleinere werden teurer, weil mit dem Anstellen der Arbeiter Zeit verloren geht), durch Transportkosten, durch die größere oder kleinere Übung und Geschicklichkeit des Personals.

2. Kulturen, die in anderer als hergebrachter Weise oder mit neueingeführten Instrumenten gemacht werden, stellen sich anfangs teurer als im späteren Verlauf, wenn das Personal mit der Arbeit vertraut ist.

3. Nachbesserungen sind immer teurer als die erste Kultur, weil mit dem Aufsuchen der Kulturplätze Zeit versäumt wird, die Aufsicht erschwert ist, oft auch stärkeres Pflanzmaterial verwendet wird.

4. Will man ein Urteil über die aufzuwendenden Kulturkosten gewinnen, so empfiehlt es sich, vor anderen Zahlen die vorhandenen Kulturrechnungen der früheren Jahre zum Anhalt zu nehmen, dann die von etwaigen Nachbarrevieren, endlich solche aus der Literatur.

Der Judeich-Behmsche Forstkalender bringt alljährlich Hilfszahlen für Aufstellung von Kulturplänen. Nachstehend ein Auszug daraus unter Ergänzung einiger Angaben.

I. Kostensätze für Bodenarbeiten.

A. Handarbeit.

	Männer-Tagelöhne pro Hektar
1. Harken.	
a) Vorharken bei Vollsaaten	3
b) Einharken des Samens bei Streifensaaten (0,5 m breit, 1,3 m entfernt).	1

		Männer-Tagelöhne pro Hektar
	2. Hacken.	
a)	Abhacken. Abschälen des Bodens mit der Breithacke (Ballenkämpe, Hackstreifensaaten). — Je nach bearbeiteter Fläche	30—70
b)	Kurzhacken. Oberflächliche Bodenverwundung (z. B. mit der von Seebachschen Häckelhacke)	25—35
c)	Rillenhacken in Buchenschlägen an Abhängen (1 m von Mitte zu Mitte entfernt, bis 10 cm tief) . .	12—24
d)	Schollenhacken in Buchenschlägen auf stark verrastem Boden, auf 1/3 der Fläche	20—30
e)	2 m von Mitte zu Mitte entfernte, 0,5 m breite Streifen 0,4—0,45 m tief aufzuhacken, je nach der Beschaffenheit des Bodens	18—27
	3. Graben.	
a)	Umgraben, 20 cm tief (Saatkämpe, Eichensaat- und Pflanz-Streifen)	20—30
	4. Handrajolen.	
a)	volle Fläche 0,3—0,5 m tief	150—300
b)	im Schmalstreifen (0,5 m breit, 0,4—0,5 m tief, 1,5 m im Lichten entfernt	36

	B. Gespannarbeit.	Gespanntage pro Hektar
1.	Umpflügen auf niedergelegtem Ackerboden volle Fläche	2—3
2.	Streifenpflügen desgleichen nach der bearbeiteten Fläche nach Verhältnis des vorstehenden Satzes.	
3.	Furchenpflügen (Eckertscher oder Rüdersdorfer Waldpflug) 1,2—1,5 m von Mitte zu Mitte . .	2
	Nachklappen auf verwurzeltem Boden 1—2 Männertage pro Hektar.	
4.	Doppelpflügen. (Wald- und Untergrundspflug)	
	a) Wiesenboden in 1,5 m von Mitte zu Mitte entfernten Streifen mit beiden Pflügen . . .	3
	b) Vorkulturboden. Desgleichen	$1^1/_2$—2
5.	Rajolpflügen bis 0,5 m tief (Vor- u. Schwingpflug)	
	a) ohne Ortstein auf 0,6 der vollen Fläche . .	6
	b) auf Ortstein 0,6 der vollen Fläche	10

		Gespanntage pro Hektar
6.	Bearbeitung von Buchensamschlägen mit Genés Doppelpflug, Balthasars Grubber, Ingermanns Egge	1,2—1,5
7.	Bearbeitung mit der dänischen Rollegge*)	1,0
8.	Bearbeitung mit Spitzenbergs Wühlrad bei Streifen von 0,45 m Breite, und 1,2 m Entfernung auf gerodetem Kiefernkahlschlag mittlerer Standortsgüte durch zweimaliges Wühlen für ein ha 55 M., wovon 35 M. auf das Abplaggen entfallen.**)	

II. Kostensätze für Säen.

		Männer-Tagelöhne pro Hektar
1.	Auslegen der Eicheln in 1,5 m entfernten Saatstreifen	4
2.	Einsäen von Kiefernsamen bei Kiefernstreifensaaten	2
3.	Dasselbe mit der Saatflinte	$^{1}/_{2}$—$^{1}/_{3}$

III. Kostensätze für Pflanzungen

(exkl. Transport der Pflanzen).

Ausheben der Pflanzen.

		Männer-Tagelöhne
1.	Ausheben von Jährlingen pro 10000	$^{1}/_{2}$—$^{3}/_{4}$
2.	Ausheben mit Spaten, Hohlspaten oder Hohlbohrer pro 100	$^{1}/_{2}$—1
3.	Ausheben von Heistern und Halbheistern mit dem Rodespaten pro 100	2—3

Eiche.

1. Pflanzung von 1—2jährigen Pflanzen.

a)	Grabenpflanzung in offenen, 0,3 m breiten und 0,4 m tiefen Gräben:	
	Anfertigung der Gräben pro 100 lfd. m	1,5
	Einpflanzen pro 100 Pflanzen	0,4
	Gesamtkosten pro 100 Pflanzen	1,2
b)	Verschulen 1- und 2jähr. Pflanzen im Kamp pro 1000	0,2—0,3

*) Nach hiesigen Erfahrungen.

**) Nach Mitteilungen aus Eberswalde.

	Männer-Tagelöhne
2. Lohdenpflanzung (0,5—1,5 m lang).	
a) Grabenpflanzung in Gräben 0,5 m breit und tief, 1 m Pflanzentfernung:	
Anfertigung der Gräben pro 100 lfd. m. .	3,0
Einpflanzen pro 100 Pflanzen	0,8
Gesamtkosten pro 100 Pflanzen	3,8
b) Löcherpflanzung pro 100 Pflanzen	2—3
3. Halbheisterpflanzung (1,5—2,5 m lang). Löcherpflanzung in 0,6 m quadratgroßen Löchern pro 100	3—5
Anmerk. Für den Transport: 1 zweispänniger Wagen fährt ungefähr 200 Stück Halbheister.	
Manteuffel-Pflanzung pro 100	4—8
4. Eichenstummelpflanzung pro 100 daumstarke Pflanzen	0,8—1,5

Buche.

1. Büschelpflanzung 3—5jähr. Pflanzen zu 5 bis 3 Stück pro 100	0,8—1,5
2. Lohdenpflanzung pro 100	1,5—3,0

Ahorn, Esche und Rüster.

Lohden und Halbheisterpflanzung wie bei Buche und Eiche.

Erle.

1. Lohden- und Halbheisterpflanzung pro 100	1,5—4
2. Klappflanzung bei flach anstehendem Grundwasser pro 100	1—2

Kopfholzweiden.

Setzstangen von 3—3,5 m Länge in Pflanzlöchern von 0,5 m Weite und 0,4 m Tiefe.	
Anfertigung der Löcher, Hauen, Zurichten und Pflanzen der Setzstangen pro 100 Stück	2,5—3,5

Hegerweiden.

1. Steckpflanzung. Rabatten von 5 m Breite mit Gräben von 0,6—2,5 m Breite. Stecklinge 0,3 bis 0,6 m lang, Reihen 0,5—0,6 m entfernt. Pflanzenentfernung 0,3 m	240-300 } p. Hektar
2. Nesterpflanzung. Löcherweite: 0,3—0,4 m — Verband: Quadrat 1—1,2 m von Mitte zu Mitte	120-140 } p. Hektar

	Männer-Tagelöhne
3. Weiden-Ableger oder Weiden-Absenker, die in kleinen, senkrecht gestochenen Rinnen niedergelegt und in denselben mittelst Hacken befestigt werden pro 100 Stück	1—1,5

Kiefer.

1. Jährlingspflanzung.	
a) Pflanzung auf ungelockertem Boden (Stieleisen, Keilspaten) pro 1000	1
b) Pflanzung in 25—35 cm tief aufgegrabenen Löchern mit dem Pflanzholz oder Keilspaten pro 100 .	0,3—0,6
c) Pflanzung in Rajollöchern 0,4 m Quadrat groß, 40—50 cm tief pro 100	0,8—1,3
d) Furchenpflanzung mit Doppelpflügen (Wald- und Untergrundspflug) Pflanzholz oder Keilspaten 0,3 oder 0,5 m Pflanzenentfernung exkl. Pflügen .	16—20
e) Spitzenbergsche Pflanzung	0,6—1,3
2. Ballenpflanzung. (3—4jährige Pflanzen.)	
a) mit dem Grabespaten pro 100	0,8
b) Hohlspatenpflanzung	0,6
3. Pflanzung 2jähr. Kiefern mit bloßer Wurzel auf aufgegrabenen Löchern, gehackten Streifen (IA2) oder Rabatten pro 100, reine Pflanzkosten . . .	0,5—1

Fichte.

1. Pflanzung 4—6jähr. Fichten pro 100 . . .	0,4—0,5
2. Büschelpflanzung in gelockerten Löchern pro 100	0,5—0,75
3. Manteuffel-Pflanzung mit 3jährigen Einzelpflanzen pro 100	1—1,5
4. Ballenpflanzung pro 100	0,75—1
5. Verschulen im Kamp.	
Lattenverschulung 1jähriger Fichten in $\frac{0,2}{0,1}$ m Verband pro 1000	0,8—1
Grabenverschulung 1jähriger Fichten in $\frac{0,24}{0,18}$ m Verband pro 1000	0,4—0,6

IV. Verpackung von Pflanzen für den Eisenbahntransport.

Einjährige Kiefern in Ballen zu ca. 30000 Stück in Moos verpackt, mit Leinwand umnäht, geschnürt, bahnfertig pro 1000 Stück 4 Pf.

Lohden in Strohverpackung pro 1000 Stück bahnfertig 70 Pf.

Dritter Abschnitt.

Die Bestandspflege.

Vorbemerkung. Dahin sind zu rechnen:

Reinigungshiebe,
Durchforstungen,
Entastungen.

Sie haben den Zweck, den Bestand stets so zu erhalten, wie die Grundsätze der Wirtschaft es fordern, sie sollen den Wachstumsgang des Bestandes heben und dem Einzelstamme die wertvollste Form geben.

Außerdem dienen sie Forstschutzzwecken, indem durch sie Verdämmung verhütet, Krankheit und Insektenschaden niedergehalten wird.

Endlich sind sie Nutzungsmaßregeln.

In die Bestandspflege kann man außerdem noch viele Maßnahmen ziehen, namentlich die, welche für die Erhaltung der Bodenkraft getroffen werden. Wenn sie bei diesem Abschnitt nicht besonders besprochen sind, so liegt der Grund darin, daß die ganze Lehre vom Waldbau bei allen Wirtschaftsmaßregeln als Ziel oder als Voraussetzung die Erhaltung der Bodenkraft annehmen muß. Auch die Praxis, wenn sie eine wahrhaft pflegliche Waldwirtschaft treiben will, muß diesen Gesichtspunkt voranstellen und ihn mit allen übrigen Forderungen in Einklang zu bringen suchen.

Seit Jahrzehnten wird in der Staatsforstwirtschaft eine solche Wirtschaft betrieben, wenn nicht besondere Hindernisse z. B. in Servituten entgegenstehen. Die Früchte davon reifen zwar langsam, zeigen sich aber bereits in den stetig wachsenden Materialrenten.

a) Reinigungshiebe.

1. Mit diesem Namen bezeichnen wir solche Hiebe, die, in Jungbestände eingelegt, vornehmlich Kulturzwecken dienen. Sie nehmen fort:

Holzarten, die nicht in den Bestand einwachsen sollen,
sperrige Vorwüchse, tiefgezwieselte Stämme und alle diejenigen, die offenbar niemals zu Nutzholz erwachsen werden.

Für alle Hochwaldbestände treten zu diesen noch hinzu: die Ausschläge der alten Stöcke und die Wurzelbrut. Beide sind meist sehr vorwüchsig, verdämmen, halten aber nicht aus und erzeugen häufig lückige Bestände, wenn man sie zu lange stehen läßt.

2. Von wesentlichem Einfluß auf die Behandlung kann auch die Stellung des eben bezeichneten Aushiebsholzes sein. Der Einzelstand ist der ungefährlichste, ihn kann man am längsten dulden. Denn bei späterer Herausnahme entstehen nur solche Löcher, die sich leicht von den Seiten her zuziehen.

Je geselliger es aber auftritt, um so dringender tritt die Notwendigkeit des Hiebes hervor.

3. Wenn durch den Aushieb Lücken entstehen, die sich nicht in einigen Jahren durch den Zuwachs der vorhandenen Pflanzen zuziehen oder die so groß sind, daß an ihnen stark beastete Randstämme voraussichtlich erwachsen, so muß durch Pflanzung so weit wie nötig nachgeholfen werden.

4. Nach Beendigung der Reinigungshiebe soll der junge Bestand befähigt sein, von Durchforstung zu Durchforstung ohne besondere Pflege zu wachsen und dabei dem Bilde der Betriebsart entsprechen. Die stehengebliebenen Stämme sollen fehlerlos sein.

5. Haben wir z. B. eine Buchenverjüngung gestellt, und sind in diese viel Weichhölzer eingedrungen, lautete die Aufgabe, die durch das Einrichtungswerk vorgeschrieben ist: einen mit Fichten stark gemischten Ort zu erziehen, so würde man nach Räumung des Buchenschlages beim ersten Reinigungshiebe die Weichholz*horste* und *Gruppen* heraushauen und mit Fichten auspflanzen, beim zweiten auch die einzelständigen Weichhölzer angreifen und je nach der Sachlage an den Rändern der Fichtenpflanzhorste zugunsten dieser oder der Buche eingreifen. Damit muß der Ort ohne weiteren Hieb bis zur ersten Durchforstung sich als ein Buchenort halten, in dem die Fichte stark eingemischt ist. Dieses Bild zu bewahren ist Aufgabe der Durchforstungen.

b) Durchforstungen.

1. Durchforstungen sind *planmäßige* Hiebe*), welche aus noch nicht haubaren Orten Stämme entnehmen. Es folgt ihnen *keine* Kultur, weil sie nur das aus dem Bestande abkömmliche Material ernten. Sobald ein Hieb soweit geht, daß zur Deckung des Bodens besondere Maßnahmen nötig sind, fällt derselbe unter den Begriff einer Lichtung, nicht mehr unter den der Durchforstung.

2. Die Lehre von den Durchforstungen hat in den letzten Jahrzehnten wesentlich voneinander abweichende Methoden ausgebildet.

Es ist daher nicht mehr möglich diese aus gemeinschaftlichen Gesichtspunkten zu betrachten. Wir müssen vielmehr trennen. Es lassen sich dann drei Gruppen unterscheiden.

Durchforstungen vom schwachen Holze her
" von der Mitte her
" vom starken Holze her.

Haben wir das Kluppmanual eines Bestandes wie folgt:

Durchmesser	10	11	12	13	14	15	16	17	18	19	20	21	22	23	24	25	26 cm
Stammzahl	12	18	28	31	55	46	44	70	55	54	53	71	58	56	75	43	55

Durchmesser	27	28	29	30	31	32	33	34	35	36	37	38	39	40 cm
Stammzahl	50	32	50	31	28	22	17	13	15	14	11	8	6	5

so ist eine Durchforstung mit folgender Auszeichnung:

Durchmesser	10	11	12	13	14	15	16	17	18	19	20	21	22	24	25—40 cm
Stammzahl	10	16	25	24	38	30	25	30	18	15	11	9	4	4	0

eine Durchforstung vom schwachen her.

Die Auszeichnung:

Durchmesser	10	11	12	13	14	15	16	17	18	19	20	21	22	23 cm
Stammzahl	.	.	1	2	3	5	4	10	5	4	3	11	.	6

Durchmesser	24	25	26	27	28	29	30	31—40 cm
Stammzahl	15	6	13	8	3	5	1	0

zeigt eine Durchforstung von der Mitte her und endlich die Auszeichnung:

Durchmesser	10	11	12	13	14	15	16	17	18	19	20	21	22	23	24	25	26 cm
Stammzahl	.	.	1	2	3	5	4	.	.	.	.	.	.	.	.	.	5

Durchmesser	27	28	29	30	31	32	33	34	35	36	37	38	39	40 cm
Stammzahl	6	4	.	5	2	4	2	3	2	4	3	2	1	1

eine Durchforstung vom starken Holze her.

*) Den planmäßigen Hieben stehen Zufallsnutzungen gegenüber bestehend im Hieb von Käferstämmen, Windwürfen und -Brüchen, Schneebruchstämmen, Blitzschlägen, Trocknis u. a.

3. Die Durchforstungen vom schwachen Holze her nehmen geringe, überwachsene und schlechte Stämme.

Diese Durchforstungen sind die hauptsächlich in der Praxis üblichen, im wesentlichen auch die von Kraft vertretenen. Sie ernten die von dem Bestande selbst durch sein Wachstum ausgeschiedenen Stämme und greifen außerdem da ein, wo eine Wuchsstockung vorliegt. Solche entsteht da, wo eine Zahl gleichartiger Stämme so gedrängt steht, daß keiner zur wirklichen Herrschaft gelangen kann. Schlecht geformte Stämme werden genommen, wenn dadurch gut geformte zu kräftigerem Zuwachs gelangen oder sonst noch Vorteile für den bleibenden Bestand zu erwarten sind.

4. Je nach der Stärke des Eingriffs wird eine schwache, mäßige und starke Durchforstung unterschieden.

Die schwache Durchforstung nimmt das unzweifelhaft überwachsene und außerdem hier und da einen Stamm aus den deutlich erkennbaren Wuchsstockungen.

Die mäßige nimmt alles, was nicht mehr zur Herstellung des Schlusses gehört, außerdem sucht sie die vorhandenen Wuchsstockungen wirklich zu beseitigen.

Die starke beugt dagegen den Wuchsstockungen vor, läßt dafür hier und da unterdrückte Stämme stehen, wenn sie gerade Lücken decken, im übrigen erntet auch sie die vornehmlich im Wuchse zurückbleibenden Stämme.

5. Am stärksten vom schwachen Holze her hat Wagener durchforsten wollen.

Wagener sucht bei seinen Durchforstungen den unbedingt herrschenden Stämmen freien Raum womöglich ringsum zu schaffen. Das Maß des Aushiebes ist so zu fassen, daß nach 10 Jahren wieder eine bestimmte Brusthöhen-Querfläche beim Kluppen des Bestandes gefunden wird.

6. Der neue Arbeitsplan der Versuchsanstalten nennt die Durchforstung vom schwachen Holze her Niederdurchforstungen*). Er hält folgende Grade auseinander:

Schwache Durchforstung (A-Grad). Diese bleibt auf die Entfernung der abgestorbenen und absterbenden Stämme, sowie der niedergebogenen Stangen (Klasse 5) und kranken Stämme beschränkt und hat nur die Aufgabe, Materialien für vergleichende Zuwachsuntersuchungen zu liefern.

*) Wegen der Stammklassen vgl. S. 11.

Mäßige Durchforstung (B-Grad). Diese erstreckt sich auf die abgestorbenen und absterbenden, niedergebogenen, unterdrückten Stämme, die Peitscher, die gefährlichsten schlechtgeformten Vorwüchse, soweit sie nicht durch Ästung unschädlich zu machen sind, und die kranken Stämme (Klasse 5, 4 und ein Teil von 2).

Starke Durchforstung (C-Grad). Diese entfernt allmählich alle Stämme der Klassen 2—5, sowie auch einzeln von Klasse 1, so daß nur Stämme mit normaler Kronenentwickelung, und guter Schaftform in möglichst gleichmäßiger Verteilung verbleiben, welche nach allen Seiten Raum zur freien Entwickelung ihrer Kronen haben, jedoch ohne daß eine dauernde Unterbrechung des Schlusses stattfindet.

Für die Grade B und C gelten noch folgende Grundsätze:

a) in allen Fällen, in denen durch Herausnahme herrschender Stämme Lücken entstehen, können daselbst etwa vorhandene unterdrückte oder zurückbleibende Stämme belassen werden.

b) Bei der Entfernung gesunder Stämme der Klasse 2 mit schlechter Kronenentwickelung oder Schaftform ist mit derjenigen Beschränkung zu verfahren, welche durch die Rücksicht auf die Beschaffenheit und den Schluß des gesamten Bestandes geboten ist.

7. Wie groß der Unterschied dieser Festsetzungen gegen die früheren ist, lehrt ohne weitere Worte die Gegenüberstellung des alten Plans.

Dieser besagt im § 8: a) Die schwache Durchforstung entfernt nur die abgestorbenen Stämme*); erst später wurde auch die Fortnahme der absterbenden gestattet;

b) die mäßige, die absterbenden und unterdrückten,

c) die starke, vorgreifende Durchforstung endlich auch alle zurückbleibenden Stämme.

8. Der alte Plan hatte sich hiermit Durchforstungsgrade konstruiert, die in dieser Weise von der Praxis nie geübt waren. Die Folge davon war eine Entfremdung zwischen der Praxis und dem offiziellen Versuchswesen.

9. Mit dem neuen Plane haben die Versuchsanstalten sich dem Vorgehen der Praxis wieder genähert, wenngleich noch immer Verschiedenheiten in der Auffassung verbleiben.

---

*) Bezüglich der Einteilung der Stämme siehe S. 10 u. 11 unter Nr. 19.

10. Die Durchforstung von der Mitte her.

Dahin gehört die Posteler Durchforstung, die Kopfdurchforstung, die dänische Durchforstung und die Hochdurchforstung des Arbeitsplanes der Versuchsanstalten.

11. Die Posteler Durchforstung besteht darin, daß man ganz unterdrückte Stämme stehen läßt, den Teil des Bestandes aber, der den Kronenschluß bildet, stark durchforstet.

Diese Durchforstungsmethode hat ihren Ursprung in gemischten Eichen- und Buchenbeständen, für die ja seit langer Zeit die Regel galt und gilt, daß man unter Eichen die unterständigen Buchen stehen läßt, ja sogar, wenn solche fehlen, durch Köpfen von Buchen unterständige künstlich schafft. Den Eichen wird andererseits durch vorgreifenden Hieb die für ihre Kronenausbildung nötige Freistellung gegeben. In solcher Weise sind bereits um 1840 herum Bestände im Hannoverschen behandelt.

von Salisch auf Postel empfahl eine solche Durchforstung auch für andere Bestandsbilder aus ästhetischen Rücksichten. Der Gedanke ist auf Grund dieser Anregung vielfach aufgenommen. Die Methode geht jetzt fast allgemein unter dem Namen Posteler Durchforstung.

12. Die französische eclaircie par le haut fällt ebenfalls unter diese Reihe.

13. Die Kopfdurchforstung*) sollte ein Sammelname sein für die Durchforstungsmethoden, denen bei allen sonst bestehenden Verschiedenheiten der einigende Hauptgedanke zu grunde liegt, daß die Durchforstung von einem gewissen Lebensalter an — etwa dem 50. bis 70. Jahre — darauf gerichtet sein soll, die bestgeformten Stämme in ihrer Kronenentwickelung durch Beseitigung hemmender Einflüsse zu begünstigen.

Dieser Gedanke kann bei den Durchforstungen von der Mitte her leitend sein, dagegen beugen sich ihm weder die Durchforstungen vom schwachen her, noch die Plenterdurchforstungen, d. i. eben eine Durchforstung vom starken her. Die Plenterdurchforstung will nicht nur die jetzt vorhandenen bestgeformten Stämme begünstigen, sondern namentlich bestgeformte Stämme erziehen und zwar aus den

*) Vgl. Zeitschrift für Forst- und Jagdwesen 1899, S. 19. Sind Kopfdurchforstungen (Posteler Verfahren, Plenterdurchforstung, lichtende Aushiebe) Hauptnutzungshiebe? von Landforstmeister von Bornstedt.

schwächeren herrschenden Stämmen des 50—70jährigen Orts, ja womöglich aus nicht herrschenden.

Der Name Kopfdurchforstung hat sich vielfach eingebürgert, der Begriff hat sich aber mehr und mehr auf eine Durchforstung von der Mitte her eingeengt.

14. Die dänische Durchforstung*) will bei möglichst kurzer Umtriebszeit einen geschlossenen Starkholzbestand von hinreichender Astreinheit erziehen. Die dichtgeschlossenen Jungbestände werden bei etwa 7 m Höhe zum erstenmal durchforstet. Der Hieb kehrt zunächst alle drei Jahre wieder und nimmt alle schlechten Stammformen, Kranke und nicht gewünschte Eindringlinge. Später werden die Durchforstungen seltener, vom 60.—70. alle 6 Jahre, vom 100. alle zehn Jahre. Mit dem 40. Jahre ist bereits ein Bestand herausgearbeitet, der nur aus gradwüchsigen Stangen besteht. Die stärkeren und stärksten Stämme werden nun durch den weiteren Durchforstungsbetrieb begünstigt und zwar dadurch, daß man grundsätzlich dann einen Stamm fällt, wenn er einen oder gar mehrere an Schaft und Krone besser geratene Nachbarn an dem zu erhaltenden und weiter auszubildenden Teile ihrer Krone merklich schädigt.

Ungefähr von Mitte der Umtriebszeit läßt sich der einstige Abtriebsbestand erkennen und er wird nunmehr in möglichst gleichmäßiger Verteilung über die Fläche hin ausgesucht und durch Kalkmilch oder Teerringe dauernd deutlich gemacht. Als Durchforstungsgrundsatz bleibt bestehen, daß die Stämme dieses Abtriebsbestandes stets von solchen Nachbarn durch die Axt befreit werden, die sie an den zu erhaltenden und fortzubildenden Teilen der Krone merklich schädigen.

15. Das Wesen der Hochdurchforstung wird vom Arbeitsplan folgendermaßen geschildert:

Diese ist ein Eingriff in den herrschenden Bestand zum Zwecke besonderer Pflege dereinstiger Haubarkeitsstämme unter grundsätzlicher Schonung eines Teiles der beherrschten Stämme. Hiervon sind zwei Grade zu unterscheiden:

Schwache Hochdurchforstung. Diese beschränkt sich auf den Aushieb der abgestorbenen und absterbenden, niedergebogenen, ferner der schlecht geformten und kranken Stämme, der Zwiesel, Sperrwüchse, Peitscher, sowie derjenigen Stämme, welche zur Auflösung von Gruppen gleichwertiger Stämme entnommen werden müssen.

---

*) Vgl. Metzger, Dänische Reisebilder, Münd. f. Hefte Nr. 9 S. 83.

Es wurden also entfernt: Klasse 5, ein großer Teil von Klasse 2 und einzelne Stämme von 1. Die Entfernung der schlechtgeformten Vorwüchse und der sonstigen Stämme mit fehlerhafter Schaftform, insbesondere der Zwiesel, kann, wenn solche Stämme in größerer Anzahl vorhanden sind, zur Vermeidung zu starker Schlußunterbrechung auf mehrere Durchforstungen verteilt werden. Auch empfiehlt es sich, die bei der ersten Durchforstung verbleibenden Stämme dieser Art durch Aufästung oder Beseitigung von Zwieselarmen vorläufig unschädlich zu machen.

Dieser Grad kommt vorwiegend für jüngere Bestände in Betracht.

Starke Hochdurchforstung. Dieser Grad erstrebt unmittelbar die Pflege einer verschieden bemessenen Anzahl von Haubarkeitsstämmen. Zu diesem Zwecke werden außer den abgestorbenen, absterbenden, niedergebogenen und kranken Stämmen auch alle diejenigen entnommen, welche die gute Kronenentwickelung der Haubarkeitsstämme behindern. Dieser Grad ist hauptsächlich für ältere Bestände geeignet.

16. Die Durchforstung vom starken her.

Dahin gehört Borggreves Plenterdurchforstung. Diese setzt vom reiferen Stangenholzalter ein und nimmt herrschende Stämme und zwar womöglich solche, in deren Umgebung Stämme mit seitlich gepreßten Kronen stehen. Es gilt dabei die Voraussetzung, daß diese die Fähigkeit besitzen, sich schnell zu erholen und in Masse und Qualität bedeutend zuzuwachsen.

Der Hieb ist alle zehn Jahre zu wiederholen und nutzt jedesmal 0,1—0,2 des Vollbestandes. Die Hiebsmasse soll gerade soviel betragen wie der Zuwachs innerhalb des Zeitraumes, der zwischen je zwei Durchforstungen liegt. Der Theorie nach wird also die Masse, die der Bestand im 60. Jahre hat, in späterem Alter nicht wieder überschritten.

Der Zweck der Plenterdurchforstung besteht darin, die Verjüngung des Bestandes möglichst weit hinauszuschieben, aus den Gliedern des Bestandes vom 60jährigen Alter an unter Benutzung des Lichtungszuwachses möglichst viel Masse zu gewinnen und einen in Bezug auf Nutzholz hochwertigen Bestand zum Ernte- und Verjüngungshiebe zu bringen.

---

17. Die Durchforstung muß fast für jede Holzart und selbst für jede Altersstufe verschieden gehandhabt werden und ist man daher

von Aufstellung allgemeiner Regeln mehr und mehr zurückgekommen. Es wird daher auch im angewandten Teil die Durchforstung bei jeder einzelnen Holzart besprochen werden.

18. Waldbaulich notwendig ist das Eingreifen, sobald der dominierende Bestand der Hauptholzart oder eine noch weiter zu erhaltende Mischholzart durch eingetretenen Seitendruck leidet und im Wuchse stockt. Solange die Stämme in der Krone noch lebhaft wachsen, tritt ein solcher Fall verhältnismäßig oft ein, während bei abgeschlossener Kronenausbildung die Durchforstung nur in größeren Zwischenräumen wiederzukehren braucht.

19. Waldbaulich gerechtfertigt und wünschenswert ist die Durchforstung, wenn dadurch die Produktion an hochwertiger Holzmasse, das ist glatter, astreiner Schaftmasse, gesteigert wird.

20. Die Wiederkehr der Durchforstung muß im allgemeinen namentlich von dem Gange des Höhenwachstums abhängig gemacht werden und zwar so, daß die Durchforstungen häufiger wiederkehren, wenn die Höhenentwickelung eine sehr rasche ist.

Nimmt man an, daß ein Bestand zum ersten Male mit 10 m Höhe durchhauen wird und wieder durchforstet werden muß, wenn er zwei Meter in der Höhe zugenommen hat, weil dann wieder eine große Zahl von überwachsenen Stämmen vorhanden ist, so würden sich die Lebensalter, in welche Durchforstungen fallen, wie folgt stellen:

Kiefer

Bestandshöhe	Lebensalter bei Bonität				
	I.	II.	III.	IV.	V.
10	26	32	38	44	55
12	31	38	45	55	71
14	36	45	53	66	
16	41	52	63	81	
18	46	59	73		
20	52	68	87		
22	60	78	106		
24	69	90			
26	80	107			
28	94				
30	120				

Fichte

Bestandshöhe	Lebensalter bei Bonität			
	I.	II.	III.	IV.
10	29	38	47	60
12	33	44	53	70
14	38	51	63	92
16	42	57	73	120
18	47	64	83	
20	54	71	102	
22	60	80		
24	67	90		
26	74	101		
28	81	120		
30	90			
32	100			
34	111			

Buche

Bestandshöhe	Lebensalter bei Bonität			
	I.	II.	III.	IV.
10	30	34	40	47
12	34	39	45	53
14	38	44	49	62
16	42	49	57	72
18	48	55	65	84
20	55	65	76	104
22	61	75	90	
24	70	85	110	
26	80	95		
28	90	114		
30	102			

Diese interessanten Tabellen lehren uns, daß wir Beginn und Folge der Durchforstungen im besonderen doch auch nach anderen Gesichtspunkten, als nach der Höhe allein bemessen müssen, denn gerade auf geringem Boden zumal bei künstlicher Verjüngung treten wegen der sehr gleichmäßigen Entwickelung der Stämme viel Wuchsstockungen auf, deren Beseitigung nur bei häufigeren Hieben erreicht wird, als die Höhenentwickelung allein sie verlangt.

21. Die Wirkung der Durchforstung ist nach zwei Richtungen zu betrachten. Wenn wir nämlich einen Stamm hauen, so nehmen wir damit auch einen Teil des Zuwachses, den der Bestand brachte, andererseits aber erhalten durch Fortnahme des Stammes die Nachbarn erhöhten Wachsraum, sie können die Kronen vergrößern und werden ihrerseits den Zuwachs steigern.

22. Betrachten wir zunächst den Zuwachsverlust, der durch die Durchforstung entsteht.

Wir wissen, daß die Stämme um so mehr vom Zuwachs eines Bestandes hervorbringen, je stärker sie sind und um so weniger, je schwächer sie sind. Die schwächsten und dabei überwachsenen Stämme haben überhaupt keinen meßbaren Zuwachs mehr.

Es muß also eine Durchforstung um so viel mehr vom vorhandenen Zuwachs nehmen, je schärfer sie in die herrschenden Stammklassen eingreift. Daher nehmen

die Durchforstungen vom schwachen Holze her am wenigsten von
dem vorhandenen Zuwachs und
die Durchforstungen vom starken Holze her am meisten.

Wenn nun die Durchforstungen den Zweck erfüllen sollen, den Bestandszuwachs tatsächlich zu steigern, so müssen die bleibenden Stämme um so energischer arbeiten je tiefer der Eingriff war.

Bei einer mäßigen Durchforstung fällt alles, was nicht mehr zur Herstellung des Schlusses gehört, d. i. das fast zuwachslose. Außerdem sucht diese Durchforstung die vorhandenen Wuchsstockungen wirklich zu beseitigen. Sie entnimmt auch hierbei Stämme, die wenig Zuwachs haben. Es ist also im ganzen nur ein geringer Zuwachsverlust zu decken. Werden die Wuchsstockungen tatsächlich beseitigt, so ist der geringe Zuwachsverlust bald gedeckt und alles, was die bleibenden Stämme mehr leisten, stellt sich als reiner Vorteil dar.

Bei einer Durchforstung von der Mitte her, ist der Eingriff in Stammklassen, die nennenswerten Zuwachs bringen, weit erheblicher. Eine Steigerung des Bestandszuwachses kann also nur eintreten, wenn die stehenbleibenden Stämme ihre Zuwachsarbeit entsprechend steigern.

Am meisten wird die bisherige Zuwachsgröße durch eine Durchforstung vom starken her verringert und hier muß deshalb die Forderung an den stehenbleibenden Bestand auch am höchsten gestellt werden.

23. Die Akten über die tatsächliche Wirkung der einzelnen Durchforstungsmethoden sind noch nicht geschlossen.

24. Für die verschiedenen Lebensabschnitte des Bestandes muß wahrscheinlich die Durchforstung verschieden gehandhabt werden, wenn man die höchsten Bestandswerte erziehen will.

Zu unterscheiden ist namentlich das Lebensalter bis zum Baumholz und dasjenige des Baumholzes. Das Baumholzalter beginnt mit dem Zeitpunkte, wo der Anfangspunkt der Krone nicht mehr aufwärts rückt.

Die Bestände des ersten Lebensabschnittes sind im Schluß zu erhalten, damit astreines Schaftholz erzeugt wird. Deshalb ist es im allgemeinen notwendig, die Durchforstung vom schwachen her und mäßig zu führen, also neben Aushieb des überwachsenen Materials die Wuchsstockungen zu beseitigen.

Mit dem Zeitpunkte, wo das Holz zum Baumholz wird, ist die Höhenwuchsentwickelung nur noch eine geringe. Von jetzt ab werden Stämme seltener durch Überwachsung ausgeschieden als durch Seitendruck der Kronen. Die Kronen müssen sich aber gut entwickeln, wenn der Zuwachs ein guter sein soll, und so muß also jedem herrschenden Stamme der hierfür richtige Wachsraum gegeben werden. Die Bestände sind daher jetzt vom schwachen her stark zu durchforsten, es kann auch eine Durchforstung von der Mitte her, ja selbst eine Plenterdurchforstung richtig sein. Nur eins darf man nicht, nämlich bestimmen, daß grundsätzlich der eine Bestand stets in dieser, der andere stets in jener Weise durchforstet wird.

c) Entastungen.

1. Man nimmt sie vor:
um eine bessere Ausformung der Stämme herbeizuführen,
um Schaden durch Verdämmung zu verhindern,

2. Die bessere Ausformung wird erreicht, wenn der Stamm die Astwunde gesund überwallt und dann geradfaserig verlaufendes Holz anlegt. Eine Förderung des Höhenwachstums tritt nur mitunter ein, bei der Fichte folgt auf die Ästung meist sogar eine Stockung im Höhenwuchs, welche erst allmählich ausgeglichen wird. Wo die Schlußstellung so ist, daß Preßlers Gesetz der Stammbildung (unter der Krone gleicher Flächenzuwachs in allen Schafthöhen, in der Krone nach oben abnehmende Ringbreiten) zutrifft, macht die Fortnahme der unteren Äste den Schaft in diesem Teile vollholziger.

3. Gegen Verdämmung entastet man namentlich in Hochwaldverjüngungs-, Plenterwald- und Mittelwald-Schlägen.

4. Die Entastung wird in der Regel so vorgenommen, daß kein Stummel stehen bleibt. Die Schnittfläche muß glatt sein und wird mit Steinkohlenteer überstrichen.

5. Über 7 cm starke Äste soll man nicht mehr abnehmen, da erfahrungsgemäß bei ihnen die Überwallung zu spät erfolgt und die Wunden einfaulen.

6. Die Abnahme der Äste ist mit relativ weniger Gefahr verbunden

bei zuwachskräftigen Stämmen,
auf gutem Standort,
im November und Dezember.

7. Müssen starke Äste aus Rücksicht auf jungen Wuchs entfernt werden, so sind sie nicht glatt am Stamme abzuschneiden, sondern so, daß ein — womöglich mit einigen Zugreisern versehener — Stumpf stehen bleibt.

8. Am besten läßt sich die Ästung mit kurzen, scharfschneidenden Handsägen ausführen. Man sägt mit einer solchen den Ast erst von unten etwa 10 cm aufwärts von der eigentlichen Trennungsstelle ein und führt dann den Hauptschnitt von oben her. Altstämme werden mit Hilfe von Steigeisen oder dem Zehnpfundschen Steigrahmen bestiegen, bei jüngeren kommt man leichter mit Leitern zum Ziel.

Außer den Handsägen läßt sich auch die Heppe und das Beil verwenden.

Die Ahlerssche Flügelsäge ist ein vortreffliches Instrument, um vom Boden aus die Äste bis zu 10 m Schafthöhe ohne Leitern und sonstige Steigapparate abzunehmen. Sie ist den in gleicher Weise geführten Astabstoßern verschiedener Form und dem Stemmeisen vorzuziehen. Auch die Prösersche Gliedersäge vermag ihr nicht den Rang abzulaufen. Diese arbeitet gut, solange sie neu ist. Sobald die Niete der Glieder sich lockern, läßt die Arbeitsleistung nach.

Vierter Abschnitt.

Die Betriebsarten.

1. Sie unterscheiden sich untereinander durch die Art und Weise, wie der der Verjüngung vorhergehende oder sie begleitende Hieb geführt wird, wie die Verjüngung selbst erfolgt und die Bestände grundsätzlich erzogen werden. Erhält der Wald für jeden zum Zweck der Kultur geführten Hieb durch Ausführung der Kultur auch wirklich Ersatz, so spiegelt sich in dem daraus hervorgegangenen Bestandsbilde genau der Gang des Hiebes ab.

Je schneller dieser geführt ist, um so gleichaltriger ist der Jungbestand, je zögernder, desto ungleichaltriger.

2. Die ungenügende Sorge für Nachwuchs führt notwendig zu einer Raubwirtschaft. Das ist in früherer Zeit **nicht** genug beachtet worden; man hat den schlechten Zustand der Waldungen dann in der Betriebsart gesucht und diese verlassen.

3. Unsere heutige Zeit hat erkannt, daß keine Betriebsart als solche unbedingt schädlich oder heilbringend ist, daß sie es vielmehr nur unter bestimmten Verhältnissen wird. Mit dieser Erkenntnis ist die Zahl der angewendeten Betriebsarten und ihrer Unterformen außerordentlich gewachsen und die Lehre von denselben ebenso wichtig wie umfangreich geworden.

A. Rein forstliche Betriebsarten.

4. Allgemeine Übersicht und Schilderung.

- Die Ernte zieht eine Erneuerung des Bestandes durch Kernwuchs nach sich
  - Die in Verjüngung gestellten Schläge werden mit tunlichster Beschleunigung in junge umgesetzt
    - mit beabsichtigter künstlicher Verjüngung . **Kahlschlags-Hochwald.**
    - mit beabsichtigter natürlicher Verjüngung . **Hochwald mit natürlicher Verjüngung.**
  - Es geschieht das zögernd, so daß bedeutende und bleibende Ungleichaltrigkeiten entstehen . . **Femelschlagbetrieb.**
  - Desgl. zögernd, so daß Altersunterschiede von Umtriebslänge entstehen . . . . **Plenterwald.**
- Die Ernte ruft eine Reproduktion an den verbleibenden Bestandsresten hervor
  - am Stock . . . . . **Niederwald.**
  - am Kopf des Stammstumpfes . . . . . **Kopfholzbetrieb**
  - längs des Stammes . . **Schneidelholz.**
- Die Ernte zieht einerseits eine Erneuerung des Bestandes durch Kernwuchs nach sich, andererseits ruft sie eine Reproduktion an den verbleibenden Stöcken hervor . . . . **Mittelwald.**

a) Hochwaldformen.

5. Mit Belassung des Schlusses durch die ganze Umtriebszeit:

- Kahlschlags-Hochwald
  - mit Nutzung des ganzen Altbestandes . . = Kahlschlags-Hochwald im gewöhnlichen Sinne des Wortes.
  - unter Belassung einiger Altstämme . . . = Kahlschlags-Hochwald mit Überhältern.
  - unter Belassung von ca. 0,4 der Masse . = Zweihiebiger Kahlschlags-Hochwald.

Hochwald mit natürlicher Verjüngung	mit Nutzung des ganzen Altbestandes . .	= Hochwald mit natürlicher Verjüngung im gewöhnlichen Sinne des Wortes.
	unter Belassung einiger Altstämme . .	= Hochwald mit natürl. Verjüngung mit Überhältern.
	unter Belassung von ca. 0,4 der Masse .	= Zweihiebiger Hochwald mit natürlicher Verjüngung.

6. Mit Unterbrechung des Schlusses für einen Teil der Umtriebszeit:

Vor Vollendung des Haupthöhenwuchses	mit beabsichtigter Bodendeckung durch Stockausschlag	Hartigs Buchenkonservierungshieb.
	Bodendeckung je nach Verhältnissen beigefügt und beliebig herstellbar .	Wageners Lichtwuchswald.
Nach Vollendung des Haupthöhenwuchses	mit beabsichtigter Bodendeckung durch natürliche Verjüngung vom Restbestand	v. Seebachs modifizierter Buchenhochwald.
	Bodendeckung je nach Verhältnissen beigefügt und beliebig herstellbar .	Lichtungsbetriebe.

Hochwaldformen mit Belassung des Schlusses durch die ganze Umtriebszeit.

7. Wesen: Die Verjüngung wird durch Samenpflanzen hergestellt; die Bestände sind entweder gleichaltrig oder zeigen nur geringe Altersdifferenzen. Der Anhieb des Bestandes erfolgt zum Zweck der Verjüngung bezw. Einleitung derselben.

Vorteile.

Der Längenwuchs wird gefördert.

8. Es beruht das darauf, daß bei dem Stammreichtum des Hochwaldes und dem heftigen Kampfe um den Wachsraum nur

diejenigen Stämme bleiben, welche die beste Veranlagung zum Höhenwuchse haben.

9. In neuerer Zeit ist die Richtigkeit des Satzes, daß der geschlossene Hochwald die größten Stammhöhen bringt, mehrfach auf Grund scheinbar genauer Untersuchungen angefochten. Es sind dabei aber folgende Fehler gemacht: Man hat den Wuchs gedrängt stehender Bestände mit dem von räumlich stehenden verglichen, also eine anerkanntermaßen den Wuchs hemmende Bestandsstellung mit einer ungehinderten Entwickelung. Man hat die Mittelzahlen des im Lichtwuchs stehenden Bestandes verglichen mit den Mittelzahlen eines geschlossenen, also die eines Bestandes ohne jeden Nebenbestand mit denen aus dem ganzen Bestande einschließlich des niedrigen Nebenbestandes. Dadurch müssen die Zahlen für den geschlossenen Bestand niedriger erscheinen.

10. Ein im wesentlichen einwandfreies Verfahren, wodurch der größere Längenwuchs des Lichtstandes oder des Schlusses bewiesen wird, ergibt sich, wenn man nur den dominierenden Teil des geschlossenen Bestandes mit den Lichtwuchsstämmen vergleicht.

Gute und weitgehende Schaftreinigung.

11. Im Freistande reinigen sich nicht alle Holzarten so, daß ein astfreier Schaft entsteht. Die Fichte bleibt z. B. bis zur Erde beastet, ebenso andere Schattenhölzer, auch die Lichthölzer erhalten nur kurze astreine Schäfte.

12. Nur durch das Zusammenrücken der Stämme zu geschlossenen Beständen wird das Abstoßen der Äste ein solches, wie wir es vom forstwirtschaftlichen Standpunkt aus wünschen. Zwei Ursachen wirken dahin, daß das erreicht wird, nämlich

der Einfluß des Schattens und mehr noch

die Bewegung der Stämme durch den Wind und die dabei erfolgenden Beschädigungen der Äste.

Erzeugung der höchsten Werte auf kleinster Fläche.

13. In früherer Zeit würde man, ohne Widerspruch zu finden, haben sagen können: die Erzeugung der höchsten Massen auf kleinster Fläche. Augenblicklich ist man mehrfach zweifelhaft darüber geworden und zwar durch die Ergebnisse der Forschung über den Lichtungszuwachs. Darüber kann kein Zweifel sein, daß die mögliche dichteste Stellung des Bestandes nicht den größten Zuwachs liefert, sondern

daß die Stellung in dieser Beziehung ein Optimum hat, welches vor der dichtesten liegt.

Sollte das Optimum wirklich, was bisher in keiner Weise, namentlich nicht für jüngere Orte stichhaltig bewiesen ist, bei durchbrochenem Schluß liegen, so wird dennoch dabei nicht der höchste Wert erzeugt, denn mit Durchbrechung des Schlusses erstarken die unteren Äste, die Schaftreinigung stockt ganz oder geht unvollkommen vor sich und wir erhalten nicht mehr ein Holz erster Güte.

14. Der Nebenbestand, der ja an und für sich zweifellos zuwachsfaul ist, zeigt sich demnach als ein nützliches, den Wert des Hauptbestandes erhöhendes Glied, welches daher solange in zweckentsprechender Zahl beizubehalten ist, als die Kronen noch hinaufgeschoben werden sollen.

15. Daß der Zuwachs des herrschenden Bestandes auch im Schlußstande sehr bedeutend ist, läßt sich in großen Zügen leicht aus den wiederholten Bestandsaufnahmen, wie sie die Versuchsanstalten veröffentlicht haben, nachweisen.*) Einen ganz festen und ins einzelne gehenden Einblick beginnt man aber durch diese Arbeiten erst jetzt zu erhalten, und zwar nur da, wo man sich dazu entschlossen hat, die Versuchsflächen stammweise zu numerieren und eine entsprechend genaue Buchführung anzunehmen.**)

Große Vornutzungserträge.

16. Die Bestände werden mit sehr hohen Pflanzenzahlen begründet. Eine gelungene Buchenverjüngung zählt z. B. pro ha

---

*) Vgl. S. 9 unter No. 15.

**) Die Stammnumerierung ist vor vielen Jahren bereits in Baden und Braunschweig für Versuchsarbeiten in Anwendung gekommen, später in der Schweiz auf den von Riniker angelegten Flächen. Die Überzeugung aber, daß man auf keinem anderen Wege bei den Versuchsarbeiten zum Ziele kommen könne, ist zuerst vom Verf. ausgesprochen worden und zwar in einem Aufsatze, Wochenschrift „Aus dem Walde" 1887, Nr. 26 u. 27. Dieser Aufsatz war geschrieben für die Sitzungen, welche der Verein der forstlichen Versuchs-Anstalten in Koblenz im Jahre 1887 abhielt. Merkwürdigerweise wurden die Vorschläge dort nicht angenommen gerade aus Bedenken, die von Baden und Braunschweig ausgesprochen wurden. Die Anregung half aber doch so viel, daß seitdem die meisten Flächen numeriert sind und daß man in Österreich, welches damals noch nicht dem Verbande angehörte, sofort das System annahm. Wo man heut damit noch zögert, wird man bald genug durch die sich mehrenden Rätsel der Aufnahme-Ergebnisse dahin geführt werden, es trotz der gefürchteten Mehrarbeit anzunehmen.

mindestens 50000 Stämmchen, eine Fichtenpflanzung in 1 m Quadratverband 10000.

Die Verminderung solcher hohen Zahlen wird nur anfangs der Natur überlassen, spätestens mit dem Zeitpunkte, wo ein planmäßiger Hieb die Kosten deckt, durch die Durchforstungen geregelt.

Nimmt man an, daß mit dem 20. Jahre für die Fichte noch 7000 Stämme stehen, im 100. Jahre aber ein Vollbestand durch 700 Stück gebildet werden kann, so erhält man einen Begriff, wie umfangreich die Vornutzung sein muß.

17. Die Massenerträge aus der Vornutzung sind beim geschlossenen Hochwalde deshalb größer als beim ungeschlossenen, weil jeder Stamm bis zu seiner Ausscheidung aus dem Hauptbestande stehen bleibt, d. h. bis zu dem Zeitpunkt, wo überhaupt kein nennenswerter Zuwachs mehr an ihm erfolgt. Bei allen nicht geschlossenen Waldformen muß der Nebenbestand früher entfernt werden, nämlich bei zwar nachlassendem, immerhin aber noch beachtenswertem Zuwachs.

Geringe Reisholzmasse.

18. Die Reisholzmasse nimmt relativ zur Gesamtmasse mit lichterem Stande zu, ebenso vermehrt sie sich bis zu einem bestimmten Grade der Lichtstellung durch die größere Kronenausdehnung der Stämme auch absolut, also ihrer Festmeterzahl nach; bei noch weitergehender Schlußunterbrechung nimmt sie hingegen wegen Verringerung der Stammzahl in der Festmeterzahl wieder ab, bleibt aber natürlich relativ hoch.

19. Das Reisigholz ist zur Zeit in Deutschland sehr geringwertig, vielfach garnicht absetzbar, kann daher nur als ein lästiges Nebenprodukt der Wirtschaft angesehen werden und muß soweit zurückgedrängt werden, wie das vereinbar ist mit der Forderung eines freudigen Zuwachses.

Verbesserung des Bodens, so lange er genügend gedeckt ist.

20. Die dichte Beschirmung desselben hält in wohltätiger Weise den Unkrautwuchs zurück und wirkt dahin, daß sich eine normale Waldstreu- und Moosdecke bildet, die Grundlage für eine Schicht von mildem Waldhumus.

Nachteile.

21. Sie bestehen darin, daß die Gefahren durch Sturm, Feuer und Insekten zunehmen. Es hat das seinen Grund beim

Sturm in dem schlanken Aufbau der Stämme und den hochangesetzten Kronen, beim Feuer wegen des nahen Standes der Stämme zueinander, bei den Insekten in dem Umstande, daß jeder Stamm des Bestandes Futterpflanze gleicher Art ist.

22. Gemischte Bestände stumpfen diese Gefahren zweifellos ab, doch ist ihre Herstellung bei einigen der Hochwaldformen nicht leicht, auch oft durch die Standortsverhältnisse völlig ausgeschlossen.

I. Hochwald mit Kahlschlag.

Bei Nutzung des ganzen Altbestandes.

23. Wesen: Die Schlagfläche wird kahl gehauen und nach Abräumung des Materials durch Saat oder Pflanzung in der Regel sofort wieder angebaut. Eine zwei- bis dreijährige Schlagruhe ist in einzelnen Gegenden mit Rücksicht auf den Schaden des großen braunen Rüsselkäfers üblich.

24. Vorteile: Die Nutzung ist sehr leicht kontrollierbar, weil das Material dicht beieinander liegt. Jeder Stamm kann ohne Nebenrücksichten in der vorteilhaftesten Form ausgehalten werden.

Die Betriebseinrichtung des Forstes kann sich auf einfache Flächenteilung stützen und ist daher leicht verständlich und durchsichtig. Daher empfiehlt sich die Form namentlich für den Privat- und Kommunalbesitz.

Der Wiederanbau ist in der Regel leicht und sicher; Ausnahmen finden sich — und leider zahlreich — in Gegenden, wo die Ausbreitung des Maikäferlarvenfraßes bedeutend ist, zumal dann, wenn der Boden erst verwildert ist.

25. Nachteile: Der Hieb legt den Boden völlig und ohne Vorbereitung frei und unterbricht daher in jäher Weise den Prozeß der Humusbildung. Dadurch kann die Ernte zu einer Krisis für die Bodenkraft werden.

Die Nutzbarkeit des Holzes erfordert oft Umtriebe, deren Höhe für die Bodenkraft nachteilig wird.

Es können in der Regel nur frostharte Holzarten in dieser Betriebsart erzogen werden, weil den jungen Pflanzen jeder Schirm fehlt.

26. Bei Belassung einiger Altstämme (Überhälter). Man wählt zum Überhalten solche Stämme aus, die vermuten lassen, daß sie noch einen Umtrieb aushalten und dann vorzügliches Nutzholz geben werden. Gelingt es, so können wir Starkholz nach-

haltig auf den Markt bringen, ohne im allgemeinen zu hohen Umtrieben überzugehen.

Leider täuschen wir uns aber oft in der Lebenskraft des Stammes und seiner Widerstandskraft gegen die Gefahren der Freistellung. Daher kommt es, daß ein großer Teil des Überhaltes im Laufe der Umtriebszeit zu ungelegener Zeit geerntet werden muß, wobei oft die Rücksicht auf den Jungwuchs Verluste nach sich zieht; denn das Holz muß so zerlegt werden, daß sein Herausschaffen möglichst wenig Schaden verursacht.

Die gewöhnlichen Leiden der Überhälter sind Windbruch, Wipfeldürre und Rindenbrand, wozu sich noch Insektenfraß und Pilzkrankheiten gesellen.

Zu beachten ist auch, daß unter der Traufe des Überhaltes niemals die volle Produktion am Jungholz erfolgt, häufig sogar Bestandslücken entstehen.

Windbruch, Wipfeldürre und Rindenbrand soll man ganz wesentlich herabmindern können, wenn man die überzuhaltenden Stämme nicht auf einmal freistellt, sondern durch Lichtung des sie umgebenden Bestandes auf den Freistand vorbereitet. Auch der Überhalt in Gruppen und Horsten ist empfohlen.

Der Überhaltbetrieb ist zuweilen als hochrentabel hingestellt. Das ergab sich, weil man die Rechnung an dem einzelnen, glücklich durchgebrachten Altstamme rückwärts durchführte. Man muß aber von dem eben belassenen Überhalt ausgehen und dessen Wert als Anfangsgröße einsetzen. Da nun eine erhebliche Zahl von Stämmen zur Unzeit und mit Verlust geerntet wird, so muß der glücklich durchgebrachte Altstamm in seinem Ertrage auch diese Verluste decken, also nicht nur seinen Anfangswert verzinsen.

Am vorteilhaftesten wird der Überhalt, wenn er möglichst nahe an den Wegen belassen wird. Dort findet man einerseits an Freistand schon gewöhnte Stämme, andrerseits kann eine vorzeitig notwendig werdende Ernte, ohne nennenswerten Schaden für den Jungbestand vollzogen werden. Auch verdient hervorgehoben zu werden, daß man mit solchem Überhalt den Zweck der Waldverschönerung am leichtesten erreicht.

27. Bei Belassung von ca. 0,4 des Altbestandes.

Damit kommen wir zu einem zweihiebigen Hochwald, in welchem der Wert des übergehaltenen Holzes überwiegt.

Die Schwierigkeit des Betriebes liegt darin, unter dem starken Schirm einen solchen Bestand anzuziehen, daß man aus diesem den neuen Überhalt bilden kann.

28. In den meisten Fällen ist das nicht möglich und dann gestaltet sich die Sache so, daß man mit dem ersten Überhalt die ganze Masse erntet und erst aus dem gleichaltrigen vollen Jungbestande wieder in den Überhaltbetrieb übergeht. Man würde also nur bei dem je zweiten Umtriebe einen Überhalt haben.

29. Der Umtrieb wird bei diesen Wirtschaftsarten ziemlich niedrig gehalten, so daß die Stämme zur Freistellung gelangen, ehe sie Gefahr bringende Längen erreicht haben. Dann ist auch Wipfeldürre und Rindenbrand seltener.

Der Betrieb bringt viel Kulturschwierigkeiten und damit große Arbeitslast.

II. Hochwald mit natürlicher Verjüngung*).

30. Bei Nutzung des ganzen Bestandes.

Der Unterschied dieser Betriebsart gegenüber dem Femelschlagbetrieb liegt, wie aus der Eingangsübersicht hervorgeht, darin, daß die Verjüngung, wenn sie einmal planmäßig begonnen hat, mit tunlichster Beschleunigung durchgeführt wird und möglichst gleichaltrige Bestände liefert. In der freiesten Form dieses Betriebes würde man jeden Altstamm dann ernten, wenn Jungwuchs von der Art seinen Fuß deckt, daß er den Freistand erträgt. Die Rücksicht auf eine annähernd gleiche Verteilung der Altholzmassen über die Dauer des Verjüngungszeitraumes hin legt solchem Vorgehen meist einige Fesseln an und verwischt etwas die Klarheit der Begriffsbestimmung für diese Betriebsform.

Das Kennzeichen gegen den Kahlschlagsbetrieb hin liegt stets klar und zwar darin, daß die Altstämme durch den von ihnen ausgestreuten Samen den Jungbestand erzeugen. Das hilfsweise Heranziehen der künstlichen Kultur z. B. zur Einbringung von Mischhölzern, zur Auspflanzung verbliebener Fehlstellen läßt den Betrieb im wesentlichen unverändert.

*) Die Bezeichnung Hochwald mit natürlicher Verjüngung und Femelschlagbetrieb werden vielfach synonym gebraucht. Von einzelnen Autoren wird die Zeitdauer des Verjüngungsvorganges zur Unterscheidung herangezogen so zwar, daß eine Verjüngungsdauer unter 20 Jahren den Hochwald mit natürlicher Verjüngung, eine solche von mehr als 20 Jahren den Femelschlagbetrieb kennzeichnet.

31. Der Vorteil des Betriebes besteht darin, daß in der Regel die Bodenkraft voll bewahrt bleibt und daß die Beschädigung des Jungwuchses durch Frühjahrs-Frost geringer ist, als beim Kahlschlag.

32. Der unmittelbare und bare Kulturaufwand kann auf ein sehr geringes Maß herabsinken. Den mittelbar erwachsenden — durch Rücken, durch Zerkleinerung des Materials und damit verbundene geringere Verwendbarkeit und Verwertbarkeit — entlastet die Ausnutzung des Lichtungszuwachses an dem Mutterbestande. Man soll aber nicht meinen, daß diese Entlastung eine völlige ist und damit die natürliche Verjüngung eine kostenlose wird. Es geschieht das nur ausnahmsweise.

33. Als ein Nachteil ruht auf der Wirtschaft die Unsicherheit bezüglich des Eintretens und der Wiederkehr der Samenjahre. Je häufiger diese kommen, desto leichter wird der Betrieb, je seltener, um so mehr Hindernisse türmen sich auf.

34. In Windbruchlagen und bei Holzarten, die nicht genügend sturmfähig sind, wird die Schlagstellung leicht in empfindlicher Weise gestört. Es gilt das namentlich für Holz von großen Längen, also gerade für das wertvollste. Die Geldeinbuße kann in solchem Falle recht beträchtlich sein.

35. Gelungene natürliche Verjüngungen leiden oft im Gertenholzalter durch Schneedruck und -Schub, weil sie in dem dichten Stande wenig Seitenäste behalten und daher nicht genügend erstarken.

36. Endlich ist noch zu erwähnen, daß die Rodung der Stöcke höchstens bei jeweiligem Anhieb des Bestandes zulässig ist, später unterbleiben muß, zumal der Jungwuchs auch so noch unter der Holzernte leidet. Beim Laubholz zieht das nur einen Geldausfall nach sich, der oft genug sogar unbedeutend ist, beim Nadelholz hingegen werden die Stöcke leicht zum Herde einer Insektenkalamität für die jungen Pflanzen.

37. Bei Belassung einiger Altstämme.

Für ihn gilt im wesentlichen das gleiche wie beim Kahlschlagsbetriebe. Indessen geben die Vorbereitungsschläge eine gute Gelegenheit, die Überhälter auszuwählen und an den Freistand zu gewöhnen. Es empfiehlt sich, die betr. Stämme mit Farbe zu ringeln, damit bei Personalwechsel die wirtschaftlichen Ziele nicht verloren gehen.

38. Ebenso für Hochwald bei Belassung von etwa 0,4 des Altbestandes.

Doch ist hier noch besonders der Form zu gedenken, die Homburg*) in der Nutzholzwirtschaft im geregelten Hochwald-Überhaltbetriebe beschreibt. Er schließt zwar künstliche Verjüngung nicht aus, wählt aber, wenn irgend möglich, die natürliche. Der Oberstand ist nur aus Nutzholzstämmen, vorzüglich Lichtholzarten, zu bilden, der Unterstand soll aus Rotbuchen bestehen, auch Tannen und Hainbuchen mit Einmischung von den Holzarten, die hernach den Oberstand bilden können. Der Umtrieb im Unterstand ist 60—80jährig, die Verjüngungsperiode 20—25jährig. Vom 25. Jahr ab treten Durchforstungen ein, welche die Bestandsstellung so zu regeln haben, daß nachher die Anforderungen bezüglich Ausscheidung eines neuen Überhaltes erfüllt werden können. Ein Vorbereitungshieb für die spätere Schlagstellung fällt schon in das 50. Jahr.

Die Schwierigkeiten des Betriebes ergeben sich von selbst, er ist nur unter sehr günstigen Verhältnissen möglich, wird aber auch da wegen der großen Arbeitslast, die er mit sich führt, nur eine beschränkte Ausdehnung haben.

Hochwaldformen mit Unterbrechung des Schlusses für einen Teil der Umtriebszeit.

I. Vor Vollendung des Haupthöhenwuchses.

39. Hartig's (Ernst Friedrich) Buchen-Konservierungshieb besteht darin, daß man die Buchenbestände im 40.—50. Jahre licht stellt.

Die im Boden verbleibenden Stöcke sollen ausschlagen und ein Bodenschutzholz geben. Das geschieht aber bei der schlecht reproduzierenden Buche gar nicht oder nur so unvollständig, daß der Boden dabei herabkommt und infolge davon auch der Überhaltbestand.

Wagener s Lichtwuchswald

40. Die Lichtungen werden zugunsten der vorherrschenden und herrschenden Stämme vom 30. Jahre an eingelegt so stark, daß jeder Baum freien Wuchs für je 10 Jahre erhält; dann wird der Hieb wiederholt. Kurz vor dem Hiebe soll der Bestand eine

*) Homburg, Die Nutzholzwirtschaft im geregelten Hochwald-Überhaltbetrieb und ihre Praxis. Cassel 1878.

bestimmte Kreisfläche in Brusthöhe haben. Die Stammzahl muß also durch den Hieb so herabgedrückt werden, daß erst durch den Zuwachs von 10 Jahren von ihr dieses Kreisflächenmaximum hergestellt wird. Die Wirtschaft setzt damit voraus, daß eingehende Zuwachsuntersuchungen den bezüglichen Festsetzungen vorausgehen.

41. Eine Bodendeckung durch Schutzholz tritt ein, wenn ohne solches ein Herabgehen der Standortsverhältnisse zu fürchten ist. Die Herstellung des Unterstandes ebenso wie die Wahl der Holzart richtet sich nach den örtlichen Eigentümlichkeiten.

42. Der Betrieb ist bisher nur auf kleinen Flächen in die Praxis übersetzt. Die durch Wagener gegebene theoretische Begründung der bei dem Betriebe zu gewinnenden Zuwachsmassen enthält Fehler, welche einerseits den Aushieb, andererseits den Zuwachs des bleibenden Bestandes zu groß erscheinen lassen. Zum Beweise mögen W.'s Angaben für die Kiefer dienen; (Allg. F.- u. J.-Z. 1879, S. 195).

Im 30. Jahre stehen 1650 Stämme mit 30,6 qm Stammgrundfläche und 198 fm Masse, so daß also der Mittelstamm eine Querfläche von 0,0186 qm und eine Masse von 0,120 fm hat. Es sollen nun 909 gehauen werden und 741 stehen bleiben. W. berechnet darauf nach dem Mittelstamm sowohl Aushieb wie Überhalt, ohne zu bedenken, daß die schwächsten Stämme es sind, die fallen, und die stärksten, die bleiben. Die erste Folge davon ist, daß der Aushieb mit 109 fm zu groß aus der Rechnung hervorgeht, der Überhalt mit 89 fm dagegen zu klein.

Wird nun nach 10 Jahren der Bestand seiner Masse nach wieder aufgenommen und zu 237 fm gefunden, so erscheint der Zuwachs rechnungsmäßig zu groß (148 fm), weil der Überhalt vor 10 Jahren zu klein berechnet war.

II. Nach Vollendung des Haupthöhenwuchses.

von Seebach's modifizierter Buchenhochwald.

43. Die Lichtung ist eine vorübergehende, tritt etwa um das 80. Jahr ein und zwar so, daß nach den örtlichen Zuwachsverhältnissen um das 120. Jahr wieder ein geschlossener Oberholzbestand vorhanden ist.

7*

Die Lichtung soll durch natürliche Verjüngung einen Aufschlag nach sich ziehen, aus dem ein Unterstand zur Deckung des Bodens sich bilden kann.

Mit der Hiebsreife des Oberstandes wird dieser Unterstand, soweit er nicht schon auf dem Wege der Durchforstungen und durch Einwirkung der Überschirmung verschwunden ist, abgeräumt und es setzt dann die natürliche Verjüngung in regelrechter Form ein.

44. Der Vorteil des Betriebes liegt in den hohen Vornutzungen und der Ausnutzung des bei der Buche sehr starken Lichtungszuwachses. Unter wirklich guten Standortsverhältnissen ist die Anzucht des Bodenschutzholzes durch natürliche Verjüngung auch möglich, überall sonst muß aber die Kunst eingreifen, wenn der Betrieb den Beständen nicht verderblich werden soll.

46. Da mit der Lichtung die weitere Schaftreinigung aufhört, die Kronen sich dagegen breit auslegen, so gibt der Betrieb kein langschäftiges Holz und mehr Ast- und Reisholz, als der Hochwald.

Die Lichtungsbetriebe mit Unterbau.

46. Sie stellen sich als eine Übertragung des vorigen Betriebes auf Licht-Holzarten dar, wobei er jedoch mehrfache Änderungen erfährt. Diese bestehen in Schärfe und Gang der Lichtungen und in der Herstellung des Unterholzes; zu letzteren kann man nur Schattenholzarten gebrauchen und damit muß an Stelle des natürlichen der künstliche Anbau treten. Das Unterholz soll nicht wie bei v. Seebach wieder verschwinden, sondern erhalten werden, da der Oberbaum den Bodenschutz nicht wieder übernimmt, wie es die Buche tut. Deshalb und weil die Holzarten des Oberstandes mit zunehmendem Alter sich immer wohler im lichteren Stande fühlen, ist die Lichtung eine dauernde.

Man stellt sie her entweder mit einmaligem starken Hiebe, oder durch schrittweise vorgehenden Aushieb. Zuviel der Stufen dürfen jedoch nicht eingelegt werden, da sonst der Unterbau durch Fällung und Rücken der Hölzer zu sehr leidet.

47. Der Vorteil des Betriebes liegt darin, daß man durch die Bodendeckung freie Hand erhält bezüglich der Stellung des Oberholzes. Außerdem aber wird durch den Unterbau die Bodenkraft in der Regel nicht nur erhalten, sondern in vielen Fällen auch erhöht. Namentlich gilt das für Boden, der durch die mangelhafte Be-

schattung des Bodens seitens der im Oberstande befindlichen Lichtholzarten in der Oberfläche verangert und verwildert ist. Hier kommt die gute Wirkung des Unterbaues nicht nur dem vorhandenen Oberstande, sondern namentlich dem darauf folgenden Jungbestande zugute. Der Unterbau darf den Boden in seinen oberen Schichten nicht trocken machen, sonst ist die nach der Lichtung eintretende Zuwachssteigerung nicht von Dauer.

48. Die Rückwirkung des Unterbaues auf den Boden ist stets im Auge zu behalten, weil damit innig das Gedeihen des Oberholzes in Verbindung steht. Der Unterbau ändert namentlich die Feuchtigkeitsverhältnisse. Solange das in günstigem Sinne geschieht, ist der Unterbau von Vorteil. Er kann aber auch ungünstig wirken. Darauf beruhen die ab und zu auftretenden Widersprüche über den Erfolg des Unterbaues. Einige Beispiele werden das erläutern. Steht ein Rotbuchenunterbau völlig geschlossen, so kann er zu viel für sich in Anspruch nehmen und dadurch den Zuwachs des Oberbaumes schmälern, während ein lichtstehender Unterbau wohltätig wirkt. — Die Fichte ist im *allgemeinen* nicht geeignet für den Unterbau, weil sie einen frischen Boden in der Oberfläche zum trocknen macht. Ist aber ein Überschuß von Bodennässe da, und setzt die Fichte den Boden auf das richtige Feuchtigkeitsmaß, so kann auch die Fichte und selbst für längere Zeit den Oberbestand günstig beeinflussen.

Sehr zu beachten ist der Zeitpunkt, wo der Unterbau in den Kronenraum des Oberbaumes hineinwächst. Von da ab ist im Unterholz auf den stärksten Stamm zu hauen, so daß der Oberbaum durch einwachsendes Unterholz in seinem Wachsraum nicht beengt wird.

49. Die Nachteile des Betriebes sind in der stark vermehrten Arbeitslast zu suchen, die die Hiebsführung und der Unterbau verursachen. Die Auszeichnung muß in der Regel vom Revierverwalter selbst vollständig durchgeführt werden. Die Kulturen zum Zweck des Unterbaues leiden in dürren Jahren oft recht empfindlich.

Die Lichtungsbetriebe ohne Unterbau.

50. Sie sind nur für Schattenhölzer möglich. Der Hieb ist stets so zu führen, daß den Stämmen gerade der für den Lichtstand unumgänglich notwendige Freistand, nicht mehr, gewährt wird. Er kehrt dafür aber häufig wieder.

Je vorsichtiger man vorgeht, um so mehr nähert sich das Bestandsbild demjenigen, welches wir beim geschlossenen Walde durch starke Durchforstungen erhalten.

Der Betrieb ist nur auf sehr guten Böden möglich.

b) Formen des Femelschlagbetriebes.

Die Verjüngung setzt mit Beginn der Plenterung ein.	Der Einschlag der Stämme erfolgt, wenn sie den höchsten für sie erreichbaren Wertsklassen angehören, oder ihr längeres Verbleiben den Nachwuchs schädigt .	Schwarzwäld. Femelschlag (Gayer, Ney).
	Der Einschlag erfolgt, wenn die Verzinsung durch den Zuwachs unter das Weiserprozent sinkt	Preßlers Hochwaldsideal.
Die Verjüngung folgt erst auf eine lang ausgedehnte Periode der Plenterung . . .		Borggreves Reformwald.

51. Der Schwarzwälder Femelschlag,

auch kurzweg der Femelschlagbetrieb genannt, umfaßt eine Verjüngungsdauer bis zu 40 Jahren, so daß der junge Bestand ungleichaltrig wird. Die Verjüngung lehnt sich meist an Vorwüchse an, die auf kleinen Lücken des noch nicht angehauenen Ortes sich vorfinden. Indem man ihnen etwas Licht und Luft schafft, treten die Altholzränder in Lichtstand und verstärkten Zuwachs, zugleich greift die Verjüngung weiter um sich. Neue Lichtungen und Räumungen folgen allmählich nach, auch entstehcn durch den Hieb stärkster Stämme neue Lücken und Kernpunkte der Verjüngung. Ber Betrieb ist derjenige, welcher in Gayers Waldbau im Vordergrunde steht und der dadurch zu einer weitgehenden Beachtung gelangt ist.

52. Der neue Bestand tritt nach der gegebenen Schilderung horstweise*) auf, so zwar, daß nach den Rändern hin das Alter ab-

*) Man beachte bei Veröffentlichungen die Widersprüche in der Auffassung des Begriffs Horst.

nimmt. Dadurch können die Figuren entstehen, die Ney in seinem Waldbau u. a. a. O. gegeben hat.

53. Der Altbestand wird häufig nicht ganz genutzt, vielmehr bleiben mit der Absicht, Starkholz zu gewinnen, Überhälter stehen.

54. Der Betrieb ist nur da möglich, wo die Standortsverhältnisse gut sind, denn nur dort

kehren die Samenjahre so oft wieder, wie das notwendig ist,
ertragen die Jungpflanzen soviel Schatten, wie der Betrieb gibt,
ist die Reproduktionskraft groß genug, um die vielen durch die Holzfällung vorkommenden Beschädigungen auszuheilen.

55. Aus den Standortsverhältnissen erklärt sich die Stellung, die im allgemeinen Norddeutschland gegen und Süddeutschland für diese Betriebsform nach dem Erscheinen des Gayerschen Waldbaus einnahmen und einnehmen.

56. Wo die Betriebsart möglich ist, kann man ihr mit vollem Recht den Vorteil nachsagen:

daß die Bodenpflege eine gute ist und
daß der Altbestand nicht nur die größten Massen liefert, sondern auch das wertvollste Material.

57. Erschwerend wirkt aber immer:

daß die Holzernte sich alljährlich über große Flächen ausbreitet, die Auszeichnung nur vom Revierverwalter vorgenommen werden kann und die Kontrolle des Hiebes, die Abnahme des Holzes große Arbeitslast nach sich zieht, und
daß nur in Ausnahmefällen die Beamten ein angefangenes Werk der Verjüngung auch zu Ende führen.

58. Zum Schluß mag nicht unerwähnt bleiben, daß das Ausrücken der Hölzer aus den Schlägen ein sehr geübtes Personal erfordert.

59. Aus dem Femelschlagbetrieb, insbesondere aus der Form, die Saumschläge reichlich benutzt, ist Wagners Blenderwald*) hervorgegangen. W. führt die Verjüngung in Blendersaumschlägen. Sie schreiten von Norden nach Süden vor, weil dann die Niederschläge gut ausgenutzt werden. Die Schlagbreite ist halbe Länge des geschlossenen Bestandes, d. i. Schattenstreifen im Hochsommer.

Der dem geschlossenen Bestand nächste Saumschlag enthält die aufkeimende Verjüngung, der nächste eine ältere Stufe, die sich kräftigende, der dritte Saumschlag die zur Freistellung vorbereitende.

*) Andere Schreibweise für Plenterwald.

An diese drei Schläge, die den Innenstreifen der Verjüngung bilden, schließt sich endlich noch ein Außensaum an, auf dem die freigestellten Jungwüchse unter lichter Seitendeckung in Schluß treten, um die Bodendeckung weiterhin allein zu übernehmen.

Grundsätzlich schreitet der Betrieb in Kleinschlägen vor, woraus folgt, daß er voraussetzt häufige Samenjahre und viele Angriffslinien. Trotzdem ist ein langsamer Verjüngungsfortschritt.

Wir haben eine keineswegs einfache und leicht zu übersehende Wirtschaft vor uns.

Preßlers Hochwaldsideal.

60. Die Stämme des haubaren Bestandes werden mit dem Zeitpunkt hiebsreif, wo trotz aller angemessenen Zuwachspflege das Weiserprozent derselben unter den geforderten Wirtschaftszinsfuß sinkt.

Dem Hiebe folgt eine Verjüngung, die mit dem Namen einer Vorverjüngung belegt ist, weil sie mit dem ersten Hiebe im reifen Bestande beginnt und nicht die Abräumung des ganzen Bestandes abwartet. Die Verjüngung soll einerseits mit geringstem Aufwande hergestellt werden, anderseits aber höchste Erträge sichern, kann daher eine natürliche, unter Umständen aber auch eine künstliche sein.

Borggreves Reformwald.

61. Die bis zum 60. Jahre in hergebrachter Weise durchforsteten, dabei geschlossenen Bestände werden von da ab alle 10 Jahre in den stärksten Stämmen unter Herausnahme von 0,1—0,2 der Masse des Vollbestands durchplentert und vom 140.—150. Jahre ab natürlich verjüngt.

62. Der Betrieb geht von den Annahmen aus,

daß die herrschenden Stämme eines 60jährigen Bestandes in der Regel nicht fehlerlos sind, während das mit den seitlich gedrängten der Fall ist,

daß es nur der Fortnahme der herrschenden bedarf, um die bisher seitlich gedrängten zu freudigem und kräftigem Zuwachs anzureizen.

63. Der Plenterhieb hat sich zwischen 0,1—02 des Vollbestands so zu bewegen, daß die herausgenommene Masse durch den Zuwachs ersetzt wird. Die Plenterdurchforstung wird so lange geübt, bis im Bestande keine Stämme mehr vorhanden sind, die durch Freistellung zu herrschenden herangezogen werden können, bis also alle Stämme herrschende geworden sind.

64. Der Betrieb als solcher ist bisher praktisch noch nicht in der oben geschilderten Weise durchgeführt.

Soviel läßt sich aber bereits mit Bestimmtheit sagen, daß die Annahmen, von denen B. ausgeht, in der Allgemeinheit, wie sie ausgesprochen sind, nicht zutreffen. Für die Fichte ist es z. B. keineswegs richtig, daß die herrschenden Stämme weniger zu Nutzholz tauglich sind als die seitlich gedrängten, und für die Kiefer trifft es nicht zu, daß seitlich gedrängt stehende sich rasch im Zuwachs erholen, wenn sie freigestellt werden. Am meisten treffen die Voraussetzungen bei Buchen zu.

Das Bild, welches zweimal plenterdurchforstete Bestände gewähren, läßt mit Bestimmtheit erkennen, daß weitere Wiederholungen der Plenterdurchforstung die Bestandskraft brechen müssen.

Wenn in Beständen der frühzeitige Aushieb schlechtgeformter, herrschender Stämme versäumt ist, so kann eine einmalige Plenterdurchforstung als eine letzte Hülfe auftreten und noch recht gute Dienste erweisen. Hierin liegt der dauernde Wert des Borggreveschen Gedankens.

c) Plenterwaldformen.

Der Hieb ist zeitlich und räumlich unbeengt	folgt dem Bedarf	ungeregelter Plenterwald.
	folgt Schönheitsrücksichten .	Parkwirtschaft.
der Hieb ist zeitlich und räumlich gerordnet . .		geregelter Plenterwald.

65. Vorbemerkung: Die Plenterung bindet sich ursprünglich nicht durch Hiebs- und Stellungsregeln, sie duldet ebenso gut den dichtgeschlossenen Horst, wie Einzelstand bei vollem Lichtgenuß, ebenso gut ein buntes, stammweises Durcheinander von Altersklassen, wie Gleichaltrigkeit auf kleineren Flächen. Der gleichaltrige Bestand als solcher ist hingegen ausgeschlossen. Die heutige geregelte Plenterform verlangt eine möglichst vollständige, nach jedem Hieb rasch wieder eintretende Bodendeckung und kommt dadurch in der Regel zu geschlossenen Beständen, die sich aber von denen des Hochwaldes durch Ungleichaltrigkeit oder sehr raschen Wechsel kleiner, gleichaltrig bestockter Flächen auszeichnen.

66. Dem Plenterwald werden folgende Vorteile zugeschrieben:

Die Stämme können im Zeitpunkt der höchsten Gebrauchsfähigkeit selbst nnter Benutzung vorübergehender Handelskonjunkturen genutzt werden.

Der Hieb kann je n
gestaltiges Material bringen
Die Schlagstellung kan
pflege verbunden werden.
Die Bodenpflege ist, w
rasch geschlossen werden, ei
größeren Teilen ungedeckt i
rutschen und Abschwemmen
Die Gefahr des Schne
mäßige Beastung und frühze
freieren Stand verringert.
Insekten treten, wenn
gefahrdrohend auf, weil Fu
gedehnten Flächen beieinand
Endlich ist auch auf
möglich, die jährlich dem Be
gestattet.
67. Solchen Vorzügen
Nachteile entgegen:
Die Jungpflanzen wer
geschädigt, oder es wird,
stehenden und Zerkleinerung
die Ernte selbst sehr kostspie
Der Jungwuchs leidet
Die Kulturen lassen sic
u. a.) nur schwer schützen u
Wo der Kulturbetrieb
stehen daher leicht Lücken u
Die Kontrolle über den
einrichtung.
68. Hiernach kann es
des Betriebes sehr hoch werd
kosten über Durchschnitt anz
Plenterwald nur unter beso
möglichst geringem Umfange
in gefährdeten Hochlagen,
auf steilen Hängen,
in der Nähe von Städten
und dergleichen.

Am zweckmäßigsten ist es, bei künstlicher Verjüngung kleine Kahlschläge anzulegen, bei natürlicher den Hieb an schon vorhandene Junghorste so anzuschließen, daß die Verjüngung weiter geleitet wird.

d) Niederwaldformen.

Mit flächenweise kahlem Abtrieb . .	Niederwald im gewöhnlichen Sinne des Wortes.
Mit Belassung einiger Stämme . .	Niederwald mit Überhältern.
Mit Belassung eines reichen Überhalts	Zweihiebiger Niederwald.

72. Die Niederwaldformen haben sämtlich das gemeinsam, daß sie Bestände tragen, die aus Stockausschlag hervorgegangen sind und dabei geschlossen sein sollen. Sie sind entweder ganz gleichaltrig oder zeigen zwei in sich gleichaltrige Stufen, welche im Alter um eine Umtriebslänge unterschieden sind.

73. Die Vorteile des Betriebes liegen darin:

daß hohe Materialerträge gegeben und hohe Geldrenten geliefert werden können. Letzteres hängt lediglich von der Verwendbarkeit des Holzes, der Rinde und von den Marktverhältnissen ab. Ein Brennholzbetrieb ist nur in seltenen Ausnahmefällen noch gewinnbringend, während die Erziehung von Korbruten, Rebstecken, Lohrinden u. a. außerordentlich vorteilhaft sein kann;

daß die Bodenpflege eine gute ist, so daß bei voller Bestockung die Bodenkraft trotz der in kurzen Zwischenräumen wiederkehrenden Abtriebe voll erhalten bleibt.

74. Der Niederwaldbetrieb in der reinen Form ist als der beste und vorteilhafteste anzusehen.

75. Der Niederwald mit Überhältern bringt zwar mitunter den beabsichtigten Vorteil, daß stärkeres Holz erzogen und gewonnen wird, häufiger aber den Nachteil,

daß die Überhälter während des Umtriebs zopftrocken, krank und dürr werden und damit Verlust bringen,

daß nach ihrem Antriebe die Stöcke die Ausschlagsfähigkeit verloren haben,

daß die Überhälter verdämmernd auf den Unterwuchs wirken.

76. Der zweihiebige Niederwald ist bisher nur auf sehr beschränktem Gebiet (Eschwege) für Eichenschälwald in Anwendung gekommen. Seine Ausdehnung ist im

allgemeinen nicht ratsam, weil der Verdämmungsschaden und damit ein Herabgehen der Rindenqualität für die meisten Standorte fühlbar wird.

e) Der Kopfholzbetrieb.

77. Bei ihm sind die am Ende einer entwipfelten Stange — dem Kopf — hervorbrechenden Ausschläge Gegenstand der Nutzung. Die Kopfbildung wird dadurch hervorgerufen, daß man Ausschläge, die unterhalb des Stammendes erscheinen, fortnimmt.

Kopfholz wird namentlich im Inundationsgebiet erzogen und bietet dort den Vorteil, daß es — weil aus dem Wasser hervorragend — nicht ersäuft, was mit den Stöcken mitunter der Fall ist.

In Süddeutschland läßt man häufig bei sehr kurz gehaltenen Stämmen am Kopf ein oder zwei Ruten stehen, die dann in wagerechte Lage gebogen werden. Die daran hervorbrechenden Ausschläge sind ebenfalls Gegenstand der Nutzung. Stehen solche Kopfhölzer dicht genug, so lassen sich daraus lebende Einfriedigungen herstellen.

Das Kopfholz eignet sich auch zur Bepflanzung von Flächen, die auf Gras genutzt werden und von Wegen.

f) Der Schneidelholzbetrieb.

78. Er beläßt den Stämmen ganz oder doch bis zu beträchtlicher Entwickelung den Wipfeltrieb, auch wohl je nach Holzart mehr oder weniger Äste und entnimmt die belaubten Zweige. Sie werden getrocknet und als Viehfutter verwendet.

Er gehört eigentlich nicht mehr zu den forstlichen Betriebsarten, sondern zu denen, die lediglich im Dienste der Landwirtschaft stehen.

g) Der Mittelwald.

79. Er ist eine Verbindung des geregelten Plenterwaldes mit dem Niederwaldbetriebe.

Die jüngste Altersklasse des Plenterwaldes wächst in Gemeinschaft mit dem Niederwaldbestande auf. Fällt dieser durch den Hieb, so tritt sie in deutlicher und sichtbarer Weise dem Oberholze zu. Wir nennen dann die Stämme dieser Klasse Laßreiser, später Oberständer, dann angehende, endlich starke Bäume. Die Stellung der Laßreiser ist eine außerordentlich verschiedene, sie kann gleich anfangs eine einzelne sein, aber ebenso gut bis zum geschlossenen Horst gehen. Als Regel gilt, daß das Oberholz spätestens vom Oberständer an nicht mehr im Schluß steht.

80. Der Vorteil der Mittelwaldwirtschaft liegt darin,

daß sie Laubhölzern wie Eichen, Ulmen, Eschen, Birken und Pappeln eine diesen behagende Waldform bietet;

daß sie von diesen bei verhältnismäßig niedrigem Materialvorrat hohe Erträge erzielt;

daß sie auf passendem Standort den Boden in vortrefflichem Zustand erhält. Passend ist der Standort da, wo die Natur selbst für Erhaltung und Neuschaffung von Unterholz sorgt, unpassend überall da, wo die Natur diese Gabe verweigert;

daß sie landschaftlich sehr schöne Waldformen gibt.

81. Als ein Nachteil ist anzusehen,

daß der Kernwuchs namentlich auf guten Mittelwaldstandorten spärlich ist, verdämmt wird, und oft durch künstliche Kultur vermehrt werden muß;

daß das Oberholz viel Äste, somit ein hohes Reisholzprozent, das Unterholz hingegen fast nur Reisig bringt;

daß die Einrichtung schwierig ist und daß bei lange Zeit eingehaltenen falschen Abnutzungssätzen die Mittelwaldform einerseits dem Niederwalde, anderseits dem Plenterwalde und Hochwalde sehr genähert wird.

82. Mittelwaldformen:

Oberholz und Unterholz sind gleichberechtigt	Mittelwald im gewöhnlichen Sinne.
Die Unterholzzucht wiegt vor	niederwaldartiger Mittelwald.
Die Oberholzzucht wiegt vor	hochwaldartiger Mittelwald.

83. Mittelwald im gewöhnlichen Sinne des Wortes.

Die Verteilung des Oberholzes über den Schlag hin ist sehr gleichmäßig, dabei so dünn, daß das Unterholz überall gedeihen kann.

Als Nachteil dieser Form ist die Masse von geringwertigem Material anzusehen. In noch stärkerem Maße tritt das hervor beim

84. niederwaldartigen Mittelwald.

Er steht in seinem äußeren Kleide dem Niederwald mit Überhalt sehr nahe, ist aber brauchbarer als dieser, weil das Oberholz aus Kernwuchs besteht und daher sicher aushält.

85. Der hochwaldartige Mittelwald.

An Stelle der meist stammweisen Verteilung der Altersklassen tritt grundsätzlich eine horst- und flächenweise. Zu dem Zwecke wird die natürliche Verjüngung in umfangreicher Weise unterstützt durch die künstliche, auch werden Löcherhiebe, also kleine Kahlschläge, geführt und deren Flächen erforderlichenfalls voll kultiviert. Die daraus hervorgehenden geschlossenen Horste werden später, wenn genügende Stammreinigung erfolgt ist, gelichtet und in die Mittelwaldstellung wieder übergeführt. Das Unterholz soll, wie eingangs bemerkt, sich von Natur einfinden.

Diese Form ist wohl die einträglichste. Sie bringt aber viel Arbeit mit sich, weil die geschlossenen Horste häufig durchforstet werden müssen und nicht etwa eine Unterholz-Umtriebszeit hindurch unberührt stehen dürfen.

Bei ungenügender Hiebsführung führt sie sehr leicht zu geschlossenen Waldformen und leitet den Untergang des Mittelwaldes ein.

B. Betriebsarten mit landwirtschaftlichen Nutzungen.

86. Sie bieten die Möglichkeit, das Fruchtgelände zu vergrößern, ohne dauernd das Areal des Waldes zu schmälern und gestatten die Entnahme von lohnenden Ernten aus einem Boden, der landwirtschaftlich dauernd nicht benutzbar ist.

87. Der Waldwirtschaft selbst bringen sie eine Entlastung des Kulturkostenbetrages, wenn nicht einen baren Überschuß, und den Vorteil einer tiefen und vollen Bodenlockerung. Die gründliche Bearbeitung des Bodens zieht meistens auch eine Vertilgung des Unkrautes nach sich, so daß die Holzkulturen von diesem weniger leiden, nötigenfalls kann durch ein kurzes Nebeneinanderlaufen des land- und forstwirtschaftlichen Betriebes der Unkrautschaden niedergehalten werden.

88. Von Nachteil ist die landwirtschaftliche Nutzung nur da, wo durch die Bloßlegung und Auflockerung des Bodens eine Beweglichkeit desselben erzeugt wird, was einerseits durch das Wasser, andrerseits durch den Wind hervorgerufen wird.

Von einem Aussaugen des Bodens durch vorübergehenden Landbau derartig, daß die Waldkulturen nicht mehr wachsen können, darf nicht gesprochen werden, denn überall, wo man landwirtschaftlich ausgetragenes, also lange Jahre benutztes Land zur Aufforstung gegeben hat, sind die Kulturen nicht nur leicht angeschlagen, sondern auch sehr üppig gediehen. Die Feinde solcher Bestände auf altem Acker sind Dürre, Rotfäule, Wurzelfäule, Wind- und Schneebruch, aber nicht Mangel an mineralischen Nährstoffen. Wie sollte also eine nur ganz kurze Benutzung des Bodens zu landwirtschaftlichen Zwecken sich zu einem Raubbau gestalten können, der dem Waldbestande die Grundlagen seiner Existenz entzieht?

a) Hochwaldformen.

Waldfeldbetrieb.

89. Die abgeholzten Flächen des Kahlschlagbetriebes werden zu einem Fruchtbau aufgegeben, dessen Dauer nach den jeweiligen Verhältnissen bemessen wird. In der Regel wird der Betrieb nur mit dem reinen Kahlschlag verbunden, weil Überhälter einerseits durch Beschattung den landwirtschaftlichen Gewächsen schaden, andrerseits die Arbeit mit den Geräten sehr erschweren.

90. Die einfachste Form ist die, bei welcher erst nach der landwirtschaftlichen Nutzung kultiviert wird. Verwickelter wird sie, wenn man schon während der landwirtschaftlichen Nutzung reihenweise kultiviert und die Zwischenräume nachher weiter landwirtschaftlich benutzt.

91. Mit beiden Formen kann Brennkultur verbunden sein. Hierhin gehört dann der in manchen Gebirgsgegenden, z. B. im Odenwalde, übliche Röderlandbetrieb, wie er in Heyer's Waldbau, 3. Aufl. S. 399 beschrieben ist: Kiefern werden im 30—50jährigen Umtriebe bewirtschaftet, das Reisig bleibt liegen und wird mit dem Bodenüberzuge verbrannt. Darauf folgt 1—3jährige Bestellung mit Buchweizen und Roggen, auch wohl nach einigen Jahren Ruhe eine Nutzung auf Besenpfrieme. Damit tritt dann der Wald wieder in seine Rechte ein. Die Kulturen müssen in der Regel gegen die Besenpfrieme energisch geschützt werden, weshalb auch wohl kurz vor dem Anbau noch einmal Buchweizen gebaut wird.

Cotta's Baumfeld.

92. Bei diesem soll die landwirtschaftliche Nutzung erst einige Jahre allein, dann zwischen weitständigen Holzreihen noch viele Jahre hindurch getrieben werden, bis die eingetretene Beschattung es unmöglich macht. Dabei soll dieser Zeitpunkt durch eingelegte Lichtungen möglichst lange hinausgeschoben werden.

Der Betrieb ist im großen nicht in die Praxis übersetzt, weil einmal das Holz zwar stark zuwachsend große Massenerzeugung hat, aber ästig und geringwertig bleibt, und andrerseits die landwirtschaftlichen Produkte unter Mangel an Sonnenlicht leiden, sowie unter einer nicht ausreichenden Bodenbearbeitung, weil diese durch die Baumwurzeln behindert wird.

93. Der Pflanz- und Hutwald

ist eigentlich nur eine besondere Art des Cottaschen Baumfeldes, in dem in weitständigen Pflanzungen von Laubholzheistern Viehweide stattfindet, unter Umständen auch die Mast benutzt und Streu gerecht wird.

b) Niederwaldformen.

94. Hackwaldbetrieb

ist mit Eichenschälwald verbunden. Beim Abtriebe bleibt das Reisig liegen und wird mit dem Bodenüberzug verbrannt. Man treibt einige Jahre zwischen den Stöcken Fruchtbau. Das Brennen wird nach zwei Methoden vorgenommen, nämlich durch Überlandbrennen und Schmoren. Bei ersterem bleibt das Reisig über den ganzen Schlag verstreut liegen, bei letzterem werden aus ihm und dem abgeschälten Bodenüberzuge Haufen gesetzt, deren Asche auszubreiten ist.

Gewöhnlich wird im ersten Jahre Buchweizen, im zweiten Roggen gebaut.

Der Hackwaldbetrieb ist namentlich im Odenwalde und im Schwarzwalde zu finden.

95. Die Haubergswirtschaft.*)

Sie ist eine dem Hackwald sehr nahe stehende Form, die wie dieser, seit Jahrhunderten geübt und namentlich im Kreise Siegen und Olpe verbreitet ist. Der Unterschied zwischen beiden besteht darin, daß hier das Schmoren die Regel bildet und die landwirtschaftliche Benutzung beschränkter ist. Der Bodenüberzug wird mit der Hacke abgeschält und die gewonnenen Rasenstücke werden gewendet und getrocknet, um dann in kleine Haufen gesetzt und mit Reisig zusammen verbrannt zu werden. Die Asche wird ausgebreitet,

*) Bernhardt, Die Haubergswirtschaft im Kreise Siegen, 1867. — Dr. Alex Klutmann, Die Haubergswirtschaft 1905.

der Boden mit dem Hainhaag, einem leichten Pflug ohne Räder, bearbeitet.

Die landwirtschaftliche Nutzung besteht in einer Winterroggenernte. Die Aussaat erfolgt im Herbst nach dem Brennen. Stellt sich, wie häufig geschieht, im dritten Jahre viel Besenpfrieme ein, so wird sie als Streumaterial benutzt, stärker geworden, wird sie in späteren Jahren auch wohl als Brennmaterial abgegeben (Hauginster).

c) Mittelwaldformen.

96. Der Betrieb ist nur bei hochwaldartigem Mittelwald möglich und wird so ausgeübt, daß man kahl abtreibt und die Flächen zur Ackerkultur verpachtet. Der Niederwald wird also zeitweise zerstört.

Auch nach dem Holzanbau, der in der Regel durch Saat erfolgt, kann die landwirtschaftliche Nutzung noch eine Reihe von Jahren fortgesetzt werden.

Die eingangs S. 111 genannten Vorteile kommen diesem Betriebe in vollem Maße zugute, außerdem liefern die Jungbestände bei dem Übergange aus der Hochwaldform in den Mittelwaldstand sehr hohe Material- und Gelderträge. Die Durchforstungs- und Lichtungshiebe müssen aber namentlich in der Periode des starken Höhenwuchses oft wiederkehren. Der Betrieb macht daher viel Arbeit.

II. Standort und Waldbau.

1. Unter forstlichem Standort versteht man die Gesamtheit aller derjenigen Einwirkungen, welche auf Wachsen und Gedeihen der Bestände von Einfluß sind. Nach dem Träger, innerhalb dessen diese Einwirkungen sich äußern, trennt man sie in solche des Bodens und solche des Klimas.

Die Ausübung des Waldbaues hat bei jedem Schritt die Standortsverhältnisse zu berücksichtigen; bei dem heutigen Stande der Wirtschaft und Wissenschaft bleibt das aber immer nur möglich bei denjenigen Verhältnissen, welche leicht erkennbar hervortreten.

Wir sind z. B. noch weit ab davon, daß wir nach den Ergebnissen von wissenschaftlich geleiteten Bodenuntersuchungen die Wahl der Holzart bestimmen. Es ist auch nicht wahrscheinlich, daß diese Untersuchungen in absehbarer Zeit auf die Waldbaupraxis im allgemeinen mehr Einfluß gewinnen werden, als jetzt, weil der Forstmann aus dem Wuchs und der Ausformung der vorhandenen Bestände ein völlig begründetes Urteil über die Wirtschaftsgrundsätze herzuleiten vermag. Im einzelnen und besonderen aber kommen in der Praxis eine Reihe von Fällen vor, wo die Erscheinungen nicht mit den Hauptsätzen der empirischen Standortslehre und des Waldbaues erklärt werden können. Es würde viel sich gewinnen lassen, wenn in diesen Fällen wissenschaftliche Untersuchungen, sei es über die Zusammensetzung des Bodens, sei es über die des Grundwassers oder des Untergrunds u. a. eingeleitet werden könnten.

Praxis und Theorie würden aus diesen Arbeiten Anregungen empfangen, die sicherlich nicht dem Walde zum Schaden gereichen würden.

2. Literatur:

Grebe, Gebirgskunde, Bodenkunde und Klimalehre. 1853. 4. Aufl. 1886.

Heyer, Lehrbuch der forstlichen Bodenkunde und Klimatologie. 1856.

Senft, Lehrbuch der Gesteins- und Bodenkunde. 1877.

Wollny, Forschungen auf dem Gebiete der Agrikulturphysik seit 1878.

Ramann, Die Standortslehre im Handbuch der Forstwissenschaft von Lorey.

Ramann, Forstliche Bodenkunde und Standortslehre. Berlin 1893. Dritte umgearbeitete und verbesserte Auflage 1910.

Erster Abschnitt.

Die physikalischen Eigenschaften des Bodens in ihren waldbaulichen Forderungen und Rückwirkungen.

---

a) Die Tiefgründigkeit.

3. Sie wird nach der Höhe der vorhandenen Erdschicht bemessen. Der Verein der forstlichen Versuchsanstalten hat die Kriterien folgendermaßen angegeben:

sehr tiefgründig . . .	über 1,2 m	wurzelfähige Bodentiefe
tiefgründig	0,6 – 1,2 „	„ „
mitteltiefgründig . . .	0,3—0,6 „	„ „
flach- oder seichtgründig	0,15—0,3 „	„ „
sehr flach- oder seichtgründig	bis 0,15 „	„ „

Dabei ist jedoch zu beachten, daß die Tiefgründigkeit sich in der Praxis als ein relativer Begriff darstellt, der namentlich von der Holzart abhängig ist. Ein für die Kiefer flachgründiger Boden kann z. B. für die Fichte schon als ein tiefgründiger gelten.

5. Es werden drei besondere Schichten unterschieden, nämlich:

Die Nährschicht, d. i. diejenige, in welcher die Verwesung der organischen Stoffe vor sich geht und die Verwitterung verhältnismäßig rasch fortschreitet. Sie wird von den feinen Baumwurzeln durchsponnen, und aus ihr entnimmt der Baum den größten Teil der Nahrung, sei es direkt, sei es mit Hilfe von Pilzen.

Die Reserveschicht. Sie besteht aus Boden, der keine Verwesungsprodukte mehr führt. Er befindet sich jedoch noch unter lebhaftem Einfluß des Wechsels in den Witterungserscheinungen und wird je nach seinem Feuchtigkeitszustande und der mineralischen

Zusammensetzung für die Pflanze wichtig. Der Baum durchwurzelt ihn mit starken Strängen und findet seinen Hauptthalt darin. In Trockenperioden nimmt er das Wasser aus ihm.

Der Untergrund. Er dient nicht mehr als Wurzelraum. Er ist entweder von gleicher Beschaffenheit wie die Reserveschicht, oder er besteht aus Fels, Steintrümmern, festen Erdschichten, auch wird er oft durch den Grundwasserspiegel markiert. Er wird indirekt für die oberen Schichten sehr wichtig, indem er sie entweder mit Feuchtigkeit speist, oder die von oben herkommende in vorteilhafter Weise oder zu leicht oder zu schwer entweichen läßt. Bildet Fels den Untergrund, so ist der Verlauf der Spalten und Schichten von großer Bedeutung. Je mehr sie sich nämlich nach oben öffnen und Gefälle nach dem Innern zeigen, um so leichter ist im allgemeinen der Boden der Verwitterung ausgesetzt und um so günstiger liegen die Verhältnisse für den Wuchs der Bestände.

6. Die tiefgründigsten Böden findet man im Flachlande, in den Talsohlen und Bergeinhängen (Mulden, Tobeln); die flachgründigsten im Gebirge und zwar namentlich auf den Rücken, Kuppen, hervorragenden Ecken, Sonnenseiten.

7. Äußere Kennzeichen der Flachgründigkeit sind: auf der Oberfläche hinlaufende Bewurzelung, zutage tretendes Grundgestein, oft auch: dürre Bodendecke und kurzer Baumwuchs; solche der Tiefgründigkeit sind: Langschäftigkeit und große Höhe des Baumwuchses, üppiges Gedeihen krautiger Gewächse.

8. Der Wald wirkt bodenbildend und sorgt dafür, daß der Boden an der Bildungsstätte möglichst lange zurückgehalten wird. Je flachgründiger ein Boden ist, um so mehr muß die Waldwirtschaft Bedacht nehmen, den Boden bei der Verjüngung in möglichst geringem Umfange zu entblößen.

b) Die Wärme.

9. Als Hauptquelle der Bodenwärme sind anzusehen
die Bestrahlung der Erdoberfläche durch die Sonne,
die Erwärmung der Erde durch die sie umhüllende und in sie eindringende Luft,
die Temperatur des fallenden Regens und endlich
die Temperatur des Grundwassers.

Weniger, aber immer noch einflußreich genug, um als selbständige Wärmequelle genannt zu werden, sind chemische und physikalische Vorgänge, wie sie sich bei der Umwandlung der Stoffe im Boden und bei der Verdichtung von Gasen abspielen.

10. Aufnahme und Verbreitung der Sonnenwärme ist neben der Menge und der Dauer der Zuführung abhängig von dem Einfallswinkel der Sonnenstrahlen, von der Dichtheit und dem Feuchtigkeitsgehalt der Erde, der Farbe und der Größe der Oberfläche.

11. Da von der Sonne nur die Oberfläche erwärmt wird, so können die tieferen Schichten die Wärme erst verspätet erhalten und da beim Durchgang durch die Schichten zu deren Erwärmung ein Teil Wärme verbraucht wird, so folgt daraus, daß die Tages- und Jahreswärmewellen der Luft sich im Boden je nach Tiefe spät und abgeschwächt bemerkbar machen.

Es ist auch erklärlich, daß diese Wellen nur bis zu einer gewissen Tiefe wirken und um so später und abgeschwächter eintreffen, je näher die Schicht dieser Grenztiefe liegt.

12. Kältewellen zeigen sinnverwandte Erscheinungen, natürlich nach entgegengesetzter Richtung.

13. Verstärken wir durch irgend etwas z. B. eine Kräuterwuchsdecke oder eine Deckung des Bodens durch Streu die von der Wärme zu durchdringenden Schichten, so muß der darunter steckende Boden von Wärmewellen in abgeschwächtem Maße und später getroffen werden, als wenn diese Verstärkung fehlt. Die Bewaldung ist ebenfalls als eine solche Verstärkung der zu durchdringenden Schichten anzusehen. Diese Verstärkung ist aber durch die Stämme auf Säulen gestellt und läßt je nach deren Höhe einen größeren oder kleineren Luftraum zwischen Krone und Boden. Die Wirkung der Bewaldung auf den Boden ergibt sich daraus in einfacher, logischer Schlußfolgerung. Der Waldboden ist nämlich im Sommer verhältnismäßig kühl, im Winter warm, die Extreme treten etwas verspätet und abgeschwächt gegenüber dem Boden auf dem Felde ein.

14. Der Wärmeaufnahme des Bodens steht gegenüber eine Wärmeabgabe.

Sie erfolgt stets dahin, wo eine niedrige Temperatur gefunden wird, also bald in Richtung von der Tiefe zur Oberfläche, bald entgegengesetzt. Die Richtung unterliegt sehr häufigem Wechsel.

15. Die Abgabe von Wärme aus dem Boden in die Luft hinein beginnt, sobald die Außentemperatur niedriger ist, als die im Boden und hört auf, sobald die Außenluft wärmer als der Boden

ist. In der Vegetationszeit wechselt die Abgabe und Aufnahme in der Regel täglich. Nachts und in den Morgenstunden gibt der Boden Wärme ab, am Tage erhält er Wärmezufuhr.

Dieser häufige Wechsel wirkt anregend auf die ganze Vegetation *).

16. Wird die Wärmezufuhr durch die Sonne gegen den Herbst hin eine immer geringere, so wird die Bewegung der im Sommer aufgespeicherten Wärme von den unteren Schichten nach oben seltener unterbrochen, die unteren Schichten erwärmen alsdann die oberen**).

17. Die im Sommer vom Boden aufgespeicherte Wärme wird in der Regel langsam abgegeben und daraus erklärt sich, daß die Vegetation verhältnismäßig lange in den Herbst hinein reicht.

Der Vorrat an Wärme im Boden bewirkt auch, daß Nächte mit unbedecktem Himmel, die im Mai häufig Nachtfrost haben, im Herbst verhältnismäßig selten und fast immer erst nach dem 21. September Fröste bringen.

c) Die Bindigkeit.

18. Unter derselben versteht man den Zusammenhang der einzelnen Teile des Bodens.

Zur Charakteristik der Bodenbindigkeit sind folgende Bezeichnungen anzuwenden:

fest, wenn der Boden beim Austrocknen mit tief eindringenden, netzförmigen Rissen aufspringt und völlig ausgetrocknet sich nicht in kleine Stücke zerbrechen läßt;

streng, wenn er beim Austrocknen minder tief aufreißt, sich aber schon in kleine Stücke zerbrechen, wenn auch nicht zerreiben läßt;

milde oder mürbe, wenn er sich im trocknen Zustande ohne sonderlichen Widerstand krümeln und in ein erdiges Pulver zerreiben läßt;

locker, wenn er sich im feuchten Zustande zwar noch haltbar ballen läßt, im trocknen jedoch viel Neigung zum Zerfallen zeigt;

lose, wenn er im trocknen Zustande völlig bindungslos ist;

flüchtig, wenn er vom Winde bewegt und verweht wird.

19. Je bindiger ein Boden ist, um so schwerer läßt er sich bearbeiten, nicht allein wegen des Zusammenhangs der Teile,

*) Vgl. unter Feuchtigkeit Nr. 34 S. 125.

**) Die Durchschnittstemperaturen zeigen für Sommer Abnahme der Wärme mit der Tiefe, für Winter Zunahme der Wärme mit der Tiefe.

sondern auch wegen der Adhäsion an die Instrumente. Die Bezeichnungen schwerer bezw. leichter Böden sind von der Bearbeitung übertragen.

20. Die Bindigkeit des Bodens ist keine ganz gleich bleibende, vielmehr eine je nach den begleitenden Umständen bis zu einem gewissen Grade wechselnde.

Feuchtigkeit mildert nämlich die Extreme, Frost bindet zunächst alle Bodenarten, darauf folgende Wärme zersprengt die bindigen Böden derartig, daß sie feinkrümelig werden.

Diese Veränderlichkeit muß in der Praxis ausgenutzt werden. Schwere Böden sind daher nur nach Durchfeuchtung zu bearbeiten; Pflanzungen macht man auf ihnen im Frühjahr, die Löcher dazu im Herbst.

21. Die Mengung der Böden mit Humus, das Vorkommen des Eisens lockert feste, festigt in mäßigem Grade die leichten. Es hat das wahrscheinlich seinen Grund darin, daß beide Stoffe den Wasserdampf der Luft zu kondensieren vermögen und damit für die Umgebung eine Quelle der Feuchtigkeit werden. Beim Humus kommt noch die Eigentümlichkeit hinzu, daß er je nach Feuchtigkeitsgehalt in Volumen wächst. Sind die Mineralteile des Bodens innig mit Humus gemischt, so bläht dieser sich bei Regen und Wasseraufnahme und die Mineralteile werden weiter von einander entfernt. Hört der Regen auf und entweicht ein Teil des Wassers wieder, so bleibt der Boden gelockert zurück. Der Vorgang ist nach mildem feinen Regen namentlich gut zu beobachten.

Vor den Extremen bewahren wir die Böden dadurch, daß wir sie nicht entblößt liegen lassen. Sie behalten dann selbst in Dürrperioden, welche längere Zeit währen, ein gewisses Maß von Feuchtigkeit, welches abstumpfend wirkt.

22. Untersuchen wir im September den Boden im geschlossenen Bestande und andererseits auf einer Kahlschlagskultur, so ergibt sich, daß der Boden hier fester, dort lockerer ist. Wiederholen wir dieselbe Untersuchung im Frühjahr, nachdem der Frost aus dem Boden gewichen ist, so sind die Gegensätze geringer. Über Winter ist also der Boden gelockert und es ist der Frost, der uns diese Arbeit geleistet hat.

23. Vom Frühjahr durch den Sommer hindurch wird diese Arbeit in einem keineswegs zu unterschätzenden Maße durch die im Boden lebende Tierwelt, namentlich die Regenwürmer fortgesetzt;

trotzdem ergibt die Untersuchung im September den vorhin hervorgehobenenen Gegensatz von neuem. Es ist also während des Sommers eine Festigung des Bodens eingetreten, eine Arbeit, die die schweren Sommerregen und das Versinken des Wassers von den oberen nach den tieferen Schichten leistet.

24. Beides wirkt energischer in einem vom Walde entblößten Boden, weil einerseits das Kronendach, anderseits die Streudecke fehlt. Das Kronendach fängt den Stoß des niederfallenden Regentropfens auf und schwächt damit seine festigende Gewalt. Es hält außerdem einen nicht geringen Prozentsatz des Regens überhaupt fest und dieser verdunstet von da aus*)

25. Der Regen, der durch das Kronendach durchfällt, fällt auf die Streudecke. Diese ist so aufgebaut, daß sie eine hohe Elastizität besitzt. Der Stoß des fallenden Regentropfens wird daher so aufgefangen, daß er keine Wirkung mehr auf den darunterliegenden Boden hat. Die Streudecke verursacht sodann durch ihren Aufbau, durch die zahllosen in ihr sich vorfindenden Hohlräume und namentlich durch die sich bildende, viel Wasser aufnehmende Verwesungs- und Humusschicht, daß der Wasserverkehr von den oberen Schichten nach der Tiefe geringer wird, als im unbedeckten Boden. Auf solche Weise wird der Waldboden vor Festigung bewahrt.

26. Eine durchgreifende Änderung des Bindigkeitsgrades durch künstliche Mischung von Bodenschichten und Bodenarten ist auf großen Flächen nicht möglich. Wir können solche Maßregeln nur für den Kampbetrieb durchführen und nur unter besonderen Umständen auch auf Kulturstellen. Sandbeigabe mildert zu große Strenge und umgekehrt wird Sand durch Mischung mit bindigen Bodenarten fester.

27. Unsere waldbaulichen Maßregeln müssen dahin gehen, daß wir die Arbeit der Natur zur Herstellung und Wahrung der Lockerheit des Waldbodens nicht aufheben. Wir dürfen also den Boden in den Beständen nicht mangelhaft beschirmt lassen und wir müssen

*) Man muß daraufhin nicht gleich schließen, daß der Waldboden diesen Prozentsatz nutzlos verliert. Deshalb darf man es nämlich nicht, weil die Bäume während der Zeit, wo sie durch Regen äußerlich naß sind, von dem aus dem Boden gehobenen Wasser durch die Blätter nichts verdunsten. Es wird also während dieser Zeit der Boden wenig in Anspruch genommen und dadurch der Verlust abgeschwächt.

ihm ein bestimmtes Maß der Streudecke erhalten. Bei der Verjüngung der Bestände haben wir darauf zu sehen, daß der Boden möglichst rasch wieder Deckung erhält.

d) Die Feuchtigkeit.

28. Man ist übereingekommen, den Grad der Bodenfeuchtigkeit nach Maßgabe des Feuchtigkeitsstandes während der Wachstumszeit anzusprechen und den Boden zu bezeichnen als

naß, wenn die Zwischenräume der Bodenteilchen vollständig von flüssigem Wasser erfüllt sind, so daß es von selbst abfließt und selbst nach längerer Austrocknung noch bis zur Oberfläche staut;

feucht, wenn er beim Zusammenpressen das Wasser noch tropfenweise abfließen läßt;

frisch, wenn er dem Gefühle nach von Feuchtigkeit mäßig durchdrungen ist, ohne daß sich äußerlich sichtbare Spuren von tropfbarem Wasser beim Zusammendrücken zeigen;

trocken, wenn das Gefühl der Frische mangelt und nach erfolgter Durchnässung von Regen die Wasserspuren schon binnen wenigen Tagen sich verlieren;

dürr, wenn jede fühlbare Spur der Feuchtigkeit nach 24stündiger Abtrocknung wieder verschwindet.

29. Die Feuchtigkeit des Wurzelraumes entstammt:

den atmosphärischen Niederschlägen aller Art;

der Fähigkeit aller oder einzelner Bodenbestandteile, Wasserdampf direkt aus der Luft anzusaugen und zu verdichten;

dem Untergrunde.

30. In meßbaren Mengen werden durch die Atmosphäre zugeführt: Regen, Schnee, Hagel und Graupeln. Nebel und Rauhreif wird durch die Regenmesser nur zum kleinsten Teil angezeigt und völlig ungemessen bleiben die durch Taubildung*) zugeführten Massen. Nun bildet sich Tau aber überall da, wo warme, relativ feuchte Luft mit so kalten Gegenständen sich berührt, daß bei der dadurch eintretenden Abkühlung der Luft deren Sättigungspunkt überschritten wird. Dieser Vorgang spielt sich in der Natur so häufig und in solcher Ausdehnung ab, daß wir keineswegs in den von den

*) Tau und Beschlag sind hier gleich gesetzt.

Regenmessern angegebenen Regenhöhen ein richtiges Bild der dem Boden zugeführten Wassermassen erhalten. Einen Einblick, um welche Mengen es sich dabei handelt, erhalten wir am leichtesten auf isolierten Bergkuppen. Dort wird die deutlich wahrnehmbare Taubildung selbst im Hochsommer oft nur für die Mittagsstunden unterbrochen. Daß auch im Winter dort Niederschläge aus dieser Quelle erfolgen, zeigt uns das Anschießen des Rauhreifs. Oft wird in diesen Lagen der Baum allein davon so belastet, daß er bricht. Was dort für jeden wahrnehmbar sich abspielt, das wiederholt sich minder sichtbar in der Natur in allen möglichen Lagen, denn zwischen der Lufttemperatur und der Temperatur der Erdoberfläche ist während des ganzen Frühjahrs und fast bis zum Schluß des Sommers der Regel nach ein Unterschied in der Weise, daß der Boden kühler ist als die Luft. Jeder auf den Boden stoßende Luftstrom muß daher Tau absetzen, wenn und so oft seine relative Feuchtigkeit entsprechend hoch ist. Es taut daher auch keineswegs nur morgens und abends, sondern zu den verschiedensten Tageszeiten. Es taut auch nicht nur an den äußeren für das Auge sichtbaren Flächen, sondern soweit wie der aufstoßende Luftstrom in die Hohlräume der Bodenoberfläche eindringt und soweit wie sich dort in den gegebenen Temperaturverhältnissen die Bedingungen für das Absetzen von Tau ergeben. Endlich taut es im Walde im Frühjahr und Sommer mehr und häufiger als außerhalb desselben, weil die Bodenoberfläche im Walde kühler ist*).

31. Über das Maß von Feuchtigkeit, welches dem Boden aus der zweiten Quelle zufließt, fehlt ebenfalls der volle Einblick. Auch die Zukunft wird uns einen zahlenmäßigen Aufschluß kaum bringen, weil der Prozeß der Kondensation kaum von den Taubildungen zu isolieren ist. Die Fähigkeit, Wasserdampf aus der Luft zu entnehmen, ist namentlich dem Humus, dem Eisenoxyd gegeben, wahrscheinlich auch aller Feinerde. Sie verstärkt sich, je mehr der Boden der wirklichen Austrocknung sich nähert, so daß in der Natur der äußerste Grad von Trockenheit selten erreicht wird.

32. Aus dem Untergrunde wird das Grundwasser vermittels der Kapillarkraft gehoben, aber auch darüber hinaus wirkt und durchtränkt es unter bestimmten Verhältnissen die oberen Schichten. Das

---

*) In Buchenorten sind an feuchtwarmen Tagen die Stammteile über dem Boden naß, unter Umständen reicht der Beschlag weit hinauf.

mit Kapillarkraft gehobene Wasser verdunstet nämlich an seiner oberen Grenze und sättigt dadurch die darüber lagernde Bodenluft. Kommt nun diese in eine aufwärts gerichtete Strömung, so schlägt sich an den Wandungen der zu passierenden Hohlräume überall Wasser nieder, wo diese Wandungen in ihrer Temperatur unter dem Taupunkt liegen.

33. Taubildung von unten her wird dann eintreten, wenn die Wärme im Boden so verteilt ist, daß die unteren Schichten warm, die oberen kühl sind. Das ist für längere Zeiträume im Winter der Fall, für kürzere auch in den übrigen Jahreszeiten. Für gewisse Stunden tritt diese Wärmeschichtung und die Taubildung an jedem normalen Sommertage ein.

34. An normalen Sommertagen finden wir nämlich mittags die größte Wärme in den obersten Schichten. Die tieferen zeigen abnehmende Wärme. Gegen Abend ist die Wärmeschichtung bereits eine wesentliche andere. Die obersten Schichten sind gleichmäßig temperiert und erst von etwa 20 cm Tiefe tritt Abnahme auf. Über Nacht ändert sich abermals die Schichtung. Das Maximum liegt ungefähr bei 30 cm Tiefe, von da Abnahme nach unten und nach oben.

Dadurch wird bewirkt, daß die Bodenluft aus 30 cm Tiefe aufsteigt. Sie setzt an den Wandungen der oberen Schichten im Durchgange Tau ab, namentlich aber beim Austritt und Übergang in die durch Wärmestrahlung abgekühlte Außenluft. Es taut kräftig aus dem Boden heraus, der fallende Tau netzt reichlich die oberen Schichten und erfrischt die Pflanzenwelt.

35. Wenn nach einer Reihe von Sommersonnentagen bedeckter Himmel eintritt bei weiterer warmer Witterung, so stellt sich sehr bald die Wärmeschichtung ein, die der A b e n d des normalen Sonnentages zeigt.

36. Wird die Witterung kühl, so sinkt das Maximum der Bodenwärme von der Oberfläche in die Tiefe und geht umso tiefer, je länger die Kühlung andauert. Es kann die Schichtung eintreten die für die Durchschnittstemperatur des W i n t e r s als Regel gilt.

37. Die Winterperiode der Wärmeverteilung im Boden ruft eine reiche Durchtränkung der oberen Schichten hervor, und sichert dem Boden die sog. Winterfeuchtigkeit, die für Kulturen, ja für den Beginn der Vegetation überhaupt von großer Bedeutung ist, s i c h e r t s i e s e l b s t d a n n, w e n n w i r e i n e n s c h n e e l o s e n W i n t e r h a b e n.

Am auffallendsten treten uns die Erscheinungen des Bodentauens von unten herauf bei Barfrösten entgegen. Selbst trockenen Boden bindet nämlich dieser Frost, weil der durch die starke Abkühlung der Oberfläche intensiv auftretende, aufsteigende Boden-Luftstrom an der Oberfläche soviel Tau absetzt, daß die Körner zusammenfrieren. Wird der Luft hierdurch der Austritt aus dem Boden versagt, so setzt sich der Tau unter der gefrorenen Schicht an und bindet Schicht auf Schicht. Das Auftauen geschieht bei mangelnder Schneedecke später ebenfalls von oben nach unten, so daß dadurch ein rasches Versinken der Winterfeuchtigkeit verhindert wird.

38. Weitere Ursachen der sog. Winterfeuchtigkeit liegen darin, daß der Boden im Winter wenig verdunstet, die Vegetation ruht und damit die Zufuhr an Feuchtigkeit größer ist, als der Verlust.

39. In bindigerem Boden ruft der Bodentau gefrierend die Erscheinung der Eisnadelbildung hervor, die wieder zur Ursache des Ausfrierens von jungen Pflanzen und dadurch schädlich wird.

40. Wird der gefrorene Boden durch Schnee gedeckt, so hindert dieser das weitere Vordringen des Frostes, selbst wenn er nur 10 cm hoch liegt. Bei stärkerer Schneedecke öffnet sich der Boden sogar wieder und zwar durch die aus der Tiefe des Bodens aufsteigende Wärme. Der Boden taut also in diesem Falle von u n t e n auf. Wenn bei hohem Schnee nach längerer Frostperiode Tauwetter eintritt, so ist der Boden daher sehr bald fähig, das Schmelzwasser aufzunehmen. Es tritt nun eine höchst interessante Wechselwirkung ein. Das Schmelzwasser hat ebenso wie der tauende Schnee die Temperatur 0. Der Boden, in den das Wasser einzieht, wird, soweit das Wasser wirkt, daher ebenfalls auf 0° herabgesetzt. Das Schneewasser hält den Boden kalt und der Boden wiederum den Schnee. Der Schnee kann also nicht mehr von unten her forttauen, sondern nur noch von oben her.

Der Schnee saugt sich wie ein Schwamm voll Wasser und wehrt damit ein rasches Eindringen der Wärme ab. Das fortwährend in den Boden versickernde Wasser hemmt bis zum Schlusse der Schneeschmelze das rasche Vordringen der Wärme aus den tieferen Bodenschichten.

So kommt es, daß selbst sehr hohe Schneedecken abtauen können ohne Hochwasser zu bringen. Hochwasser sind meist die Folgen besonderer Erscheinungen, z. B. Folgen des Föhns mit ungewöhnlich hohen Wärmegraden, Folgen sehr später Schneefälle.

41. Die Fähigkeit des Bodens, oberflächlich zugeführtes Wasser aufzunehmen, ist verschieden:

nach dem Grade seines bisherigen Wassergehalts. Ganz trockener Boden nimmt zunächst kein Wasser auf. Es beginnt das wahrscheinlich erst, wenn die Bodenluft mit Dampf gesättigt ist und eine Taubildung an den Seitenwänden der Haarröhrchen stattgefunden hat.

Mit Wasser gesättigter Boden vermag nur nach Wasserentzug neues aufzunehmen.

Sie ist ferner abhängig

nach der Größe der Räume zwischen den Bodenteilchen;

nach Humus- und Tongehalt; mit jedem von beiden wächst sie.

42. Die Sättigung des Bodens mit Wasser tritt im Schatten später ein als bei Sonnenschein, daher gibt ein im Schatten gesättigter Boden im Sonnenlicht Feuchtigkeit ab.

43. Die Wasser haltende Kraft ist von der Struktur des Bodens abhängig, sie verringert sich mit der Lockerheit und wächst bis zu einem gewissen Punkte mit der Dichtigkeit und mit der Feinheit der Haarröhrchen.

44. Von hoher Bedeutung ist endlich die Bewegung des Bodenwassers, indem sie Versumpfungen verhindert und die Nahrungszufuhr erleichtert und vermehrt. Der Wechsel im Feuchtigkeitsgehalt regt die Verwitterung und Verwesung an und vermittelt damit die Bildung von Nährstoffen. Der Wechsel wird auch eine Quelle der Durchlüftung des Bodens, denn bei Abnahme der Feuchtigkeit wird Luft eingesogen in den Boden, bei Zunahme solche ausgestoßen.

45. Da Wasser ungefähr zu 50% in unseren Waldbäumen enthalten ist, da es zum Aufbau der Zellwand unbedingt nötig ist, da endlich ohne Wasser die mineralischen Nährstoffe von den Pflanzen gar nicht aufgenommen werden können, so muß dasselbe als das wichtigste und unentbehrlichste Nahrungsmittel der Bäume angesehen werden. Es ist außerdem der einzige Stoff, dessen Erhaltung im Waldboden Gegenstand besonderer Wirtschaftsmaßregeln ist und im Großbetriebe einer Waldwirtschaft sein kann.

Das Maß der Bodenfeuchtigkeit bestimmt daher auch in vielen Fällen die Holzart, die auf dem gegebenen Boden zu ziehen ist.

46. Ein richtiges Ansprechen der Feuchtigkeit ist nur möglich, wenn man den Boden längere Zeit beobachtet hat oder in der Vegetation untrügliche Merkzeichen findet.

e) Die Neigung.

47. Man unterscheidet

den ebenen Boden	. . . . .	mit 0	bis 5°	Neigung
„ sanft geneigten Boden	. .	„ 6	„ 10°	„
„ lehn „	„ . . .	„ 11	„ 20°	„
„ steil „	„ . . .	„ 21	„ 30°	„
„ schroff „	„ . . .	„ 31	„ 45°	„
„ Felsabsturz	. . . . .	mehr als	45°	„

48. Die Neigung des Bodens beherrscht die Bewegung des Wassers mehr, als es irgend andre Umstände vermögen.

In der Ebene fließt das Wasser oft zu träge oder es kommt sogar ganz zum Stillstand, wodurch Versumpfungen entstehen. Steile und schroffe Lagen geben dagegen der Bewegung des Wassers eine zu große Schnelligkeit. Dadurch werden sie trocken. Das Wasser nimmt aber auch stets Bodenteilchen zu Tale und selbst, wenn es nicht zu deutlich hervortretenden Abflutungen kommt, wird und bleibt dieser Boden flachgründig. Die besten Verhältnisse zeigen die sanft und lehn geneigten Böden.

Die Tiefgründigkeit nimmt in der Regel mit fallender Bodenneigung zu, so daß der Ebene der Vorteil der größten Bodentiefe zuzuschreiben ist.

49. Die Neigung unterirdisch streichender fester Schichten ist zwar auch im Hügel- und Berglande von Wichtigkeit, erhält aber für die Ebene bei weitem höhere Bedeutung. Sie kann z. B. bei ganz ebener Oberfläche eine rege Bewegung des Grundwassers ermöglichen, andrerseits aber auch bei vorhandenem Gegengefälle der Schichten oder Beckenbildung Nässe und Versumpfung hervorrufen.

50. Eine Eigentümlichkeit der ebenen Lagen haben wir endlich noch darin zu sehen, daß oft schichtenweis waldbaulich ganz verschiedenwertige Böden übereinander liegen. In solchen Fällen steht die Produktionskraft nicht selten im Widerspruch mit der Zusammensetzung der Bodenoberfläche. Zuweilen wird das noch verstärkt durch die Gunst und Ungunst der Grundwasserverhältnisse.

51. Die Neigung des Bodens beeinflußt dann auch die Bewegung der Luft. Bei windstillem Wetter lagern sich nämlich die Luftschichten nach ihrer Schwere d. i. nach ihrer Temperatur. Auf den geneigten Ebenen der Hänge bleibt aber die erkältete Luft nicht liegen, sondern sinkt zu Tal und erzeugt damit lokal eine, wenn

auch nur geringe Bewegung. Dieses Herniedersinken der kalten Luft erklärt, warum die Talgründe, die Talkessel und die Ebenen den Maifrösten häufiger ausgesetzt sind, als die anliegenden Hänge. Es erklärt sich daraus auch, weshalb ein Frost unter Umständen nur die kleinen Pflanzen beschädigt, an größeren aber spurlos vorübergeht.

52. Bei bewegter Luft ruft gebirgiges Land eine Menge von Nebenströmungen, Gegenwinden, Wirbeln und Windschattenstellen hervor, deren Wirkung die Wirtschaft beeinflussen kann.

53. Die Bäume stehen nur auf ebenem und sanft geneigtem Terrain lotrecht, bei größerer Bodenneigung haben sie Hang nach der Talsohle. Veranlaßt wird das zumeist dadurch, daß die Beastung nach der Talseite hin größer ist, verstärkt dadurch, daß der Bodenschnee schon die ganz jungen Stämme talwärts drückt, und daß bei erstarkten Stämmchen gleiches bewirkt wird durch den auf den Zweigen aufgelagerten Schnee und sonstigen Anhang.

54. Diese etwas geneigte Stellung der Bäume, verbunden damit, daß die Stämme nicht ausschließlich nach oben hin, sondern auch seitwärts Licht, Luft und Wachsraum finden, bewirkt, daß auf geneigtem Terrain wirklich der Wachsraum vergrößert wird und mehr Masse erzeugt werden kann als in der Ebene. Solchem Vorteil steht andererseits die größere Windbruchsgefahr gegenüber.

55. Die Bodenneigung beeinflußt wesentlich Verjüngungs- und Betriebsart. Je größer die Neigung wird, um so wertvoller und kostbarer ist der vorhandene Bestand für die zukünftige Erhaltung der Bodenkraft und des Waldes. Es muß daher die Vorsicht bei Fortnahme der Altbestände resp. Stämme wachsen, sie gebietet, daß man nicht eher erntet, als bis Nachwuchs vorhanden ist, oder nicht mehr nimmt, als man mit Bestimmtheit ersetzen kann. Natürliche Verjüngung, geregelte Plenterwirtschaft, Kleinflächenwirtschaft greift Platz.

56. Schon bei sehr schroffen Neigungen ist eine volle Bewaldung nur noch selten zu finden; beim Felsabsturz stehen Bäume ausschließlich da, wo ebenere Stellen vorhanden sind.

Zweiter Abschnitt.

Die Bodenarten in ihren Eigenschaften, waldbaulichen Forderungen und Rückwirkungen.

a) Steinige Bodenarten.

1. Wir nennen sie so, wenn die Erde gegen die Steinbeimengung für das Auge zurücktritt. Den Charakter des vollständigen Steinbodens erhalten wir bereits bei 0,8 Beimengung. Sie sind als flachgründig anzusehen, wenn auch hier und da einmal eine in die Tiefe laufende Ader reiner Erdkrume vorhanden ist. Ihre Produktionskraft ist abhängig:

von dem Charakter der vorhandenen Erde: die bindigere ist als die bessere zu betrachten;

von der Neigung des Bodens: der minder geneigte erscheint wegen des geringeren Wasserverkehrs der Auswaschung und Abschlemmung weniger ausgesetzt;

von der Herstellung und der Fortdauer der Bewaldung: Sie wirkt einerseits bodenbildend, andrerseits bodenerhaltend durch Regelung des Wasserabflusses.

2. Der Verjüngungsbetrieb muß auf diesem Boden ein äußerst vorsichtiger sein. Wird künstlich kultiviert, so hat es mit größter Sorgfalt zu geschehen und dürfen die Kosten eines solchen Vorgehens nicht gescheut werden. Ein Kahlschlagbetrieb ist nur auf kleinen Flächen und bei langsamem Hiebsfortschritt gestattet.

Sinken die Steine zur Größe des Gruses herab und erhalten wir damit den Grusboden als solchen, so ist dem waldbaulichen Vorgehen größere Freiheit gestattet, weil dieser Boden in der Regel tiefgründiger, frischer, kühler ist und die vorhandene Erde besser zu wahren weiß.

3. Kiesböden enthalten vorwiegend runde, nicht weiter zersetzbare Quarzstücke. Sie sind bindungslos, trocken, heiß und werden nur durch die Erdbeimischung kulturfähig. Die Art dieser beherrscht die Produktionskraft, doch bringt sie es selten über eine mittlere Stärke.

Die natürliche Verjüngung kann auf Kiesboden nur ausnahmsweise in Betracht kommen.

b) Sandreiche Bodenarten.

4. Sie treten in sehr verschiedener Zusammensetzung auf.

Der eigentliche Sandboden enthält mindestens 60% Quarzsand. Je nach Beigabe unterscheiden wir tonigen, lehmigen, mergeligen, eisenschüssigen und humosen Sand.

5. Der quarzreiche Sand ist leicht erwärmt und leicht erkaltend, bietet wenig Nährgehalt und vermag auch die Nährstoffe, namentlich das Wasser, nicht festzuhalten.

Er gehört daher zu dem armen Boden, auf welchem die Bäume großen Raum brauchen, um sich zu ernähren, sich deshalb früh lichtstellen, wenig Zuwachs zeigen, selten Samen tragen und geringe Reproduktionskraft haben. Eine rasche Wärmeaufnahme im Frühjahr läßt die Vegetation oft früh erwachen und setzt sie der Frostgefahr aus. Diese wächst zudem noch durch die dem Sande eigentümliche energische Verdunstung.

Der Sandboden wird um so besser, je mehr er durch die erdigen beigemischten Bestandteile Bindung erhält. Kommt dann ein hinreichendes Maß von Grundfeuchtigkeit hinzu, ein Untergrund von bindigeren Bodenarten, so kann er alle Stadien bis zu den besten Waldböden durchlaufen.

6. Die Wirtschaft auf dem Sandboden hat bestimmende Richtung aus dem Wuchse der vorhandenen Holzarten zu entnehmen. Kümmern sie, so ist die natürliche Verjüngung niemals am Platz, umgekehrt kann sie bei gutem Wuchse zuerst und ausschließlich in Betracht kommen. Auch die Auswahl der Hauptholzarten ist von Fall zu Fall zu entscheiden.

Für Waldneuland empfiehlt sich in erster Linie die Aufforstung mit der Kiefer.

Nach ihrem Wuchs und ihrer Entwicklung und den Rückwirkungen auf den Boden kann man später dann bestimmen, ob die Flächen der Kiefer verbleiben sollen oder einer anderen Holzart zu überlassen sind.

c) Tonreiche Bodenarten.

7. Es sind bindige, beim Austrocknen sich festigende Böden mit wenigstens 60% Ton. Dieser ist meist durch Eisen gefärbt und tritt von grauer, gelber bis braunroter Farbe auf.

8. Am stärksten ist der Tongehalt beim sogenannten strengen Tonboden. Ein solcher ist sehr bindig, nimmt Wasser langsam auf, wird gesättigt undurchlassend, erwärmt sich schwer und neigt zu Versumpfungen.

9. Gemildert werden diese Eigenschaften durch eine stärkere Beigabe von Sand, Eisen, Kalk, Mergel und gleichzeitiges Zurückweichen des Tongehaltes. Je nach dem deutlichen Hervortreten des einen oder anderen dieser Stoffe nennen wir die Böden: sandigen, eisenschüssigen, kalkhaltigen, mergeligen Tonboden.

10. Die Wasserbewegung ist auch in diesen Tonböden eine langsame, weshalb eine Auswaschung nicht leicht eintritt. Ein lockerer, durchlassender Untergrund hindert Stauung der Feuchtigkeit und Vernässung. Tonboden bietet viel Nährstoffe auf wenig Raum, daher das Wurzelsystem der Stämme eng zusammengehalten und Bestandsschluß bis zur Haubarkeit der Bestände möglich ist.

Die Wärme wird langsam aufgenommen und geleitet; die Vegetation erwacht deshalb spät. Die Keimung von Sämereien wird hinausgeschoben.

11. Der Wuchs der Bestände erscheint in erster Jugend etwas zurückgehalten, nachher rasch vorschreitend. Da das Laub auf Ton nur langsam sich zersetzt, der Bestand sich dicht hält, so sammelt sich leicht eine starke Laubdecke, deren Verminderung der natürlichen Verjüngung vorangeht durch vorbereitende Schläge. Man wendet diese gern an und sieht ihren Erfolg erleichtert durch eine reiche Samenerzeugung, durch langes Schattenerträgnis der Jungpflanzen, durch die Verwendbarkeit vorhandener Vorwuchshorste, die fast immer reichlich gesundes Material enthalten, endlich auch durch eine hohe Reproduktionskraft. Letztere unterstützt Stockausschlagsbetriebe.

d) Die kalkreichen Bodenarten.

12. Hierher gehören die Mergelböden und die eigentlichen Kalkböden. Bei ersteren ist der Kalk innig und gleichmäßig jedem Bodenteilchen beigemischt, bei letzteren ungleichmäßig, oft in Grus- und Sandform. Nach dem Auftreten der übrigen Bodenteile, z. B. Ton, Lehm, Sand, Steinen benennt man die Unterarten des Mergel- oder Kalkbodens als tonige, lehmige, sandiae und steinige.

13. In geregelter Waldwirtschaft treten uns die Kalkböden als produktiv entgegen. Sie sind zwar häufig nicht tiefgründig, zeigen aber ein der Vegetation vorteilhaftes Maß der Bindigkeit, durch welches Feuchtigkeit und Wärme in günstiger Weise geleitet wird und die Wurzeln sich unbehindert entwickeln können. Selbst auf steileren Hängen leiden die Bestände solcher Wirtschaft nicht unter Trockenheit.

14. Ganz anders treten aber dieselben Böden auf, wenn Fehler der Wirtschaft sie des Waldschattens beraubt haben. Dann steigert sich der Wasserabfluß und die Verdunstung, die Böden werden dichter, flachgründiger und vor allen Dingen trockener und heißer. Dabei gehen die Veränderungen rasch vor sich, so daß man kurz entschlossen an die Verbesserung der Fehler herantreten muß.

15. Alle Wirtschaftsmaßregeln sind so zu stellen, daß sie dem Boden die Deckung gar nicht oder nur ganz vorübergehend nehmen. Die natürliche Verjüngung erfüllt diese Anforderung am besten; ihr Anschlagen ist um so mehr zu erwarten, als der Boden zur Aufnahme der Besamung vom Baum-Holzalter der Bestände an stets empfänglich ist, die Samenjahre sich rasch wiederholen und reichlich guten Samen bringen. Dazu kommt noch, daß junge Pflanzen auf dem Kalk viel Schatten ertragen, die Vorwuchshorste also oft brauchbar sind.

16. Je größer der Gehalt des Bodens an Steinen und Sand ist, um so vorsichtiger müssen wir mit den Hiebsmaßregeln sein.

17. Kahlhiebe können nur auf kleinen Flächen vorgenommen werden und dürfen erst einander folgen, wenn die Kultur auf den benachbarten angeschlagen ist.

18. Durch Bloßliegen herabgebrachter Boden ist sehr schwer wieder in Bestand zu bringen.

19. Die Lebensenergie des Baumwuchses auf dem Kalke betätigt sich durch große Reproduktionskraft. Die Ausschlagsfähigkeit der Stöcke erhält sich z. B. nirgends länger als hier.

e) Lehmreiche Bodenarten.

20. Sie sind milde, mürbe, und neigen je nach dem Grade der Sandbeimischung in ihren physikalischen Eigenschaften zum Ton oder Sandboden hin. Die Beigabe von Kalk, der bei kalkigem Lehmboden ungleich verteilt und leicht trennbar, bei mergeligem gleichmäßig und innig verbunden gefunden wird, nähert ihn dem kalkreichen Boden.

Der Untergrund wird für die Feuchtigkeitsverhältnisse und die Produktionskraft sehr wichtig.

21. Im allgemeinen finden wir auf diesen Bodenarten gute waldbauliche Verhältnisse und die Möglichkeit, alle deutschen Holzarten anzubauen. Die engere Wahl wird weniger durch die Bodenzusammensetzung als durch die anderen Standortsfaktoren beherrscht. Diese können zwingend auf eine Holzart hinweisen, z. B. auf die Fichte in höheren Gebirgslagen; so viel es geht, wird man aber an die Anlage gemischter Bestände denken.

Die Laubhölzer, voran die Eiche, finden hier oft einen guten Platz.

22. Der Erfolg natürlicher Verjüngung hängt häufig von dem rechtzeitigen und günstigen Eintreten der Samenjahre ab; eine sehr lange Verjüngungsdauer wirkt meistens mindernd auf die Bodenkraft und zwingt zu umfassenden Schlagnachbesserungen. Das gilt namentlich für das Flachland, in geringerem Umfange für das Gebirge, mehr für Norddeutschland, als für Süddeutschland. Überall aber sollte man die Nachhilfe künstlicher Kultur eintreten lassen, ehe die Bodenkraft geschwächt wird.

f) Humusreiche Bodenarten.

23. Humos im gewöhnlichen Sinne nennen wir den Boden, wenn seine Mineralteile zwar deutlich von Humus gefärbt sind, diese aber offenbar den Hauptbestandteil bilden. Die humusreichen Böden, die wir hier besprechen wollen, haben sich teils durch Senkstoffe aus dem Wasser aufgebaut, teils sind sie aus Verwesung und Umwandlung der Pflanzendecken entstanden. Derjenige Boden, welcher durch Absetzen der feinen Senkstoffe des Wassers und aus Schlamm sich aufbaut, wird allgemein mit dem Namen Schlickablagerung bezeichnet, im besonderen auch wohl mit Marschboden, wenn der Absatz aus dem Meere, mit Aueboden, wenn er aus Flußwasser erfolgt. Mit einem eigentlichen Humusboden haben wir es zu tun, wenn eine starke Schicht von teils verwesten, teils

verwesenden Pflanzenresten gefunden wird. Nach der Art der betreffenden Pflanzen unterscheiden wir dabei Bruchboden, Heidehumus- und Torfboden.

24. Die Humusböden erhalten ihren Grundcharakter durch ihre mineralische Zusammensetzung, sie treten aber in der Regel verbessert durch die Humusdüngung auf. Sie bieten meist viel Pflanzennahrung, oft mehr als der Holzwuchs gebraucht. Diese Überschüsse können dann ohne Schaden durch landwirtschaftlichen Zwischenbau aufgezehrt werden. Auch ist eine Grasnutzung an Stelle desselben zulässig. Der Umfang beider darf natürlich nicht zum Raubbau werden, am kleinsten muß er beim Sandboden, am weitesten kann er beim Aueboden sein.

25. Die natürliche Verjüngung schlägt oft durch einen zu üppigen Graswuchs fehl, auch Pflanzungen leiden unter demselben. Saaten in breiten Furchen mit entsprechender Pflege, auch in Verbindung mit Fruchtbau sind oft von gutem Erfolge begleitet.

26. Humusböden bilden nicht selten schwierige Bewirtschaftungsobjekte dadurch, daß sie in fortwährender Umwandlung begriffen sind. Durch den Hinzutritt reicher Feuchtigkeit quellen Bruchböden auf, werden breiig; tritt Mangel an Feuchtigkeit ein, so sinken sie zusammen und werden pulverig.

Heidehumusboden und Torf behalten in wechselnder Feuchtigkeit die äußere Form zwar ziemlich unverändert, doch werden sie trocken so heiß, daß nur eine geringe Waldvegetation gefunden wird.

27. Daß der Torf mit Hilfe einer zweckdienlichen Entwässerung und Brennkultur dauernd zu höherer Holzerzeugung befähigt wird, ist zwar wahrscheinlich, doch noch nicht voll durch die Praxis erwiesen.

Dritter Abschnitt.

Luft, Klima und Waldbau.

1. Die Luft besteht aus einem Gemenge von 21 % Sauerstoff und 79 % Stickstoff, geringen Teilen von Kohlensäure (0,0003) und Ammoniak. In neuester Zeit ist in dem Stickstoffanteil der Luft das Argon entdeckt. Später wurde das Helium, Neon, Krypton, Xenon und Metargon gefunden. Die Luft ist Trägerin von Wasser in allen Aggregatzuständen und von Staubteilen mannigfachster Herkunft, die meist durch die mechanische Kraft des Windes hineingelangen. Sie fallen, wenn nicht früher, so doch mit eintretendem Regen zu Boden. Auch Säuren und Salze werden von der Luft getragen und erhalten lokal hohe Bedeutung für die Vegetation.

2. Die Luft lagert nicht allein auf dem Boden auf, sondern durchdringt ihn bis zu einer gewissen Tiefe. Auch dort ist sie beständigem Wechsel unterworfen, der namentlich durch die Veränderungen des Luftdrucks und der Temperatur, sowie durch das Eindringen der wässerigen Niederschläge in den Boden und den verschiedenen Grundwasserstand hervorgerufen wird.

Das Steigen und Fallen des Grundwassers bewirkt ein Atmen des Bodens in langen Zügen, während für kleine kurze Züge die Änderung im Barometer- und Thermometerstande sorgt. Auch die Diffusion spielt hier eine bedeutende Rolle. Die kräftigste und häufigste Erneuerung der Bodenluft ruft aber das Eindringen des Regenwassers innerhalb der Vegetationsperiode hervor, sobald die Winterfeuchtigkeit verschwunden ist, denn jede vom Boden aufgenommene Wassermenge muß eine ebenso große Menge von Luft austreiben und außerdem im Versinken des Wassers die ganze Bodenluft in Bewegung bringen.

Nun geschieht das Einsickern des Wassers in den Boden auf die mannigfaltigste Art. Die natürliche Porosität, die durch die Tierwelt geschaffenen Gänge, die Durchwurzelung bringen in jedem Falle andere Verhältnisse, so daß sich absolut keine Regel dafür aufstellen läßt.

3. Die Durchlüftung des Bodens wird zunächst für die in demselben sich abspielenden Prozesse der Verwesung und Verwitterung wichtig. Das richtige Maß der Durchlüftung ist aber auch unter Umständen geradezu für die Produktionskraft des Bodens maßgebend. Lebhafter wird die Durchlüftung durch Lockerung, langsamer durch Bedeckung und Festigung. Der Wald wirkt auf die Durchlüftung des Bodens einerseits fördernd, indem er sich namentlich in den oberen Bodenschichten eine verhältnismäßig große Lockerheit zu wahren weiß, anderseits hemmend, indem er durch seine Bodendecke den Wasserverkehr zwischen dieser und den tieferen Schichten verringert. Eine nicht zu starke Bodendecke wirkt wohltätig auf den Waldwuchs. Die Decke darf aber nie so stark werden, daß sie eine Durchlüftung des Bodens verhindert. Sobald dieser Fall eintritt, geht der Wuchs der Bestände zurück.

4. Die Kohlensäure bekommt die Luft durch die Atmung von Menschen und Tieren, durch Verbrennung von Heiz- und Leuchtstoffen, durch Verwesung und Fäulnis organischer Stoffe, durch Gärung, durch Kohlensäureausströmungen aus dem Innern der Erde und durch die Ausatmung der im Boden steckenden Luft, die mehr Kohlensäure enthält als die freie Atmosphäre.

Das Meer tritt vielleicht als eine den Kohlensäuregehalt der Luft regelnde Größe auf.*)

Die Kohlensäure wird der Luft entzogen durch die Vegetation wobei der Wald eine große Rolle spielt, durch die Niederschläge, durch feuchten Boden.**)

Die Feuchtigkeit erhält die Luft durch Verdunstung. Die Aufnahmefähigkeit ist aber bekanntlich für gegebene Temperaturen eine beschränkte. Sie wächst mit jeder Erhöhung der Luftwärme. Sobald der Sättigungspunkt für einen bestimmten Wärmegrad erreicht ist, hört die Verdunstung auf. Ändert sich dann die Tem-

*) Ebermayer: Die Beschaffenheit der Waldluft und die Bedeutung der atmosphärischen Kohlensäure für die Waldvegetation. Stuttgart 1885. S. 44.

**) Das. S. 48 ff.

peratur, so tritt bei Abkühlung Tau, Nebel, Wolkenbildung, Niederschlag ein, bei Erwärmung erneuert sich die Aufnahmefähigkeit.

6. Ammoniak gelangt in die Luft durch die Ausatmung des Bodens und durch Verbindung des Stickstoffs mit dem Wasserstoffgas des Wassers in der Luft. Durch elektrische Entladungen wird diese Bildung hervorgerufen.

7. Die Luft wirkt jedoch auf die Waldvegetation nicht allein durch ihre Zusammensetzung, sondern auch als Trägerin des Klimas und der Witterungserscheinungen namentlich in bezug auf Wärme, Feuchtigkeit und Luftbewegung.

8. An die Wärme machen die Pflanzen verschiedene Ansprüche, jedoch scheint es, als wenn die Verbreitung der Holzarten weniger von der mittleren Jahrestemperatur als von den Extremen und namentlich von denen während der Vegetationszeit abhängig ist. Bedeutenden Einfluß haben dabei Spät- und Frühfröste.

9. Die Wärme beeinflußt den Holzzuwachs so, daß unter sonst gleichen Verhältnissen größere Wärme auch größeren Zuwachs mit sich führt. Sie erhöht die Reproduktionskraft, steigert die Samenproduktion und indem von ihr die Ausreifung der Samen abhängig ist, steckt sie die natürlichen Grenzen der Verbreitung für eine Holzart.

Temperaturextreme werden namentlich jüngeren Pflanzen schädlich, Erscheinungen, die wesentlich abgeschwächt zu Tage treten, wenn die Pflanzen im Sommer beschattet und im Winter durch eine Schneedecke geschützt waren.

10. Die Feuchtigkeit der Luft wechselt sehr rasch und häufig. Ist Sättigung mit Wasserdampf eingetreten, so verdunsten die Pflanzen nichts; ist sie hingegen trocken, so werden sie zu starker Abgabe angeregt.

Daher kommt es, daß in Gegenden, wo die Luft stets feucht ist, die Holzarten auch auf trocknerem Boden noch gut gedeihen können. Überhaupt ist die Feuchtigkeit der Luft ein Faktor, der für das Gedeihen einzelner Holzarten von allerentscheidenster Wirkung ist. So gingen z. B. in und um Karlsruhe im März 1891 unter dem Einfluß sehr trockener Luft die meisten Stämme der Pseudotsuga Douglasii ein. Die Bräunung der Nadeln konnte in ihrem Fortschreiten fast von Tag zu Tag verfolgt werden.

11. Aus der Verdunstungstätigkeit der Bäume erklärt sich, daß der Wald auf die Luftfeuchtigkeit einen gewissen Einfluß hat, ja sie macht es auch erklärlich, daß der Wald die lokalen Feuchtigkeitsverhältnisse des Bodens wesentlich ändern und sogar Versumpfungen vorbeugen kann.

12. Bezüglich der allgemeinen Wirkungen des Waldes auf die Feuchtigkeit des ganzen Luftmeeres sind aber die Anschauungen namentlich früher sehr übertrieben worden. Der Einfluß des Waldes kann nur verschwindend klein sein, denn alle Beobachtungen mit großer Übereinstimmung ergeben, daß die absolute Feuchtigkeit der Wald- und Feldluft fast gleich ist. Die größere relative Feuchtigkeit, die zahlenmäßig nachgewiesen ist, beruht im wesentlichen darauf, daß es im Walde kühler ist als auf dem Felde und sich deshalb bei gleicher absoluter Feuchtigkeit ein höheres Prozent für Waldluft berechnet.

Aber auch dann, wenn die Waldluft bei schärferen und berichtigten Untersuchungsmethoden sich absolut als etwas feuchter erweisen sollte, kann das für die Gesamtmasse des Luftmeeres nicht von Bedeutung sein. Man bedenke doch, daß bei einer Bewaldung selbst von 25 % diese sich aus allen Altersstufen zusammensetzt und bei einer Höhe der Altbestände von 30 m sich eine Durchschnittshöhe aller Altersklassen von etwa 15 m ergibt. Die Schicht von feuchterer Luft würde also nur diese Höhe haben können. Jetzt wird die Gewalt des Windes durch den Wald in erheblicher Art gebrochen, der Austausch zwischen Wald- und Feldluft ist dadurch abgeschwächt. Die dreimal so große Fläche, welche Feldluft trägt, kann also nur schwer ihren Feuchtigkeitsgrad aus dem Walde her erhöhen. Aber auch selbst wenn wir einen leichten Austausch annehmen, wollen die 15 m Waldlufthöhe auf ¼ der Fläche gegenüber dem gewaltigen Kubikgehalt des übrigen Luftmeeres zu wenig bedeuten, um dauernd befähigt zu sein, den Feuchtigkeitsgehalt der Luft zu erhöhen.

13. Treibt der Wind Feldluft in den Wald, so können folgende Fälle eintreten:

Die Luft ist bereits mit Feuchtigkeit gesättigt. Dann müssen, da der Wald kühlere Luft enthält, Niederschläge in meßbarer oder nicht meßbarer Form auftreten.

Die Luft ist nicht gesättigt. Dann kann entweder die Sättigung dadurch eintreten, daß sie durch den Wald eine

Abkühlung erfährt, oder sie erhöht den Wassergehalt aus den Verdunstungsmassen der Baumkronen.

Hat der Luftstrom den Wald passiert und tritt er wieder auf das Feld heraus, so fällt in der Regel wegen der damit eintretenden Temperaturerhöhung die relative Feuchtigkeit.

14. Es ist dadurch fast gewiß, daß ein größerer Wald, welcher also auch wirklich die klimatischen Verhältnisse des Waldes zur Erscheinung bringt, an dem Rande, welcher gegen den herrschenden Wind liegt, mehr Niederschläge hat, als an dem entgegengesetzten, daß er selbst im ganzen mehr Niederschläge empfängt, als das umgebende Feld und daß dagegen unter Wind eine Strecke im sogenannten Regenschatten des Waldes liegt. In Deutschland ist die herrschende Windrichtung West bis Südwest. Diese Ränder werden daher mehr Niederschläge erhalten, als die entgegenstehenden Ost- bis Nordostränder.

15. Ist der Wald gut bemantelt, so leistet er dem Eindringen der Luftströme Widerstand, nur ein kleiner Teil der anstürmenden Luft findet Eingang, der größere Teil wird gezwungen, vor dem Walde eine aufsteigende Richtung zu nehmen. Auch dadurch können Niederschläge hervorgerufen werden und wiederum besteht die Wahrscheinlichkeit, daß der im Winde liegende Waldrand mehr davon empfängt, als der unter Wind liegende.

16. Der Wald hat also auf örtlichen Regenfall einen gewissen Einfluß. Eine gute Verteilung des Waldes wird auch eine gute Verteilung der Niederschläge bewirken und zwar hauptsächlich deshalb, weil der Wald auf die mechanischen Vorgänge bei Bewegung der Luft einen Einfluß übt. Wird Flachland oder eine Hochebene entwaldet, so können sich sehr wohl dadurch die örtlichen Niederschlagsverhältnisse ändern und zwar abnehmen, weil die Luftströme nunmehr ohne Ablenkungen nach oben über die Flächen hinbrausen*).

17. Durch die Bewegung der Luft wird den Bäumen die Kohlensäureaufnahme erleichtert, andrerseits aber die Wasserabgabe durch Verdunstung erhöht.

Eine mäßige Bewegung wirkt daher auf die Lebenstätigkeit anregend und ist den meisten Pflanzen zuträglich. Heftige Winde

*) Mündener forstl. Hefte XIV. Weise: Wolkenbildung, Regen u. Wald. Auch für sich erschienen. Berlin, Julius Springer.

schaden dagegen durch Austrocknung des Bodens, Bruch, Wurf und wenn sie konstant wehen durch Beeinträchtigung des Höhenwuchses.

Während der Blütezeit der Bäume hilft der Wind bei Übertragung des Pollens auf die weiblichen Blüten.

18. Der Westwind weht in Deutschland am häufigsten und heftigsten. Er bringt zwar die meisten Niederschläge, saugt aber die Feuchtigkeit rasch wieder auf. Namentlich die gegen Westen geneigten Hänge trocknen rasch in der Oberfläche und auch den obersten Bodenschichten ab, weil sie im Winde liegen und dadurch starke Verdunstung verursacht wird.

19. Der Ostwind ist fast immer trocken und bringt Temperaturextreme mit sich.

20. Das Einsetzen des Nordwindes ruft bis gegen Ende Mai hin Rückschläge in der Lufterwärmung hervor, die leicht zu Nachtfrösten führen.

21. Das Klima, das eine Gegend nach ihrer geographischen Lage haben müßte, wird durch die Eigentümlichkeiten der Bodenausformung oft wesentlich verändert.

Man kann daher unterscheiden:

22. Das Klima der über den Kamm herausragenden Hochebenen und Bergkuppen.

Es ist meist sehr feucht und von Stürmen heimgesucht. Der Boden neigt je nach Höhenlage zu dichtem Beerkrautwuchs, Verheidung und zu Versumpfungen. Die Holzerzeugung ist nach Menge und Güte gering.

23. Das Klima der verschiedenen Hänge.

Die mittleren Temperaturen der Hänge, verglichen mit denen von der Ebene, lassen erkennen, daß sie an Südost- und Nordwestlagen fast genau denen der Ebene gleichkommen. Die Lagen nach Süden werden vom Südosthang ab immer wärmer. Das Maximum liegt jedoch nicht im Süden, sondern auf Hängen, die sich bereits etwas nach Westen drehen. Der Westhang hat hiergegen wieder Abschwächung. Sinnverwandt sind die Erscheinungen auf den entgegengesetzten Hängen. Vom Nordwesthang ausgehend, zeigt der Nordhang Abkühlung, aber nicht das Minimum, dieses liegt vielmehr auf den Hängen, die auch etwas nach Osten hinneigen. Vom Nordosthang zum Osthang nehmen die Temperaturen zu, um mit der Drehung nach Süden sich immer mehr denjenigen der Ebene wieder zu nähern.

Die Ostseiten erhalten die erste Sonne und liegen frühzeitig im Schatten, leiden daher nicht unter der Hitze. Dagegen lagert sich auf ihnen der mit Westwind treibende Schnee sehr stark ab, weil sie unter Wind liegen. Duft und Eisanhang erfolgt meist mit östlichen Winden, so daß auch von diesen die Bestände der Ost hauptsächlich belastet werden. Bruch ist daher häufig. Trotzdem ist der Holzwuchs meist gut.

Südseiten sind heiß und trocken, so daß namentlich junge Pflanzen leicht Schaden nehmen.

Westseiten haben unter den üblen Einflüssen des Windes am meisten zu leiden. Die Sonne wirkt oft nachteilig, weil die Pflanzen an heißen Tagen schon in erschlafftem Zustande sind, wenn die Sonne herum kommt.

Die nördlichen Hänge sind in tieferen Lagen wegen ihrer Frische den meisten Holzarten zusagend, in höheren macht sich der Mangel an Sonnenschein und die geringere Wärme zuweilen empfindlich merklich.

III. Angewandter Teil.
Waldbau der einzelnen Holzarten.

Erster Abschnitt.

Laubhölzer.

a. Eiche.

Literatur: von Manteuffel: Die Eiche, deren Anzucht, Pflege und Abnutzung. Leipzig 1869.

1. Standort.

α. Qu. pedunculata. Die Stieleiche.

Durch ganz Deutschland und überall über dessen Grenzen hinaus ist sie zu finden. Geht im Gebirge nur so weit, als das Klima sich noch nicht als nachteilig auf die Vegetation im allgemeinen erweist, und überschreitet die eigentliche Buchenregion selbst in einzelnen Stämmen nicht. Für den Schwarzwald werden ungefähr 600 m, für den Harz 450 m als Grenze*) genannt.

Sie kommt auf den verschiedensten Böden vor, wenn dieselben mindestens frisch sind, ist also für trocknen Sand nicht geeignet. Sie verträgt vorübergehende Bodennässe und Überschwemmungen, sucht namentlich die Flußtäler mit ihren fruchtbaren Böden auf und wird auch sonst in der Ebene häufiger getroffen als die Traubeneiche. In den Bergen kommt sie von Natur verhältnismäßig selten vor, sie steht gern auf südlichen Hängen.

---

*) Heß: Die Eigenschaften und das forstliche Verhalten der wichtigeren in Deutschland vorkommenden Holzarten. Berlin. (Bringt bei jeder Holzart mit großer Sorgfalt zusammengesuchte Zahlenangaben.)

Sie verlangt viel Wärme, viel Licht, aber eher eine trockene als feuchte Luft.

Infolge ihres Licht- und Wachsraumbedürfnisses kann sie im Baumalter nicht mehr geschlossen gehalten werden und schützt deshalb den Boden nicht genügend.

β. Qu. sessiliflora. Die Traubeneiche.

Ihr Verbreitungsgebiet ist gegen die Stieleiche insofern eingeengt, als sie dem nordöstlichsten Deutschland fehlt erweitert hingegen dadurch, daß sie fast überall im Gebirge von Natur vorkommt und selbst in höheren Berglagen gefunden wird, doch tritt auch sie nicht aus dem Buchengürtel heraus.

In ihren Bodenansprüchen erscheint sie in allen Stücken etwas genügsamer als ihre Schwester und hat auch deshalb ein ursprünglich weiteres Gebiet der Verbreitung.

Ihr Licht- und Wachsraumbedürfnis muß ebenfalls geringer sein als das der Stieleiche, denn sie läßt sich viel leichter und sicherer als diese in geschlossenen Buchen einzelständig erziehen. Sie hat daher einen größeren waldbaulichen Wert als die Stieleiche. Wenn sie trotzdem viel an Gebiet verloren hat, so lag das darin, daß im Handel als Saatgut lange Jahre hindurch fast nur die ansehnlichere Stieleichel vertrieben wurde. In den letzten Jahrzehnten hat man die waldbaulichen Eigenschaften der Traubeneiche mehr als früher schätzen gelernt und sucht ihr das verlorene Gebiet durch erweiterten Anbau wieder zurückzugeben. Auch wird auf reines Saatgut mehr als früher gesehen. Die Erhaltung und die Erziehung von Masteichen ist sehr zu empfehlen.

2. Samen.

Qu. pedunculata-Eicheln reifen Anfang Oktober, 1 hl wiegt*) 70 kg, 1 kg enthält 270—300 Stück, 1 hl rund 20000 Eicheln Der Same von sessiliflora reift später; im kg zählt man 300 und darüber, im hl rund 25000 Stück.

Gewicht und Größe der Eicheln wechseln je nach der Witterung des Jahres. Heiße, trockene Sommer bringen zwar kleine, aber verhältnismäßig schwere Früchte, feuchte Jahre größere, die ebenfalls um so schwerer sind, je wärmer es war.

*) Ausführliche Zusammenstellungen über Gewichte und Stückzahl bei jeder Holzart bringt Heß: Die Eigenschaften usw.

Die Eichen blühen fast jedes Jahr, Ansatz und Entwickelung ist wesentlich vom Wetter abhängig, ja schließlich kann, wie im Jahre 1892, ein einziger Frühfrost die ganze Mast verderben.

Volle Mast mit weiter Verbreitung haben wir daher nur alle 6 bis 7 Jahre, lokal eng begrenzte Vollmasten treten in günstigen Lagen in kürzeren Zwischenräumen ein, auf halbe oder Sprengmasten ist dort sogar alle 2 bis 3 Jahre zu rechnen. Frei im vollen Lichtgenuß stehende starkkronige Eichen tragen fast alljährlich.

Saateicheln werden durch Lesen gewonnen. Sie müssen alsbald dünn ausgebreitet und mehrmals gewendet werden, damit sie gut abtrocknen und sich nicht erhitzen.

Die Aussaaten würden am besten der Natur folgend im Herbst zu machen sein, wenn die Eicheln nicht von Mäusen, Eichhörnchen, Vögeln verzehrt, verschleppt oder vernichtet würden. Auch da, wo Rotwild und Sauen sind, kann man nicht im Herbst säen. Man sucht daher die Eicheln gut geschützt über Winter aufzubewahren. Von den zahlreichen Methoden haben sich zwei vollständig bewährt: die Aufbewahrung im Bestande und dem Alemannschen Schuppen. Bei ersterer sucht man sich einen gut geschützten Ort, umzieht ihn mit einem Mäusefanggraben, bringt die Eicheln mit Laub vermengt ca. 30 cm hoch lagernd ein und bedeckt sie ebenso hoch mit Laub.

Für den Alemannschen Schuppen hebt man einen 25 cm tiefen, 2,5 m breiten Graben aus, dessen Länge je nach der Quantität der zu überwinternden Eicheln bemessen wird. Die Eicheln werden bis zu 25 cm Höhe aufgeschüttet, jedoch so, daß etwa 1,5 m des Grabens frei bleiben. Der Grabenaufwurf wird geebnet und dient als Damm gegen das Eindringen des Regenwassers. Darüber baut man eine leichte Bedachung von Stroh, Schilf oder Rohr auf und fertigt auch Giebelstücke an, die bei gutem Schluß zugleich auch leicht versetzbar sind. Die Eicheln kommen äußerlich abgetrocknet in den Schuppen und werden anfänglich wöchentlich mindestens einmal vollständig umgelagert, später seltener. Nach jedem Umschippen muß der freie Grabenraum am anderen Giebel liegen, wodurch man eine leichte Kontrolle gewinnt. Die Giebel bleiben zunächst offen, werden aber zugesetzt bei großer Kälte im Winter und gegen das Frühjahr hin. Letzteres geschieht um die Hütte kellerkalt zu halten. Sollten die Eicheln gegen das Frühjahr hin zu sehr austrocknen, so werden sie mit Wasser überbraust und dann umgestochen. Die ganze Hütte wird mit einem Mäusefanggraben umzogen.

Auch folgendes Verfahren hat sich bewährt.*) Die gesammelten Eicheln werden auf einer Tenne bei dünner Lagerung und täglichem Umschaufeln 14 Tage bis 3 Wochen hindurch abgetrocknet und dann ins Winterlager gebracht. Dann steckt man einen runden Raum ab, in dessen Mitte man einen Quandel von Stangen aufbaut. Sie müssen so dicht stehen, daß später Eicheln und Kohlenasche nicht in den Quandelraum fallen können. Man breitet dann auf dem Boden eine Strohschicht aus und auf diese kommt eine Schicht Eicheln. Darüber wird Kohlenasche gestreut und nun wechselt eine Schicht Eicheln mit einer Schicht Kohlenasche und der ganze Aufbau schließt mit einer starken Schicht Kohlenasche ab. Darauf aufliegend und am Quandel befestigt ruht eine den Regen abhaltende Stroheindeckung. Den Winter hindurch werden ab und zu mit einem Stock einige Löcher durch die Strohdeckung bis auf die Eicheln gestoßen. Es geschieht das der besseren Durchlüftung halber.

Viel weniger zu empfehlen ist das Einkegeln der Eicheln, wobei man auf ebener Erde Kegel von 60—100 cm Höhe anhäuft, diese dick mit Laub und Moos deckt, in die Spitze aber einen Strohwisch setzt; desgleichen die Aufbewahrung in Gruben, wobei man die Eicheln mit Laub oder Sand, von Wieber für Stieleichen empfohlen, mischt.

Auch das in Heyers Waldbau beschriebene Verfahren ist nicht besser. Bei diesem bildet man einen Hügel, baut darauf einen Flechtkorb, in den verpackt mit Moos die völlig ausgereiften Eicheln gebracht werden. Ein Dach schützt sie vor Nässe.

Dr. Genth hat in seiner Schrift „Doppelte Riesen“. Trier 1874 ein Verfahren angegeben, das von dem Gedanken ausgeht, den Eicheln stets eine bestimmte Wassermenge zu erhalten. Es ist aber teuer, umständlich und dabei nicht sicher anschlagend.

Hat man einen Eiskeller zur Verfügung, so kann man die Eicheln in Säcke tun und auf das Eis legen. Sie halten sich dort vortrefflich und keimen nicht, so lange sie dort liegen. Es empfiehlt sich, die Säcke nicht ganz zu füllen, damit sie sich möglichst breit auflagern lassen.

Keimfähige Eicheln müssen innen wachsgelb sein, die Schale ausfüllen und gesunden Keim zeigen. Die schlechten lassen sich am leichtesten durch Wurf ausscheiden. Man nimmt dazu die Eicheln auf eine Holzschaufel und schleudert sie über den Boden hin; die

*) Nach einer Mitteilung des Herrn Oberförsters Wahl.

tauben fallen bald zur Erde, die guten fliegen am weitesten. Durch Schwemmen kann man die Trennung nicht in wünschenswerter Weise erreichen, da das spezifische Gewicht der überwinterten Eicheln auch bei voller Keimfähigkeit oft unter 1,00 liegt. Es gehen dabei also leicht auch keimfähige Eicheln verloren. Bessere Ergebnisse hat das Schwemmen bei frischem Saatgut.*) Die Keimfähigkeit erhält sich nicht über das erste Frühjahr hinaus. Zu trocken gewordene Eicheln keimen sehr spät.

3. Pflanzenzucht im Kampe.

Saatbeete sind auf 30 cm Tiefe zu bearbeiten und erforderlichen Falls gut zu düngen. Die Aussaat geschieht in Rillen von 3—6 cm Tiefe und 20 cm Abstand (0,2 hl pro a). Alle 2—3 cm legt man eine Eichel; bei zweifelhaftem Saatgut verstärkt man die Einsaat.

Man kann schon im April säen, da Maifröste nur die Plumula, nicht die Kotyledonen töten.

Die Beete müssen durch Jäten und Hacken gegen Unkraut geschützt werden. Zu gleichem Zwecke ist auch die Bedeckung mit Lohe oder Laub angewendet, was nach Aufgehen der Saat geschehen kann. Das Hacken ist aber mehr zu empfehlen, weil es gleichzeitig die Entwickelung der Eichen fördert. Die Pflanzen sollen i d R nicht über zwei Jahre in den Beeten stehen.

An Besonderheiten der Pflanzenerziehung mögen, obwohl ihnen nicht viel Wert beizulegen ist, erwähnt werden: Das Verfahren von Biermans, der die mit Rasenasche stark gedüngten Beete ganz voll besäete.

Das Verfahren von Levret, der auf toten Untergrund eine Schicht poröser Steine legte, darauf dicht gesäet die Eicheln. Darüber kommt dann reichlich gute Erde.

Beide Wirtschafter wollten die Pfahlwurzel zugunsten der Faserwurzeln einschränken.

Lohdenkämpe.

Will man ältere als zweijährige Pflanzen verwenden, so werden sie i. d. R. verschult; hierbei wird die Pfahlwurzel, wenn sie zu lang ist, zurückgeschnitten. Für Lohdenerziehung genügt ein Verband von

*) Dr. Grundner, Allg. F.- u. J.-Z. 1887. S. 176.

25—30 cm, in dem die Pflanzen 2—3 Jahre stehen bleiben. Eine Pflege durch Jäten und Hacken muß auch hier eintreten.

Heisterkämpe.

Man kann die Lohdenkämpe dadurch umwandeln, daß man Pflanzen herausnimmt, üblicher ist aber eine zweite Verschulung, wobei nochmals die Wurzelbildung reguliert und schlechtes Material ausgeschieden wird. Der Verband beträgt je nach der Stärke der zu erziehenden Pflanzen 0,6—0,9 m Quadrat.

Auf sehr gutem und bindigem Boden ist das Wurzelsystem ohnehin konzentriert und kann die zweite Verschulung fortfallen. Da man aber dann von vornherein weiten Verband nehmen muß, so braucht man mitunter größere Flächen und werden dadurch leicht die Erziehungskosten erheblicher, als bei zweimaliger Verschulung.

Halbheister*) kann man recht gut auch ohne jede Verschulung erziehen auf Boden, der nahrungsreich ist und auf dem die Pfahlwurzelbildung nicht so energisch hervortritt. Man legt zunächst eine Rillensaat mit 15 cm Abstand an. Im nächsten Frühjahr wird die je zweite Reihe ausgehoben, um anderweitig verwendet zu werden. Im folgenden Jahre werden die stehengebliebenen Reihen lückig gemacht und zwar so, daß auf 30 cm Pflanzenstand eine Lücke von 20 cm folgt. Die stehenbleibenden Streifenstücke sind von unwüchsigem Material zu befreien, indem man es mit der Dittmarschen Astschere am Wurzelknoten abschneidet. Nach weiteren zwei Jahren muß man wieder die je zweite Reihe ausheben, den Abstand der Reihen damit verdoppeln, die stehenbleibenden Reihen aber durchreisern. Nach zwei weiteren Jahren haben die Pflanzen dann Halbheisterstärke erlangt.

Die Geyersche Methode,**) Heistern zu erziehen, nimmt an: eine erste Verschulung von einjährigen Pflanzen mit verkürzter Pfahlwurzel, ein Stummeln nach zwei Jahren, eine zweite Verschulung auf 55 cm Entfernung im Frühjahr darauf. In dieser bleiben die Stämme drei Jahre, um dann zum dritten Male in

---

*) Vgl. Mündener forstliche Hefte II, S. 13. Für diejenigen, welche den Versuch wiederholen wollen, bemerke ich, daß die Zeitabstände, in denen die Durchlichtungen sich folgen, lediglich von der Entwicklung der Pflanzen abhängen. Der leitende Gesichtspunkt muß sein, daß die herrschende Pflanze frohen Wuchs behält.

**) Die Erziehung der Eiche zum kräftigen und gut ausgebildeten Hochstamme nach den neuesten Prinzipien. Berlin 1870.

90 cm Verband verschult zu werden. Das Verfahren ist langwierig, kostbar und liefert fast immer Pflanzen, die an der Stummelungsstelle ein Faulfleckchen zeigen. Das gilt namentlich für Lagen, in denen die Eiche einen etwas langsamen Wuchs hat.

Besondere Aufmerksamkeit erfordert die Zweigregulierung durch Triebausbrechen und Schnitt. Ein Knospenausbrechen ist nicht zu empfehlen, da man nicht weiß, welche Knospe austreibt. Das Triebausbrechen geschieht so lange, wie die Triebe noch krautig sind, bei verholzten schneidet man.

Es gelten folgende Grundsätze:

Der Wipfeltrieb muß unbedingt herrschen.

Material mit fehlendem Wipfeltrieb soll nicht verschult werden. Ist es doch geschehen oder der Wipfel verloren gegangen, so ist der passendste Zweig in die Höhe zu richten.

Bei Krümmungen nimmt man die Zweige auf der äußeren Seite und beläßt die auf der inneren.

Es wird parallel mit der Richtung der letzten bleibenden Knospe geschnitten.

Es dürfen nicht zu viel Äste genommen werden, weil sonst der Durchmesserzuwachs sehr klein wird.

Wo der Rehbock an Eichenheistern gern schlägt und fegt, werden die unteren Äste immer nur eingespornt, damit die Stämmchen rauh beastet bleiben.

4. Kulturen.

Saaten macht man da, wo es das Wild, namentlich Sauen gestatten, und in Jahren, wo Mäuse nicht zu fürchten sind, im Herbst, sonst im Frühjahr gewöhnlich Ende April. Angewendet werden alle Arten von der Punkt- bis zur Vollsaat. Die Bodenbearbeitung geht der Pfahlwurzel halber möglichst tief. Die Erdbedeckung beträgt 2—5 cm. Für Vollsaaten gebraucht man 10 hl, für Streifensaaten 5 hl, für Punktsaat 2,5 hl pro ha.

Pflanzungen sind von Alters her in großem Umfange ausgeführt.

Bei einjährigen Eichen ist Klemmpflanzung mit dem Keilspaten zwar viel angewendet, besser und zweckmäßiger ist aber die Lochpflanzung, stärkere müssen in weit geöffnete Löcher gepflanzt werden.

Heister werden in ihrem Zweigwerk pyramidal zugeschnitten unter Belassung der unteren Äste, wenn und wo Rehböcke gern an den Heistern fegen und schlagen, sonst unter Fortnahme derselben.

Stummelpflanzungen sind für Anlage von Eichenniederwald zu empfehlen.

5. Betriebsarten.

Hochwald mit Kahlschlag. Die Pflanzung bildet die Ausnahme, Saat die Regel.

Hochwald mit Überhalt. Als Überhälter sind möglichst freistehende Stämme zu wählen, erforderlichenfalls müssen sie durch vorherigen Loshieb, namentlich nach Süden und Westen, an die künftige Freistellung gewöhnt werden. Unvorbereitet aus dichtem Schlusse freigestellte Stämme überziehen sich mit Wasserreisern und werden leicht wipfeldürr.

Die Kultur geschieht auch hier in der Regel durch Saat.

Hochwald mit natürlicher Verjüngung: Durch eifrigen Durchforstungsbetrieb ist die Kronenausbildung zu fördern und damit die Wahrscheinlichkeit auf reiche Samenerzeugung. Die abgefallene Mast wird am besten durch Schweine untergebracht. Man läßt sie erst in nicht zu besamenden Orten sich satt fressen und treibt sie dann langsam durch die Samenschläge hindurch. Wo Schweine nicht zu haben sind, ist der Boden nach dem Samenabfall zu hacken oder vor demselben mit der dänischen Rollegge zu bearbeiten.

Vom Besamungsschlage aus geht man im nächsten Jahre in den Lichtschlag über und läßt nach 3—4 Jahren die Räumung folgen.

In der Praxis steht die Einhaltung der Abnutzungssätze einem solchen schulgerechten Verfahren nicht selten entgegen. Die großen verjüngten Flächen zwingen zu langsamerem Vorgehen. Dann sind die Nachlichtungen so zu führen, daß die jungen Eichen überall soviel Licht erhalten, wie sie zur notdürftigen Fristung des Lebens gebrauchen. Bei solcher Stellung zeigen die jungen Eichen eine sehr bemerkenswerte Zähigkeit. Wenn sie auch jahrelang kaum sichtbar zuwachsen, so bleiben sie doch erholungsfähig. Werden sie später freigestellt, so entwickeln sie sich in durchaus befriedigender Weise.

Eine gleiche Lebenszähigkeit zeigt die junge Eiche auf raumen Hudeflächen im Kampfe gegen Heide und Beerkraut. Läßt man ihr Zeit, so geht sie oft als Siegerin aus diesem Kampfe hervor.

Lichtungsbetrieb mit Unterbau; als Bodenschutzholz verwendbar und empfehlenswert ist Hainbuche und Buche, die durch Plätzesaat, durch Lohden- und Büschelpflanzung eingebracht werden. Auf recht gutem Boden finden sich auf natürlichem Wege häufig Straucharten ein. Diese und die Hainbuche können niederwaldartig bewirtschaftet werden. Die Fichte ist als Schutzholz i. a. nicht zu empfehlen, da sie flachwurzelnd die Niederschläge auffaugt und die Eiche Not leiden läßt. Dagegeu kann die Weißtanne in Betracht kommen, wo sie nicht zu lange mehr mit der Eiche zusammen stehen soll. Sobald die Weißtanne aber in den Kronenranm der Eiche hineinwächst, wird auch sie ihr schädlich.

Am besten geht man nach einer Periode starker Durchforstungen, an deren Schluß bereits der Unterbau erfolgen kann, vermittels einmaligen starken Hiebes in den Lichtungsbetrieb über, wenn das Alter von ca. 70 Jahren erreicht ist. Will man in den Lichtungsbetrieb ohne vorgängige starke Durchforstungen eintreten, so ist der Lichtstand in mehreren Hiebsstufen zu erreichen; mit der ersten erfolgt dann eine Kultur, bestehend in Rot- und Hainbuchen-Saaten oder -Büschelpflanzungen.

Wenn der Unterbau von Rot- und Hainbuchen erstarkt und in den Kronenraum der Eichen einwächst, so wird es notwendig, die Eichenkronen gegen Verdämmungsschaden zu schützen. Man erreicht das durch Hieb auf den stärksten Stamm. Jede Buche, die durch ihre Kronenentwicklung die unteren Äste der Eichenkronen einzuhüllen beginnt, ist zu hauen oder zu köpfeu. So behandelt, kann der Buchenunterstand noch Jahrzehnte hindurch seine wohltätige Wirkung auf Boden und Bestand üben. Auch wird es möglich sein, so behandelte Orte natürlich auf Eiche zu verjüngen, während ohne derartigen Hieb die Eichen zunächst im Zuwachs nachlassen, dann kleinkronig und untauglich zum Mutterbaum werden.

Mittelwaldbetrieb. Die Eiche ist als Oberbaum sehr geschätzt. Nur in seltenen Fällen reicht aber der natürliche Nachwuchs zur genügenden Bestockung aus. Man greift dann zu Saat und Pflanzung. Bei letzterer nimmt man starke Pflanzen, da andere gegen die rasch wachsenden Stockausschläge nicht aufkommen.

Saaten sind nur bei hochwaldartigem Mittelwaldbetrieb möglich, dort aber sehr empfehlenswert. Man macht Streifensaaten, welche man anfangs geschlossen, später in immer weiterem Lichtstande erzieht. Um den Graszuwuchs niederzuhalten, verpachtet man häufig die Kulturflächen zu landwirtschaftlicher Benutzung und gestattet auch zwischen den Reihen einige Jahre hindurch den Fruchtbau.

Niederwaldbetrieb*) ist der Rindennutzung wegen viel verbreitet. Da die Schälzeit von unseren beiden Eichenarten nicht zusammenfällt, die Stieleiche früher, die Traubeneiche später treibt, so müssen die Arten auseinander gehalten werden. Die Kultur ist durch möglichst tiefe Bodenbearbeitung vorzubereiten. Saat ist recht empfehlenswert für bessere Standortsverhältnisse, bei geringeren pflanzt man und zwar nimmt man Lohden und starkbewurzelte Stummel, wie sie z. B. fehlgeschlagene Pflanzen aus den Verschulungsbeeten liefern. Besser noch ist es, die Stummelung erst einige Jahre nach der Pflanzung vorzunehmen.

Nachbesserungen alter Schläge werden mit bestem Pflanzmaterial ausgeführt. Nur solches erhält sich und wächst beim nächsten Umtriebe gleichwertig mit den Ausschlägen der alten Stöcke mit. Beim ersten Umtriebe darf man noch nichts von ihnen erwarten. Mit Erfolg sind auch Senker zur Schlagausbesserung benutzt. Man nimmt dazu die im Schälwalde nicht selten zu findenden, am Boden hinkriechenden Lohden, die zu diesem Zwecke bei der Durchforstung mit dem Hiebe verschont bleiben. Das Senken geschieht zwei bis drei Jahre vor dem Abtrieb derartig, daß man die Lohden soweit unter die Erde bringt, daß nur die Zweigspitzen heraussehen. Die Wurzelbildung wird durch einen Querschnitt bis auf halbe Dicke und durch einen Längsspalt von 3—4 cm Länge besonders angeregt**). Wenn die Senker bewurzelt sind, muß man die Lohden vom Stamm trennen lassen. Der Fuß bleibt nämlich leicht in den Bogen hängen und es können Unglücksfälle dadurch hervorgerufen werden.

Landwirtschaftliche Zwischennutzungen werden mit großem Vorteil nicht nur beim Mittelwalde, sondern auch bei vielen anderen der vorher genannten Betriebsarten eingelegt, da die Eiche als Hauptholzart nur auf kräftigem Boden gehalten werden kann und die landwirtschaftliche Bodenpflege und Bearbeitung ihren Wuchs wesentlich fördert.

*) Fribolin: Der Eichenschälwaldbetrieb mit besonderer Berücksichtigung württembergischer Verhältnisse. Stuttgart 1876. — Neubrand: Die Gerbrinde mit besonderer Beziehung auf die Eichenschälwaldwirtschaft. Frankfurt 1869. — Jentsch, Der deutsche Eichenschälwald und seine Zukunft. Berlin 1899.

**) v. Fischbach im Zentralblatt für das gesamte Forstwesen. 1882. S. 410.

6. Mischungen.

Wo die Eiche im Hochwalde dem Standorte nach rein angebaut werden kann, wünscht man in der Regel keine mitwachsende Mischung, weil durch dieselbe der Bestandswert nicht erhöht wird. Lücken in den Kulturen bessert man jedoch nicht mit Eichen aus, weil diese auf solchen Stellen leicht krüppelwüchsig werden, sondern mit Nadelholz — Kiefernjährlingen, zweijährigen Kiefern, verschulten oder Weißtannen-Ballen — oder mit Buchen, wobei Lohdenpflanzung oder Plätzesaat in Betracht kommt. Eine vorwachsende Mischung kann mitunter und zwar namentlich in Frostlöchern von Vorteil sein und werden Aspen und Birken dazu am häufigsten, seltener Weiden genommen. Die Mischung muß stets so unter der Axt gehalten werden, daß die Eiche sich gut entwickeln kann.

Die Mischung von Eiche und Fichte ist ebenso unvorteilhaft wie der Unterbau*) mit dieser Holzart, weil sich Schattenerträgnis, Wachstumsgang und Standortsanspruch beider nicht vertragen bezw. decken.

Im Mittelwalde sind es namentlich Eschen, Ulme, Ahorne, Erlen und Birken, die je nach dem Standorte Platz finden und von Nadelhölzern die Lärche.

Den Niederwald sucht man rein zu erhalten.

7. Die Pflege des Bestandes

ist dringend notwendig und besteht auf den Kulturen in Schutz vor Unkraut, in Hacken des Bodens, in Behäufeln der Pflanzen, später in einer scharfen Handhabung der Reinigungshiebe.

Die Durchforstungen beginnen mit der Bestandsreinigung, sie haben das Besondere, daß unterständige Mischholzarten nur dann fortgenommen oder gekappt werden, wenn sie rasch nachwachsend der Ausbildung der Eichenkronen Schaden tun würden. In dem sich am Schluß beteiligenden Bestande sind die Durchforstungen vorgreifend zu führen und zwar schon von beginnender Bestandsreinigung an.

Entästungen verträgt die Eiche sehr gut, doch soll man sie früh vornehmen, damit die Wunden nicht zu groß werden. Wenn irgend

*) Daß ausnahmsweise auf Boden mit Feuchtigkeitsüberschuß der Unterbau guten Dienst leisten kann, ist bereits erwähnt.

möglich, sollten sie mit jeder Durchforstung in Verbindung gebracht werden.

Die Unterbauungen sind sehr oft nur als Maßregeln der Bestandspflege anzusehen, also ohne Rücksicht auf eigene Erträge vorzunehmen.

b) Die Buche.

Literatur: Grebe, Der Buchenhochwaldbetrieb. Eisenach 1856. C. Frömbling, Der Buchenhochwaldbetrieb. Berlin 1908.

1. Standort.

Die Buche fehlt einem Teile von Ostpreußen, ist sonst aber durch ganz Deutschland verbreitet. Sie steigt zu Höhenlagen hinauf, die bereits sichtbar zurückhaltend auf die Vegetation wirken, namentlich geschieht das in Mischbeständen. Im Harz ist sie bis 600 und 700 m Höhe verbreitet, in Thüringen geht sie über 800 m hinaus, ebenso im nördlichen Schwarzwald, während sie im südlichen bis zu 1100 m zu finden ist. In den bayerischen Alpen rückt sie bis 1400 m, in der Schweiz bis 1500 m vor.

Sie gedeiht auf Sandboden nur dann, wenn er frisch ist; ihr Wuchs wird dort wesentlich beeinflußt durch den Untergrund. Enthält derselbe kalkhaltigen Lehm und Mergel, führt er hinreichend Feuchtigkeit, so trägt der Boden mitunter überraschend gute Bestände, die sich mit den oberen und zutage liegenden Schichten nicht in Einklang bringen lassen.

Lehmböden und die tonigen Bodenarten behagen ihr mehr, am meisten aber die Verwitterungsböden des Kalks. Auf diesen mäßigt sie in nicht unbedeutender Weise die Ansprüche auf Bodenfrische.

Sie versagt den Dienst überall auf nassem Boden und geht nach Überschwemmungen in der Regel ein. Deshalb ist sie nur selten im Auewalde zu finden und auch fast nur auf höheren Lagen, die gegen länger währendes Hochwasser geschützt sind.

Die Buche verlangt ein nicht unbedeutendes Maß von Luftfeuchtigkeit, wie man aus ihrem vorzüglichen Wuchs an der Küste, auf Inseln, auf Nord- und Osthängen im Gebirge, ihrem Verschwinden nach Osten hin unter dem Einfluß eines kontinentalen Klimas, und dem geringeren Wuchs- auf Süd- und Westhängen tieferer Lagen folgern kann.

An Luftwärme macht sie weniger Anspruch als die Eiche, doch ist sie empfindlicher als diese gegen Fröste in der Vegetationszeit. Ihr lokales Verschwinden hängt oft eng mit diesen zusammen. Sehr heiße Tage im Sommer bewirken mitunter aber nur an besonders der Hitze ausgesetztem Standort Verdorren und frühes Fallen des Laubes. So geschah es z. B. im Jahre 1892 und 1911.

Sie erträgt viel Schatten, namentlich in der ersten Jugend. Ihr Baumschlag und ihr Schluß ist sehr dicht. Sie schützt daher die Bodenkraft in bester Weise und versteht sie wesentlich zu heben.

Der Buchenwald gestattet die Einmischung aller deutschen Holzarten, und dadurch erhält er waldbaulich eine solche Bedeutung, daß die Versuche gescheitert sind, ihn wegen seiner geringen Rentabilität grundsätzlich in andere Holzarten umzuwandeln. Lagen, wo Vaccinien üppig gedeihen, neigen zur Bildung von Buchentorf und sind nicht mehr für die Buche geeignet. Die letzten Jahrzehnte haben übrigens bewiesen, daß das Buchenholz als Nutzholz immer mehr geschätzt wird.

2. Samen.

Reift im Oktober und fällt spätestens mit dem Laube ab. 1 hl wiegt 40—50 kg und zählt bis 200 000 Stück; 1 kg = 4000 bis 5000 Stück. Volle Mast auf weiten Gebieten tritt etwa alle 10 Jahre ein. Auf Kalkboden kehrt sie in 5—6 Jahren, auf Sand in Zwischenräumen von mehr als 10 Jahren wieder. Geringe Masten treten dazwischen einige Male ein. Sie müssen für den Fortgang des Verjüngungsbetriebes wenigstens in Norddeutschland nach Möglichkeit benutzt werden. Die Keimruhe währt bis zum Frühjahr. Die Kotyledonen zeigen sich bei natürlicher Verjüngung gleichzeitig mit dem ersten Laube älterer Buchen. Überwintertes Saatgut keimt, wenn es gut behandelt wurde, vier Wochen nach der Aussaat. Je trockner es ist, desto länger schiebt sich die Keimung hinaus und erfolgt mitunter erst im zweiten Jahre, gewöhnlich aber gehen die Bucheln, wenn sie länger als zwei Monate nach der Aussaat liegen, in Fäulnis über.

Der Same wird gelesen, auch wohl durch Kehren und Sieben gewonnen und meistenteils im Alemannschen Schuppen aufbewahrt. Gegen das Frühjahr hin sind die Bucheln so oft mit Wasser zu überbrausen, daß der Kern voll und die Schalenfarbe natürlich braun bleibt.

Eine andere empfehlenswerte Methode gibt Oberförster Ohrt an*): Die Bucheln sind durch flaches Ausbreiten in überdecktem Raume bei mäßiger Zugluft abzutrocknen. Dann kommen sie ins Winterlager, welches an einer trockenen Bodenstelle, womöglich im Nadelholzbestande, zu bereiten ist. Hier wird eine runde Fläche mit einem Graben umgeben und durch Erdaufwurf um 15 cm erhöht. Darauf kommt 15 cm Roggenstroh, das mit einem 10 cm hohen, fest eingebundenen Rand eingefaßt wird. In den so begrenzten Raum werden 10 cm hoch Bucheln geschüttet; es folgt dann eine 10 cm hohe Strohlage mit etwas mehr eingezogenem Rande und darauf wieder eine Schicht Bucheln. Schicht um Schicht wechselt so, bis das ganze in Gestalt eines Bienenkorbes abschließt. Dieser erhält noch eine Erdschicht von 25 cm Stärke, durch die Drainröhren zur Herstellung eines Luftwechsels gesteckt werden. Wenn der Erdmantel im Winter gut durchgefroren ist, wird derselbe mit einer starken Lage von Laub und Moos gedeckt, damit darunter der Frost sich möglichst lange halten kann.

Kleinere Mengen kann man in Säcke bringen und im Eiskeller auf das Eis legen. Sie halten sich dort ohne zu keimen in sehr guter Qualität**).

Eine gesunde Buchel ist beim Aufschneiden weiß, saftig und schmeckt rein und angenehm. Der Keim muß frisch und weiß sein.

3. Die Pflanzenzucht im Kampe.

Sie beschränkt sich auf Anzucht von 2—3jährigen Büscheln und von Lohden. Man legt kleine Kämpe mit Seitenschutz an, auch Bestandslücken können dazu benutzt werden. Der Boden ist 30 cm tief zu bearbeiten.

Saaten macht man in Rillen mit 25 cm Entfernung, die Einsaat so stark, daß zwischen den Bucheln nur geringe Zwischenräume bleiben und 2—3 in der Rille nebeneinander liegen (0,2 hl pro a). Die Erdbedeckung bei mittelschwerem Boden beträgt 2 cm.

Nach dem Aufgehen der Saat häufelt man die Rillen an bis zu dem Ansatze der Kotyledonen. Es schützt das die gefährdetste Stelle der Pflanze gegen den Frost. Gitter oder Deckreisig müssen außerdem zum Schutz der Kämpe bereit gehalten werden. Gegen Sonnenbrand sind Schattengitter mit Erfolg verwendet. Sobald

*) Zeitschr. f. Forst- u. Jagdw. 1884. S. 653.
**) Vgl. Mündener forstliche Hefte II, S. 10.

die Pflanzen verholzen, nimmt ihre Widerstandskraft rasch zu, so daß sie dann auch ohne Schutz in der Sonne aushalten. Wo der Keimlingspilz auftritt, müssen die befallenen Pflanzen womöglich täglich entfernt werden.

Im Lohdenkamp pflanzt man in 30 cm Reihenabstand und mit etwa 20 cm in den Reihen.

Die Erziehung von Heistern hat zur Zeit keinen Zweck.

Buchen schneidet man nicht, sondern läßt ihnen die rauhe Beastung.

Das Unkraut ist durch Hacken zu vertilgen.

4. Kulturen

werden in der Regel unter Schirmbestand ausgeführt, können aber auch einen solchen entbehren.

Saaten legt man im Schirmbestande platzweise an, 1—2 hl je nach der Zahl der Plätze pro ha. Die 50 cm im Quadrat großen Plätze sind gut zu rajolen und in zwei Längs- oder sich kreuzenden Rillen zu besäen. Die Erdbedeckung beträgt wie im Kamp ungefähr 2 cm. Auch die Streifen besäet man (2,5 hl pro ha) am besten in Rillen, weil diese sich leichter das Unkraut fernhalten.

Pflanzungen sind mit zweijährigen beginnend bis zu Lohden auszuführen. Die gewöhnliche Pflanzung in gegrabene oder gehackte Löcher ist vorzugsweise in Gebrauch, ausnahmsweise wendet man auch Klemmpflanzung an.

5. Betriebsarten.

Hochwald mit natürlicher Verjüngung

auf Sandboden, soweit er humos und frisch genug für die Buche ist. Der Vorbereitungshieb ist sehr vorsichtig zu führen. Der Samenschlag bleibt bis nach erfolgter Besamung dunkel, dann wird zur Kräftigung des Aufschlags etwas gelichtet. Die eigentlichen Lichtungen sind wie die Räumung langsam fortschreitend zu führen. Die Verjüngung ist also in ihrem ganzen Verlaufe möglichst dunkel zu halten. Es hat das seinen Grund in der Gefahr, welche die Maifröste für die jungen Pflanzen gerade auf Sandboden bringen.

Auf Tonboden kann von Anfang an schärfer eingegriffen werden, auch darf man den Mutterbaum früher entfernen.

Auf Lehmboden ist die Verjüngung verschieden zu stellen und zwar ist sie, je nachdem er sich dem Sande oder dem Tone zuneigt, den für diese beschriebenen Methoden zu nähern.

Auf **Kalkboden** verträgt die Buche sehr viel Schatten. Selbst bei natürlichem Schlusse von 80jährigem Alter des Bestandes an ist der Boden für die Besamung empfänglich. Die Samenerzeugung tritt früh und reichlich ein. Vorbereitungsschläge sind daher nicht immer erforderlich. Eine dunkle Stellung des besamten Schlages ist nicht schädlich, auf allen Hängen sogar wünschenswert. Lichtungen und Räumungen folgen so, wie der Jungbestand es fordert. Im allgemeinen soll man nicht versuchen, durch frühzeitigen Eingriff den Wuchs zu beschleunigen. Man schadet durch einen verhältnismäßig langsamen Verjüngungsbetrieb auf Kalkboden nur höchst selten, kann dagegen durch zu schnellen Hieb außerordentlich viel verlieren.

Für alle Verhältnisse gilt folgendes:

Dunkel zu halten sind: Bestandsränder, alle Lagen, die zu Maifrost neigen, und die Süd- und Süd-Westhänge.

Wo der Boden bei Eintritt eines Mastjahres nicht genügend vorbereitet ist, muß mit künstlicher Bodenbearbeitung eingegriffen und die Buchel unter die Erde gebracht werden. Die Verjüngung vergeht aber trotzdem oft nach 3—4 Jahren und es ist daher besser, ein solches Samenjahr unbenutzt vorübergehen zu lassen.

Man hat für die Schlagstellungen gewisse Marken aufgestellt. Die Verteilung der Masse würde z. B. so vorzunehmen sein, daß man in der Vorbereitung 0,2 des geschlossenen Bestandes entnimmt und ebenso viel bei Stellung des Samenschlages. Die Lichtungs- und Kräftigungshiebe nehmen 0,35, so daß der Räumung 0,25 verbleiben.

Andere Wirtschafter geben die Entfernung der Zweigspitzen als Maßstab an:

bei dunkelster Stellung sollen die Zweigspitzen benachbarter Bäume etwa 50 cm, bei mittlerer 1—1,20 m und bei lichter 2—3 m voneinander entfernt sein.

Nimmt man, was jedenfalls das richtigste ist, den Aufschlag zum Maßstab, so würde im 2.—4. Jahre nach der Besamung ein erster Hieb zugunsten desselben einzulegen sein, weitere Kräftigungshiebe erfolgen bei einer Aufschlagshöhe von 30—40 cm und der Abtrieb bei 1,2—1,5 m Höhe des Aufschlages.

Hochwald mit Überhalt wird zwar hier und da gefunden, ist aber nicht zu empfehlen, weil die Buche freigestellt rindenbrandig wird. Man wählt zum Überhalten daher Eichen aus, die, wie das bei der Eiche gelehrt ist, auf den Freistand vorzubereiten sind. Geschieht das nicht, so überziehen sie sich mit Wasserreisern und werden in der Regel zopftrocken.

v. Seebachs modifizierter Buchenhochwald cfr. Betriebsarten S. 99.

Der Femelschlagbetrieb wie der geregelte Plenterwald sind geeignete Betriebsarten, weil die Buche viel Schatten erträgt, dagegen taugt sie in der Regel nichts für den Mittelwald; denn einerseits gibt sie als Oberbaum zu dichten Schatten und verdrängt das Unterholz, anderseits liefert sie als Unterholz geringe Erträge bei beschränkter Ausschlagsfähigkeit der Stöcke. Nur auf den besseren Klassen eines kalkreichen Bodens findet man einmal gute Mittelwaldbilder, doch ist bei der Leichtigkeit, mit der unter solchen Bedingungen die geschlossene Hochwaldform mit natürlicher Verjüngung ins Leben gerufen werden kann, der Übergang zu dieser als zu einer besseren Waldform in den meisten Fällen vorzuziehen.

6. Mischungen.

Sie sind sehr zu empfehlen, weil die Buche vielfach geringe Nutzholzausbeute*) hat. Eine steigende Verwendung ist zwar in letzter Zeit deutlich hervorgetreten, doch aber noch nicht in solchem Umfange, daß man daraus die Nachzucht reiner Bestände rechtfertigen kann. Außerdem lehrt die Erfahrung, daß die Mischhölzer des Buchenwaldes in der Regel sehr hochwertiges Holz geben.

Die Eiche wird am besten horstweise schon in den Vorbereitungsschlag gebracht. Dabei ist zu unterscheiden, ob alte Eichen vorhanden sind oder nicht. Ist es der Fall, so wird in einem Samenjahr der Eiche nach Abfall der Mast rings um jede gelichtet und die alte Eiche im nächsten Winter herausgenommen, vorausgesetzt, daß junge Pflanzen in genügendem Maße erschienen sind. Verzichtet man auf natürliche Verjüngung oder sind überhaupt keine Alteichen da, so haut man in den Buchenbestand Löcher

*) Vgl. Weise: Die Buchennutzholzfrage. Zeitschrift für Forst- und Jagdwesen. 1881. S. 529. Schumacher: Die Buchennutzholzverwertung in Preußen mit besonderer Berücksichtigung des eigentlichen Buchengebiets im Westen der Monarchie. Berlin. Parey 1888. v. Alten, Versuche und Erfahrungen mit Rotbuchennutzholz. Berlin 1895.

hinein und besäet diese. Auch Pflanzung von Eichen bis zur Lohdenstärke kann eintreten. Die Größe der Löcher wird sehr verschieden angegeben, unter 5 a darf man nicht gehen. Werden die Horste sehr groß, so treten sie aus dem eigentlichen Rahmen der gemischten Bestände heraus. Wir erhalten reine Eichenbestände, die in größere Buchenbestände eingebettet sind.*)

Spätestens darf die Eiche noch in den Lichtschlag eingebracht werden, jedoch nur da, wo man sehr kräftiges Pflanzmaterial zu Horsten vereinigen kann und die Eiche die Folgen der Pflanzung leicht überwindet.

Für die letzten Auspflanzungen nach der Räumung ist die Eiche durchaus nicht zu empfehlen.

Esche und Ahorn finden und erhalten sich leicht durch Naturbesamung, wenn der Schlag nicht zu lange dunkel gehalten wird. Ein horstweises Auftreten dieser Holzarten ist nicht zu begünstigen, da beide sich im Alter zu licht stellen. Beide lassen sich sehr gut in den Lichtschlag als Lohden und in den Abtriebsschlag als Halbheister und Heister pflanzen.

Ulmen sind auf natürlichem Wege bei den ersten Lichtungen zu gewinnen, wenn man kurz vor der Samenreife, das ist also im Mai, größere Plätze hackt. Ohne diese Hilfe findet sich selten Kernwuchs ein. Die Pflanzung von Lohden in den Lichtschlag gelingt leicht.

Edelkastanien pflanzt man als Halbheister in den Lichtschlag.

Die Hainbuche ist überall die natürliche Begleiterin der Rotbuche und eine Holzart, die eher zurückzuhalten als zu begünstigen ist.

Birken und Aspen sind gern gesehen, wenn und wo sie einzelständig auftreten. Sie sind bei den Reinigungshieben demgemäß zu stellen, während Sahlweiden ganz fortzunehmen sind.

Die Nadelhölzer sind sämtlich zur Einmischung zu empfehlen. Die Weißtanne wird durch Vorverjüngung eingebracht, damit sie einen Vorsprung erhält. Wo Saaten notwendig werden, legt man die Plätze und Streifen erhöht an, weil die Weißtanne gegen Überdeckung durch Buchenlaub empfindlich ist. Die Saaten sind

---

*) Namentlich zwischen Preußen und Bayern herrschen verschiedene Auffassungen über den Begriff Horst.

andauernd gegen Überwachsen durch die Buche zu schützen. In den Lichtschlag kann man sie nur noch durch Pflanzung von kräftigem Material bringen, nicht mehr durch Saat.

Überall, wo der Mutterbestand Weißtannen enthält, läßt sich durch eine sorgsame Pflege des natürlichen Anflugs die Mischung leicht herstellen.

Fichten bringt man als Ballenpflanzen in den Lichtschlag und auf die Lücken des Abtriebsschlages und der Reinigungshiebe. Natürlicher Anflug ist je nach Umständen zu pflegen. Auf bestem Buchenboden muß man ihn gegen die Buche in der ersten Jugend schützen, dort wird er leicht überwachsen und verdämmt. Auf gutem Buchenboden halten sich die Kräfte beider im Gleichgewicht, während vom mittleren abwärts die Fichte an Macht gewinnt und die Buche verdrängt.

Die Kiefer siedelt sich leicht auf kleinen Lücken von Nachbarbeständen her an, liefert aber meist schlechte, sperrige Stämme, die spätestens nach der Räumung wieder fortzunehmen sind. Astreines Holz liefert sie nur, wenn die Buche sie durch Seitenschatten und engen Stand in Zaum hält. Man sollte sie daher erst in die Abtriebsschläge zur Auspflanzung der letzten Lücken bringen. Auch Lärche, Strobe und Douglasie finden in dieser Weise Platz. Man setzt von ihnen aber drei- und vierjährige Pflanzen, während man bei der Kiefer höchstens zweijährige nimmt. Die Lärche ist ein vorzügliches Mischholz, doch darf man sie immer nur in kleinen Gruppen von 3—5 Stück einbringen, damit die Bestände nicht lückig werden, falls sie frühzeitig eingehen sollte.

7. Bestandspflege.

Die Reinigungshiebe regeln die Stellung der Mischhölzer, nehmen alle Sperrwüchse.

Die Krüppelwüchse auf den Frostlöchern sind mit Fichten zu durchpflanzen, wo es geht auch mit Kiefern.

Die Durchforstungen beginnen mit dem Gertenholzalter und sind stets so zu führen, daß die eingesprengten Holzarten, soweit sie zu Nutzholz tauglich sind, begünstigt werden. Dabei darf aber der Charakter des Bestandes als eines Buchenbestandes nicht verwischt werden. In den Buchen selbst wird bis zum angehenden Baumholz vom schwachen her mäßig durchforstet, von da ab stark. Wo Buchen unterständig unter Lichtholz-Mischhölzern stehen, läßt man sie stehen, ja man ruft solchen Unterstand bei den ersten Durchforstungen auch wohl künstlich dadurch hervor, daß man die Buchen nur köpft, nicht am Stock abhaut.

Entästungen nimmt man bei ganz jungen Zwieselstämmen mit der Astschere vor, um die Zwieselung zu entfernen — tief angesetzte Zwiesel beeinträchtigen stets die Nutzholztüchtigkeit des Stammes, denn die Zwieselstelle ist bei der Buche mißgestaltet. Meist birgt sie auch wasserfangende Trichterbildungen*). Am Altholz entastet man im Verjüngungsstadium zugunsten des Aufschlags, wenn die Fortnahme des ganzen Stammes eine zu große Lücke reißen würde. Im Durchforstungsbetriebe ist eine Entästung selten; sie tritt etwa dann einmal ein, wenn schlechte, namentlich gezwieselte, dabei aber dominierende Stämme in ihrer Kronenausbreitung zunächst beschränkt und bei einem späteren Hiebe fallen sollen.

Bei den Durchforstungen ist ganz besonders darauf zu achten, daß die fallenden Stämme die Rinde der stehenbleibenden nicht verletzen, denn die Nutzholztüchtigkeit eines Baumes hängt wesentlich davon ab, daß der Rindenkörper unverletzt bleibt.

Bei Bestandsaufnahmen ist nie mit dem Reißer zu arbeiten.

Alle überwallungen beeinträchtigen nämlich die Spaltbarkeit und Glattfaserigkeit, technische Eigenschaften, auf die gerade beim Buchenholz besonderer Wert zu legen ist. Größere Wunden werden zudem leicht weißfaul, ein Umstand, der das Schälen durch Wild zu einem ganz empfindlich schweren Schaden macht.

Die Erziehung der Buche zu Nutzholz erfordert scharfes Urteil bei der Auszeichnung der Durchforstungen und den sorgfältigsten Hauungsbetrieb. Wenn in unseren Beständen so viel Brennholz steht, so hat das seinen Grund vielfach in Versäumnissen nach dieser Richtung.

c) Die Hainbuche.

1. Standort.

Sie ist durch ganz Deutschland verbreitet, geht nach Osten viel weiter, als die Rotbuche, bleibt aber im Gebirge hinter dieser zurück, so daß sie im Schwarzwald und in den Vogesen nicht über 800 m, in den Alpen nicht über 9—1100 m gefunden wird.

Die Hainbuche verlangt frischen und humosen Boden und zeigt bei Gewährung eines solchen guten Wuchs selbst auf Sand und sandigem Lehm. Trockene Flächen solcher Böden meidet sie.

*) Mündener forstliche Hefte III. S. 10.

Sie wagt sich bis an den Rand der Brücher, vermeidet aber diese selbst.

An Luftwärme und Feuchtigkeit macht sie weniger Anspruch als die Rotbuche; gegen Maifröste kann sie sogar als unempfindlich hingestellt werden.

Sie ist gern der Rotbuche beigesellt. Da sie im ganzen aber weniger Ansprüche macht, so geht sie über deren Gebiet hinaus und tritt auf minderwertigem Standort an Stelle derselben, namentlich in Frostlagen.

Im Schattenerträgnis steht sie der Rotbuche gleich. Sie hat eine dichte Belaubung, verbessert aber den Boden nicht in gleichem Maße wie diese.

2. Samen.

Reift im Oktober und fällt von da bis zum Frühjahr hin ab. 1 hl wiegt mit den Flügeln 10 kg, darunter sind 7 kg Korngewicht. Entflügelter Same wiegt 48 kg im hl. 1 kg davon enthält ca. 30000 Stück. Die Hainbuche trägt fast alljährlich. Man sammelt den Samen, indem man die behangenen Zweige abbricht oder indem man ihn mit Stangen abklopft und durch untergehaltene Tücher auffängt.

Der Same wird entflügelt aufbewahrt in ca. 30 cm tiefen Gräben. Man füllt einen solchen Graben bis zur Hälfte, also 15 cm hoch mit dem Samen, deckt darüber eine Laubschicht und füllt den Rest mit Erde. Da der Same eine Keimruhe bis zum zweiten Frühjahr hat, so wird er dann erst ausgesäet.

Als Zeichen der Keimfähigkeit gilt es, daß der Kern die Schale gut ausfüllt. Man stellt das durch Schnittprobe fest.

Die, wie vorhin beschrieben, aufbewahrten Samen zeigen meist die Keime schon zeitig im Frühjahr und lassen dann dadurch ein leicht zu gewinnendes Urteil über die Keimfähigkeit zu.

3. Pflanzenzucht im Kampe.

Man macht Rillensaaten in 15, höchstens 20 cm Entfernung mit etwa 1—2 cm Erdbedeckung. Die Einsaat ist auch bei gutem Samen dicht (1—1,5 kg Kornsamen pro a), doch so, daß die Körner nicht übereinander liegen. Die Saat muß gegen Vögel und gegen Mäusefraß gut geschützt werden.

Lohden werden durch Verschulung von Jährlingen in 20 auf 30 cm Reihen-Verband erzogen, auch läßt man die Saaten unverschult fortwachsen, bis die Stämmchen Lohdenstärke erreicht haben.

Den Heisterkamp kann man mit 50 cm Quadrat-Verband durch Verschulung von Lohden anlegen. Ein Schnitt der Pflanzen ist nur notwendig bei Zwieselungen im Wipfel, bei solchen aber auch unbedingt auszuführen.

4. Betriebsarten.

Die Hainbuche tritt erst östlich der Weichsel in reinen Beständen auf. Man erzieht sie dort in natürlichen, analog der Rotbuche gestellten Samenschlägen. Im übrigen Deutschland tritt sie nur als Mischholz einzeln, gruppen- und horstweise neben einer anderen Hauptholzart auf. Sie kann im Hochwald für Nachbesserungen, bei natürlichen Verjüngungen namentlich für solche auf Frostlagen, in allen Betrieben mit Bodenschutzholz aber als solches in Betracht kommen. Im Niederwaldbetriebe ist sie ebenso gut zu gebrauchen wie als Unterholz im Mittelwalde. Auch als Kopfholz findet sie Verwendung und als Heckenholz ist sie sehr zu empfehlen.

5. Bestandspflege.

Eine solche wird ihr nicht eigentlich zuteil, doch sollte man überall da, wo man sie zu Nachbesserungen und zu Bodenschutzholz gebraucht, auch Sorge tragen, daß einige Stämme zu guten Samenbäumen erwachsen.

d) Rüstern.

Wir unterscheiden*):

α. Die Flatterrüster, Kern gelblich bis hellbraun; Blätter nicht dreispitzig, Rippen ungegabelt, sehr regelmäßig verlaufend. Frucht bewimpert und gestielt mit kleinem Flügel.

---

*) Bezüglich der Ulmenarten herrscht leider in der Literatur und den darin ausgesprochenen Ansichten keine Übereinstimmung. Es ist hier die Artenteilung angenommen, wie sie Forstmeister Dr. Kienitz in der Zeitschrift für Forst- und Jagdwesen 1882, S. 30 vorschlug. Leider ist diese Arbeit aber nicht zur vollen Anerkennung gekommen. Heß gibt z. B. in seinem Werke: Die Eigenschaften und das forstliche Verhalten usw. 1883 Ulmus campestris L. und Ulmus effusa Willd. Borggreve nennt in Übereinstimmung mit früheren Arbeiten in der Holzzucht 1885 Ulmus suberosa Ehrh. = Ulmus campestris Smith, ferner Ulmus campestris L. = Ulmus montana With. und endlich Ulmus effusa Willdenow = U. laevis Pallas.

β. Die Bergrüster, mit blaßbraunem Kern; Blätter sind dreispitzig, die Rippen mitunter gegabelt, weniger regelmäßig verlaufend wie bei der vorigen. Der Flügel der Frucht ist groß, das Korn liegt ungefähr in der Mitte, jedoch so, daß der Einschnitt des Flügels es nicht erreicht.

γ. Die Feld- und Korkrüster. Der Kern des Holzes erscheint bei der Fällung rot, wird bald braun. Blätter sind nicht dreispitzig, die Rippen oft gegabelt. Das Korn liegt etwas höher hinaufgerückt im Flügel und so, daß der Einschnitt bis zu ihm heranreicht.

1. Standort.

Die Angaben über die Verbreitung der einzelnen Arten sind unsicher, wahrscheinlich ist montana im Gebirge häufiger, geht dort aber nicht weiter als die Eiche, nach Norden bleibt sie gegen diese zurück, ebenso wie das bei den anderen Ulmen der Fall ist.

Alle lieben sehr kräftige, mindestens frische Böden, nur die Flatterrüster betritt auch leichtere, sandige und moorige. An Straßen, in Alleen, Parks sind alle Rüstern auch auf verhältnismäßig geringem Boden zu finden, leiden aber oft unter dem Angriff von Läusen (Schizoneura).

Sie sind ausgeprägte Lichtpflanzen, die früh treiben und frosthart sind.

Ihre Rückwirkung auf den Boden kommt wenig in Betracht, da sie nur im Einzelstande und in Horsten von geringerem Umfange angebaut werden. Wo sie von Natur aus bestandsbildend auftreten, ist der Boden so kräftig und gut, daß ihm eine lichtere Bestandsstellung nicht Eintrag tut.

2. Samen.

Reift und fällt ab im Mai, spätestens Anfang Juni, der von der Feld- und Korkrüster und der Flatterrüster fliegt dabei ungefähr eine Woche vor dem der Bergrüster.

1 hl wiegt ca. 5 kg; man sammelt ihn durch Abbrechen der Zweige, sobald das Abfliegen beginnt. Den vom Winde in Gräben, Geleisen, Vertiefungen usw. zusammengewehten Samen kann man benutzen, wenn nur eine Rüsternart vorkommt oder auf ein Auseinanderhalten der Arten kein Wert gelegt wird.

Die Samenjahre kehren alle 2—3 Jahre wieder. Eine eigentliche Keimruhe hat der Samen nicht, er keimt vielmehr gleich nach dem Abfall. Die Keimfähigkeit verliert sich schnell, so daß man den Samen nicht überwintern kann. Gesunder Same zeigt ein volles Korn mit mehligem Inhalt.

3. Pflanzenzucht im Kampe.

Die Beete werden breitwürfig so dicht besäet, daß die Erde verschwindet. Man übersiebt sie dann mindestens 0,5 cm hoch mit Erde und gießt sie an. Fällt kein Regen, so muß das Gießen bis zu der nach 7—10 Tagen erfolgenden Keimung fortgesetzt werden.

Bei diesem Verfahren erhalten wir zuweilen namentlich für Feld- und Korkrüster, sowie für die Flatterrüster zu dicht stehende Saaten. Es empfiehlt sich, die Beete nachträglich in Reihenstand überzuführen, indem man sie entsprechend hackt und etwa 15 cm breite, freie Streifen hindurchlegt. Hierdurch entwickeln sich die Pflanzen so kräftig, daß man die Jährlinge schon ins Freie versetzen kann.

Lohden gewinnt man bei Verschulung einjähriger Pflanzen im 30 cm Verband nach 1—2 Jahren.

Heistern erzieht man in 4—5 Jahren, wenn man Jährlinge im 60 cm Verband verschult. Bei dieser weiten Stellung zeigen sich viel Gabelungen, die durch Schneiden zu beseitigen sind.

In Holland gewinnt man nach Burckhardt junge Pflanzen durch Absenken einjähriger Stockausschläge. Senkt man im Herbst, so kann man ein Jahr darauf, also wieder im Herbst, die bewurzelten Pflänzchen ausheben und verschulen. Man läßt sie so ein Jahr stehen, stummelt sie und erzieht dann einen der Ausschläge zum Heister.

4. Kulturen.

Saaten werden selten ausgeführt. Am besten würde man Plätze kurz vor der Samenreife vom Bodenüberzug befreien, umgraben und, sobald der Samen gereift ist, besäen. Die Pflanzung von Jährlingen, Lohden und Heistern schlägt so sicher an, daß man diese in der Regel vorzieht.

5. Betriebsarten und Mischungen.

Sie sind Begleiterinnen der Buche, der Eiche und zuweilen noch der Erle.

Im Hochwald sind sie in der Jugend einzelständig und in Gruppen, später nur einzelständig zu halten, ebenso im Plenterwalde. Für den Niederwald ist die Feld- und Korkrüster von besonderem Werte, weil sie neben reichlichen Ausschlägen auch Wurzelbrut bringt. Im Mittelwalde ist dieselbe als Oberbaum und Unterholz geschätzt. Als Schneidel- und Kopfholz kann man sie ebenfalls verwenden. Die Flatterrüster ist überall von geringerem Wert. Sollen die Ulmen eine feste Stelle im Walde haben, so müssen sie regelmäßig aus Kernlohden nachgezogen werden, da Wurzelbrut und Stockausschlag niemals so schöne und dauernd gesunde Stämme geben wie jene.

6. Bestandspflege.

Die Durchforstungen müssen der Ulme vom stärkeren Stangenholzalter an Licht und Luft schaffen, bis dahin schützt sie sich meist selbst durch ihre Vorwüchsigkeit.

e) Esche.

1. Standort.

Sie ist durch ganz Deutschland verbreitet, bleibt im Gebirge etwas hinter der Buche zurück.

Die Esche verlangt mindestens frischen Boden und ein ziemlich hohes Maß vou Nährkraft. Im Gebirge steht sie gern mit der Buche auf Nord- und Osthängen, in der Ebene ist sie zwar auch in Buchenwaldungen zu finden, doch ist sie noch lieber mit Eichen und Rüstern gesellt und geht mit der Erle auf höher liegende Bruchpartien. An Bachrändern fühlt sie sich überall wohl, sie meidet hingegen stagnierendes Grundwasser.

Ihr Laub ist sehr empfindlich gegen Frost, und wenn sie sich auch durch spätes Austreiben zu schützen sucht und einmaligen Schaden leicht ausheilt, so ist doch ihr Anbau in Frostlagen unmöglich. Das erste Laub im Frühjahr erscheint an ganz jungen Eschen, schon unter 30jährigen Eschen findet man selten frühtreibende, wahrscheinlich ein Ergebnis natürlicher Zuchtwahl. Die früh austreibenden werden vom Frost zu häufig beschädigt, um sich im Kampf mit den spät austreibenden, selten geschädigten, zu halten.

In der Jugend verträgt sie viel Schatten, hält sich auch dicht geschlossen. Mit zunehmendem Alter verlangt sie dagegen verhältnismäßig großen Wachsraum und muß zu den lichtbedürftigen Holzarten gerechnet werden. Sie ist dann auch nicht mehr standortbessernd.

Die fremden Eschen bieten gegenüber unserer heimischen Art keine wesentlichen Vorteile, so daß man von ihrem Anbau vielfacht zurückgekommen ist.

2. Samen.

Reift im Oktober, bleibt meist über Winter hängen und fäll im Frühjahr. 1 hl wiegt ca. 15 kg, im kg sind ca. 14000 Körner. Sie blüht fast alle Jahre. Die Blüte, die vor dem Laube erscheint, leidet oft durch Frost. Samenjahre kehren daher nur etwa alle zwei Jahre wieder.

Die Einsammlung geschieht durch Brechen der behangenen Zweige, die Aufbewahrung in Gräben wie bei der Hainbuche. Mit dieser hat sie nämlich die lange Keimruhe gemein.

Guter Same ist vollkörnig, bläulichweiß beim Aufschneiden und von scharfem Geschmack.

3. Pflanzenzucht im Kampe.

Man säet in Rillen mit so starker Aussaat, daß die Erde verdeckt wird (1,5 kg pro a). Die Erdbedeckung wird bis zu 2 cm Höhe aufgebracht. Die Zeit der Aussaat richtet sich nach dem Zustande des Samens; sobald er in den Aufbewahrungsgräben keimt, muß er auf die Beete gebracht werden.

Länger als 1 Jahr läßt man die Pflanzen nicht im Saatbeet stehen. Für Hacken und Häufeln ist sie dankbar. Verschult in 30 cm Quadrat-Verband, haben wir in 1—2 Jahren Lohden, in 60 cm Verband in 3, spätestens 4 Jahren Halbheister. Für die Erziehung von starken Heistern muß der Verband bis auf 75 cm erweitert werden. Sie belohnt einen zweckmäßig weiten Wachsraum durch sehr raschen Wuchs, ist früher verpflanzbar, so daß sich der größere Wachsraum bezahlt macht.

Die Zweigregulierung läßt sich leicht und gut durch Ausbrechen und Abkneifen krautiger Triebe bewerkstelligen. Sie wird namentlich notwendig nach Frost- und Hagelbeschädigungen. Hat man den richtigen Zeitpunkt versäumt und muß man zu Messer und Scheere greifen, so ist der Schnitt nie hart am Stamm zu führen, sondern auf ein Einspornen der überflüssigen Äste zu beschränken.

4. Kulturen.

Saaten können nur ausnahmsweise in Betracht kommen, Pflanzung von Lohden und Heistern ist dagegen viel geübt. Für Boden, der im Frühjahr naß ist, dabei als bindig anzusprechen ist, empfiehlt sich das Anfertigen der Löcher im Herbst. Sorgfältig gepflanzt, wächst die Esche leicht an.

5. Betriebsarten und Mischungen.

Die Esche tritt als Hauptholzart in größeren Beständen nicht auf, sondern im Anschluß an Buche, Eiche oder Erle. Sie ist namentlich gern im Buchenhochwald, im Mittelwald der Aue als Ober- und Unterholz und auf höheren Stellen des Erlenniederwaldes gesehen. Wo die Esche ausnahmsweise einmal größere Flächen besetzt hält, muß man Bodenschutzholz ungefähr vom 60. Jahre an beigeben. Für ihren Anbau ist in den letzten Jahrzehnten zwar viel geschehen, sie verdient aber noch mehr Beachtung. Wo einige alte Eschen in den Beständen stehen, finden sich immer sehr viel Pflanzen auf natürlichem Wege ein. Bei einiger Pflege und Rücksichtnahme kommt ein großer Teil von ihnen zu guter Entwicklung.

Als Schneidelholz findet man sie mitunter längs der Bäche im Schwarzwalde. Ihr Höhentrieb bleibt jedoch nicht unverkürzt, man kappt ihn vielmehr, wenn die Stämme ca. 15 m erreicht haben.

6. Bestandspflege.

Junge Pflanzen unterliegen stark dem Verbiß durch Wild und den Beschädigungen durch Frost. Beides zieht Verzweigungsfehler, namentlich Zwiesel nach sich, die rechtzeitig, wenigstens an den Hauptstämmen, zu nehmen sind. Die Zwieselung stellt sich auch infolge des Fraßes von Tinea curtisella ein, welche die Spitzknospe aushöhlt. Hat man ganz junge Zwiesel vor sich und vermag man noch die Schere anzuwenden, so spornt man ein. Höher angesetzte Zwiesel läßt man stehen, denn bei der Esche bleibt die Zwieselungsstelle gesund und ruft durch ihren Bau keine nachteiligen Folgen hervor.

Durchforstungen sind so zu führen, daß die Esche in lebhaftem Stärkezuwachs verbleiben kann. Das erreicht man, wenn man den Hieb um so stärker führt, je älter der Bestand ist.

f) Ahorne.

1. Standort.

Bergahorn. Er ist durch ganz Deutschland verbreitet und geht im Gebirge über die Buche hinaus, sonst begleitet er sie auf deren bessere Standorte. Er verträgt aber ein rauheres Klima als die Buche und ist namentlich gegen Maifröste härter.

Der Bergahorn verträgt nur in der Jugend Schatten, später ist er eine ausgesprochene Lichtpflanze. Daher kommt es, daß der oftmals reichliche Anflug in den Buchenverjüngungen wieder verschwindet, wenn er nicht rechtzeitig Licht erhält.

Spitzahorn. Verhält sich wie der Bergahorn, ist aber im Gebirge weniger hoch zu finden, dafür betritt er, gesellt mit der Buche, auch deren geringere Bodenklassen.

Feldahorn weicht noch mehr vor den Höhen zurück und sucht vornehmlich die Bestandsränder an Feldern auf. Im Inneren des geschlossenen Waldes tritt er sehr selten auf.

2. Samen.

Vom Bergahorn reift er im Oktober und fällt nach den Blättern bei stürmischem Wetter noch während des Herbstes, sonst während des Winters.

1 hl wiegt 12 kg; 1 kg enthält ca. 11 000 Korn. Er trägt fast alljährlich. Man gewinnt den Samen durch Abbrechen und Abstreifen der Zweige im November.

Die Aufbewahrung geschieht unter Dach und Fach, besser aber noch dadurch, daß man ihn wie Hainbuche und Esche einschlägt. Bei letzterer Art wird das größte Übel, eine zu große Austrocknung, fern gehalten.

Die Keimruhe dauert bis zum Frühjahr. Die Keimkraft verliert sich von da ab sehr rasch. Guter Same zeigt den Inhalt des Korns grün, frisch und saftig.

Vom Spitzahorn reift und fliegt der Same etwas früher und ist etwas leichter. Der Feldahorn bringt seltener Samen. Im übrigen gilt für beide das vorhin Gesagte.

3. Pflanzenzucht im Kampe.

Sie wird eigentlich nur für Berg- und Spitzahorn geübt.

Saatbeete legt man an, sobald der Samen in den Gräbchen Keime zeigt, was oft schon recht früh geschieht.

Man säet in 20 cm weit entfernte Rillen so stark, daß die Erde völlig verschwindet und deckt 3—4 cm hoch mit Erde (1,5 kg pro a). Die Kotyledonen zeigen sich bei warmer Witterung in der zweiten Woche, sie sind frosthart, so daß man sie nicht besonders zu schützen braucht.

Die Verschulung geschieht im nächsten Jahre mit 30 cm Quadrat-Verband für Lohden, mit 60 cm für Heister; sie entwickeln sich in diesen Verbänden sehr schnell und um so kräftiger, je feuchter das Jahr ist. Eine Zweigregulierung, die übrigens selten nötig wird, läßt sich am besten vornehmen, so lange die Triebe krautig sind. Beim Schneiden im Holz läßt man Stümpfe stehen. Man schneidet im August oder September, nicht aber im Frühjahr, weil die Wundstellen sonst stark bluten. Ein Pilz Nectria cinnabarina tritt in Heisterkämpen mitunter verheerend auf.

4. Kulturen.

Bei ihnen kommt nur die Pflanzung in Betracht und zwar vom Jährling bis zum starken Heister. Man wendet stets die einfache Lochpflanzung an. Die Ahorne gehen, wenn die Löcher geräumig genug gemacht waren und die Wurzel gut eingebettet wird, sehr leicht an.

Der Anbau der Ahorne kann weiter ausgedehnt werden, als es bisher der Fall war. Namentlich verdient der Bergahorn für die deutschen Mittelgebirge erhöhte Beachtung.

5. Betriebsarten und Mischungen.

Alle Ahorne sind in Einzelstellung, ganz kleinen Gruppen, auch Einzelreihen zu halten neben der Buche in deren verschiedenen Betriebsformen, neben der Eiche nur im Mittelwalde. Auch im Nadelholzwalde wird der Ahorn an Bestandsrändern, längs der Wege, auf Loshieben, den mit Laubholz anzubauenden Sicherheitsstreifen bei richtiger Auswahl des Bodens gute Dienste leisten.

Als Buschholz sind alle Arten im Mittel- und Niederwald geschätzt.

In bedeutenden Höhenlagen findet sich der Bergahorn zuweilen durch Anflug an, ein besonderer Anbau erscheint dort aber nicht ratsam, weil er mehr strauch- als baumartig erwächst.

6. Pflege.

Sie muß dahin gehen, gut aufgewachsenen Stämmen bei den Durchforstungen einen genügenden Wachsraum zu ihrer Weiterentwicklung zu geben.

g) Edelkastanie.

Literatur: Kaysing, Der Kastanienniederwald. Berlin. 1884. (Vortrag bei der XII. Versammlung deutscher Forstmänner in Straßburg.)

Böhmerle, Nußbaum und Edelkastanie. 1906.

1. Standort.

Ihr Anbau in Beständen glückt nicht weiter als in den wärmsten Teilen von Deutschland. In Parks und Gärten Norddeutschlands kommt sie in sehr geschützten Lagen vor.

Sie gedeiht besser auf Berghängen als in der Ebene. In den Vogesen steigt sie bis zu 600 m Höhe.

Sie liebt mineralisch kräftige, tiefgründige und lockere Böden, gedeiht auf Kalk, wie angegeben wird, nur bei reichem Kaligehalt desselben.

Ihr Anspruch an Feuchtigkeit ist mäßig, an Wärme so hoch, daß sie darin dem Weinstock nahe kommt. Nur ganz ausgereiftes Holz widersteht der Winterkälte.

Gegen Maifrost ist sie so empfindlich, daß sich allein daraus ihr seltenes Vorkommen in den Niederungen erklärt.

Im Lichtbedürfnis steht sie zwischen Eiche und Buche, demgemäß liegt auch die Dichtheit des Laubschirmes zwischen beiden.

Die bodenbessernde Kraft ist in jüngeren Beständen nicht unerheblich, im Baumholz unwesentlich.

2. Samen.

Reift und fällt im Oktober. Größe und Gewicht sind sehr verschieden; ungefähre Zahlen sind 70 kg für ein hl und 300 Stück für 1 kg. In guten Lagen tragen die Kastanien fast regelmäßig, voll behangen sind sie etwa alle drei Jahre.

Die Einsammlung geschieht durch Lesen der abgefallenen oder besonders heruntergeschüttelten Früchte, die Aufbewahrung in und mit den Igeln in trocknen, frostfreien Kellern.

Die Keimfähigkeit läßt sich nach dem Geschmack beurteilen; die Keimruhe hält bis zum Frühjahr an.

3. Pflanzenzucht im Kampe.

Sie erstreckt sich von dem Jährling bis zum starken Heister. Die Platzauswahl für den Kamp ist so zu treffen, daß die Pflanzen im vollen Genuß von Luft und Licht stehen, gegen Maifröste aber möglichst geschützt sind. Am besten scheint etwas geneigtes Terrain der Vorberge zu sein. Die Sohlen selbst breiter Täler sind zu vermeiden. In Lagen, wo die einjährigen Pflanzen sehr üppig wachsen, reift oft das Holz nicht genügend, um dem Winter zu widerstehen.

Für Saatbeete zieht man 5—6 cm tiefe Rillen in 20 cm Entfernung und legt die Kastanien einzeln ein mit ca. 3 cm Abstand. Die Erdbedeckung wird 3—4 cm hoch genommen.

Die Entwicklung in den ersten Jahren ist nach dem Standort sehr verschieden; sie darf ohne Schaden so langsam sein, daß man die Pflanzen zwei Jahre in der Saat belassen kann.

Die Verschulung ist je nach der Stärke der zu erziehenden Pflanzen auf 30—60 cm Abstand zu nehmen. Der Höhenwuchs tritt nach einigen Jahren so energisch auf, daß man nur selten mit dem Messer einzugreifen hat.

Die Pflege im Kamp besteht in mehrmalig während des Jahres eintretendem Hacken.

Das Stummeln der vom Frost beschädigten Pflanzen ist nicht zweckmäßig, weil die Stockausschläge meist nicht ausreifen und erfrieren.

4. Kulturen.

Saaten führt man zwar auch durch Einstufen z. B. zur Zuziehung von Niederwaldlücken aus, häufiger aber durch Plätzesaaten. Nach vorangegangener guter Bodenlockerung erhält jeder Platz 5—6 Kastanien. Die Aussaat geschieht nach dem 15. April.

Die Pflanzung ist sehr sicher und darum beliebt. Kleine Pflanzen kann man zwar auch mit dem Eisen einbringen oder klemmen, den Vorzug verdient jedoch ein regelrechtes Einsetzen in tüchtig durchgearbeitete Pflanzstellen. In geschützten Lagen darf man im Herbst pflanzen, in rauheren muß es im Frühjahr geschehen.

5. Betriebsarten.

Hochwald. Ist meist angelegt durch weitständige Heisterpflanzung und trägt etwas vom Charakter der Plantagen an sich, zumal die Nutzung der Früchte eine bedeutende Rolle spielt. Es könnte die Anlage auch durch Saat oder engere Pflanzung geschehen und so ein wirkliches Hochwaldsbild geschaffen werden.

Im Mittelwald der Vorberge ist sie als Oberholz und Unterholz verwendbar.

Hauptwert hat sie im Niederwaldbetriebe, den man durch Saat und durch Pflanzung bekronter und gestummelter Pflanzen anbauen kann. Der erste Hieb wird schon nach 10 Jahren eingelegt. Er liefert geringes Material, während von da ab bei höherem, aber äußerstenfalls bis zu 35 Jahren gehendem Umtrieb sehr hochwertiges Holz erzielt wird. Mit 40 Jahren treten die Ausschläge bereits ins Greisenalter.

Der Betrieb gestattet auch wie der Eichenniederwald die Verbindung mit dem Feldbau. Nach der Ernte ist dann der Boden umzuhacken und so der Forstverwaltung zurückzugeben.

6. Mischungen.

Auf guten Standorten der Kastanie ist sie rein zu erhalten. Lücken, auf denen sie fehlgeschlagen ist, oder Plätze, auf denen sie geringwüchsig bleibt, kann man der Eiche und der Robinie einräumen. Beide sind zu pflanzen.

7. Die Bestandspflege.

In den weitständigen Hochwaldpflanzungen muß eine sorgfältige, glatt am Stamm stattfindende Fortnahme der Aststummel und der toten, womöglich vorbeugend auch der eingehenden Äste eintreten. Sie faulen nämlich sämtlich rasch ein und verringern dann die Nutzholzausbeute aus dem Stammholze erheblich.

Im Niederwalde werden mit dem 8. Jahre die eingehenden Lohden eingeschlagen und die stehenbleibenden geästet.

h. Erlen.

Die Schwarzerle.

1. Standort.

Ist in ganz Deutschland heimisch. Sie sucht überall humusreiche, feuchte bis nasse, aber nicht sauere Böden auf. Sie findet sich mehr im Tieflande, als im Gebirge, wo sie meist nur in kleinen Horsten auf quelligem Grunde steht.

Soll sie gedeihen, so darf das Grundwasser nicht stagnieren. Ihr Wuchs ist bei scheinbar gleichem Boden nicht selten sehr ungleich. Der Grund davon liegt in der verschiedenen Bewegung des

Wassers und der Menge, sowie Beschaffenheit der darin gelösten Stoffe, zum Teil auch in den Eigenschaften der tieferen Bodenschichten. Säuren, großer Eisengehalt, undurchlassende oder stauende Schichten vermindern den Wuchs.

Ihr Anspruch an Wärme ist gering, sie erfriert auch im Laube selten.

Sie gehört zu den Pflanzen, die eine Beschattung nicht gut vertragen und seitlich beengt leicht absterben.

Da sie nur auf sehr humosem Boden angebaut wird, so kommt ihre bodenbessernde Kraft nicht in Frage.

2. Samen.

Reift im Oktober und fliegt während der folgenden Monate bis zum Frühjahr an sonnenhellen Tagen mit trocknem Winde ab.

1 hl wiegt ca. 30 kg; 1 kg enthält über 500000 Körner. Er ist niemals ganz rein, sondern immer mit Schuppen vermischt. Fast jedes Jahr bringt Samen.

Die Einsammlung geschieht durch Abbrechen der Zweige stehender und gefällter Bäume. In mäßige Wärme gebracht, öffnen sich die Schuppen und lassen den Samen fallen.

Den ins Wasser geflogenen Samen kann man leicht durch eingeworfene, am Ufer befestigte Stangen fangen und dann herausfischen. Er ist aber nur zu gebrauchen, wenn er ausgesät wird, sobald er genügend abgetrocknet ist. Er hat in der Regel die Klebrigkeit verloren.

Die Keimfähigkeit ist schwer vor der Aussaat feststellbar. Das Korn soll beim Aufschneiden mehligen Inhalt zeigen, beim Zerdrücken auf Löschpapier einen feuchten Fleck hinterlassen. Eine wirkliche Keimprobe gibt erst ein richtiges Resultat, wenn die Keimruhe vorüber ist. Diese währt ungefähr bis 1. April.

Zweijähriger Same hat nur noch wenig Kraft und gebraucht sehr ungleich lange Zeiten zum Keimen.

3. Pflanzenzucht im Kampe.

Die Anlage ist in verschiedenster Weise versucht. Das einfachste Verfahren ist möglich, wenn man für den Kamp einen frischen — nicht feuchten — nahrungsreichen, lehmig-sandigen Boden wählt. Derselbe wird einige Wochen oder im Herbst vorher spatenstichtief umgegraben, kurz vor der Aussaat glatt gerecht und dann so stark besät, daß das Beet einen braunen Farbenschleier erhält (2—3 kg pro a). Darauf übersiebt man es 5—8 mm hoch oder, wenn man nach einem aus der Praxis gegriffenen Merkmal gehen will, so hoch, daß kein Korn mehr sichtbar bleibt. Für das Übersieben muß man überall da, wo viel Regenwürmer sind, bindungslosen Sand nehmen, sie ziehen sich dann von den Beeten fort. Nimmt man hingegen humose Erde, so werden sie dadurch um so mehr angezogen und vernichten durch Umwühlen des Bodens, Hohlstellen der Pflänzchen und Überdeckung derselben die Saat.

Zum Schluß wird das Beet mit Brettschuhen festgetreten in der Weise, wie man es mit Grassaaten tut. Es muß dann solange, bis es in den Kotyledonen steht, feucht gehalten und durch Seitenschutz bezw. Decken mit Schattengittern gegen Sonnenbrand bewahrt werden.

Im nächsten Jahre werden die Pflanzen, soweit sie nicht jetzt schon ins Freie gepflanzt werden, verschult und zwar für Lohdenbeete in 30—40 cm, für Halbheistern in 40—50 cm Quadrat-Verband. Der weitere liefert in kürzerer Zeit stärkere und höhere Pflanzen.

Man wählt dazu einen Boden wie für die Saatbeete.

Dieses Verfahren ist vom V. im Karlsruher Forstgarten eine Reihe von Jahren hindurch mit gleichmäßig gutem Erfolge angewendet. Es geht daraus hervor, daß die Keimpflanzen wie auch 2- bis 3jährige Erlen noch nicht die Ansprüche an Feuchtigkeit machen, wie es bei älteren der Fall ist.

Sehr unsicher ist der Erfolg von Vollsaaten bei Benutzung von planierten Grabenaufwürfen, weil diese dem Auffrieren in hohem Maße unterliegen.

Wo man nachhaltig Pflanzen gebraucht, das oben geschilderte Verfahren aber nicht erfolgreich sein sollte, kann man auf Moorboden einen ständigen Kamp in folgender Weise anlegen: Die Fläche wird horizontal gelegt und durch Gräben in Beete geteilt. Die Beetgräben münden in einen oder mehrere Hauptgräben, welche bei hohem Wasserstande das Wasser ableiten, bei niedrigem aber vermittels entsprechend angelegter Stauwerke Wasser zuführen.

Die Beete werden, um dem Auffrieren zu begegnen, ca. 4 cm hoch mit Sand überkarrt. Die Deckung des Samens erfolgt durch ganz leichtes Überstreuen von Sand. Ab- und Zufluß des Wassers wird nun so reguliert, daß der Sand feucht bleibt, bis die Pflanzen die Plumula entwickelt haben, später braucht nur der tiefer liegende Moorboden feucht zu sein.

In diesen Beeten bleiben die Pflanzen unverschult bis zu ihrer Verwendung.

4. Kulturen.

Sie werden durch Pflanzung angelegt, wobei in Anwendung kommen:

Rabatten bei Boden, der im Frühjahr regelmäßig hoch überschwemmt ist,

auf sonstigem Gelände aber die gewöhnliche Lochpflanzung.

Herbstpflanzung ist wegen des Wasserstandes in der Regel angezeigt.

5. Betriebsarten.

Wir finden die Erle im Hochwaldbetrieb selten, obwohl sie auf feuchtem Standort durchaus geeignet dazu ist und sich zu sehr schön aufgebauten Stämmen darin auswächst.

Ebenso verdiente sie als Kernstamm für die Oberholznachzucht im Mittelwalde eine größere Bedeutung, als man ihr bisher einräumte.

Ihr Hauptgebiet ist ihr im reinen Niederwaldbetrieb zugewiesen, wo sie meist im 40jährigen Umtriebe bewirtschaftet wird. Die Vervollständigung der Bestockung erfolgt wie die erste Anlage durch Pflanzung.

Das Überhalten von Ausschlags-Stangen bringt meist nur den Nachteil, daß die Stöcke zur Unzeit eingehen, und nicht im Starkholz die erhofften Vorteile, denn diese Stangen werden häufig schon nach wenigen Jahren wipfeldürr. Dagegen kann es zweckmäßig sein, Kernwüchse mehrere Umtriebe alt werden zu lassen.

Mit der Waldwirtschaft kann man eine Grasnutzung verbinden, doch muß das in den jüngsten Schlägen stets unter strenger Aufsicht geschehen. Auch sollte man bei Verpachtungen darauf sehen, daß dieselbe Partei nicht wiederholt dieselbe Kabel nutzt. Sie gewinnt sonst leicht ein Interesse daran, den Jungwuchs zugunsten des Graswuchses zu verringern.

In Erlenbrüchern kann nur gehauen werden in harten Wintern, wenn das Bruch trägt. Wir kommen deshalb oft zu aussetzendem Betriebe. Man sollte solchen als Regel annehmen.

6. Mischungen.

Sie sind bei dem eigentümlichen Standort der Erle oft unmöglich. Die Esche kann zuerst in Betracht kommen, nach dieser die Birke und die Eiche. In jedem Falle muß eine strenge Platzwahl eintreten. Wo die Natur selbst Mischhölzer eingebracht hat, soll man den dadurch gegebenen Winken folgen.

7. Bestandspflege.

Durchforstungen sind zweckmäßig und rentabel, aber verhältnismäßig selten geübt. Man sollte spätestens im 10. Jahre und außerdem im 20. und 30. einen mäßigen Hieb einlegen. Wo Mischhölzer in den Erlenbeständen stehen und erhalten bleiben sollen, muß man namentlich in den ersten Jahren sie vor Überwachsen und Seitendruck schützen.

Die größten Nachteile erwachsen den Brüchern aus dem Sinken des Grundwasserspiegels, was um so schlimmer ist, als wir dem gegenüber in der Regel machtlos sind. In solchen Brüchern sinkt der Boden zusammen, die Erlen scheinen aus ihm herauszuwachsen und stehen auf ihren Wurzeln wie auf Stelzen. Wo das der Fall ist und wo die Erlen sonstige deutliche Zeichen des Rückganges zeigen, muß ein Holzartenwechsel eintreten. Dieser vollzieht sich anfangs noch am leichtesten, später immer schwerer. Welche Holzart zu wählen, läßt sich nicht generell sagen. Es ist mit Eschen, Eichen, Birken, Hainbuchen, Fichten und Kiefern eine Auspflanzung der Lücken zu versuchen, und je nach dem Gedeihen der einen oder anderen Holzart weiter vorzugehen. Kulturen unter Schirm empfehlen sich wegen der Maifrostgefahr.

Die Weißerle.

1. Standort.

Sie gehört dem Norden und höheren Gebirgslagen an, ist aber jetzt, wenn auch in geringer Ausdehnung, durch ganz Deutschland angebaut.

Sie wächst auf allen möglichen Standorten, jedoch nur schlecht auf eigentlichem Bruchboden. Sie liebt weniger nasse Böden als die Schwarzerle, geht bis auf mäßig frische über, meidet aber wieder die trocknen. Sie zieht Milde und Lockerheit der Bodenfestigkeit vor.

Da sie als junge Kernpflanze raschwüchsig ist und sich ziemlich geschlossen hält, nach dem Abtrieb den Stand noch durch

Wurzelbrut wesentlich verdichtet, so läßt sie auf dieser Altersstufe wenig oder kein Unkraut aufkommen und verbessert den Boden durch reichlichen Blattabfall. Die Bestockung hält jedoch häufig nicht lange aus und stellt sich nach einigen Abtrieben sehr licht.

2. Samen

wie bei der Schwarzerle, nur fällt die Gewinnung durch Auffischen aus dem Wasser fort. Die Farbe ist heller als bei der Schwarzerle.

3. Pflanzenzucht.

Geschieht, wie es bei der Schwarzerle für den Karlsruher Forstgarten beschrieben ist.

4. Kulturen.

Die Saat ist nicht üblich, gewöhnliche Lochpflanzung ist am meisten zu empfehlen.

5. Betriebsarten.

Im Hochwalde kann sie nur zu vorübergehender Einzelmischung verwendet werden, auch das geschieht aber selten, weil ihr Holz zu wenig Wert hat.

Im Mittelwalde wird sie hier und da als Unterholz genommen. Die Bestockung verdichtet sich nach dem Abtrieb sehr durch Wurzelbrut. Sie hält jedoch, wie schon bemerkt, nicht lange aus. Trifft den Schlag nach dem Hiebe ein Hochwasser, so gehen die Stöcke häufig ein.

In Lichtungsbeständen, die schnell und nicht zu lange mit Unterholz unterstellt werden sollen, kann sie gute Dienste leisten.

Im Niederwalde bringt man sie, falls sie ausnahmsweise einmal angebaut werden soll, auf hochgelegene Stellen.

Für Ödland, wie es Ausschachtungsblößen und Schuttfelder liefern, kann sie als ein Vorholz in Betracht kommen.

i) Die Birken.

1. Standort.

Gehen im Gebirge bis zur Grenze des Baumwuchses. Sie sind durch ganz Deutschland verbreitet.

Sie sind mehr Bäume der Ebene als des Gebirges, mehr solche des Nordens als des Südens, machen geringe Ansprüche an den Boden, meiden sogar Ton- und reine Kalkböden.

Die Bodenfeuchtigkeit kann bedeutend sein, namentlich bei pubescens, die auch auf Mooren vorkommt. Auf trocknem Boden werden sie seltener, auf dürrem nicht mehr gefunden. Sie verlangen nicht viel Wärme, ertragen aber trockne, heiße Sommerluft, wie ihre große Verbreitung in Rußland beweist. Bei uns wachsen sie bei Gleichheit der übrigen Standortsfaktoren in feuchter Luft besser.

Gegen Fröste aller Art sind sie unempfindlich, sie treten dabei als entschiedene Lichtpflanzen auf.

Sie vermögen bei uns nicht einmal die vorhandene Bodenkraft zu erhalten, sondern verschlechtern geradezu den Standort.

2. Samen.

Reift im August und September und fällt von da ab zu sehr verschiedenen Zeiten ab. Man findet frisch abgepflogenen Samen noch im Februar, wie sich bei eingetretenem Spurschnee leicht beweisen läßt. 1 hl wiegt ca. 8 kg. Der Same ist stets mit den Schuppen der Zapfen vermengt. Er wächst fast alljährlich, man sammelt ihn durch Abstreifen der behangenen Zweige. Er darf nicht in den Säcken bleiben, wird dünn unter Dach ausgebreitet und bis zur Abtrocknung oft mit Rechen umgestört. Später setzt man ihn in Haufen.

Keimfähiger Same soll mehligen Inhalt und beim Zerdrücken etwas Feuchtigkeit zeigen. Die Keimruhe dauert bis zum Frühjahr, nur sehr früh gereifter Same macht davon mitunter eine Ausnahme und keimt noch in demselben Jahre kurze Zeit nach der Aussaat. Überjähriger Same hat meist die Keimkraft verloren.

3. Pflanzenzucht im Kampe.

Sie beschränkt sich auf Erziehung von ein-, höchstens zweijährigen Pflanzen. Es werden Vollsaaten gemacht so stark, daß die Erde leicht mit Samen überdeckt zu sein scheint (1 kg pro a). Man übersiebt sie leicht und gießt bis zur Keimung. Wenn die Saaten dabei zu dicht aufgehen, so verringert man den Pflanzenstand durch Hacken, sobald die Plumula getrieben ist.

4. Kulturen.

Plätzesaaten mit Vollsaat können in Betracht kommen, häufiger aber pflanzt man und zwar im Frühjahr, wobei auch Wildlinge verwendet werden.

Die Verpflanzung von solchen Stämmen, die bereits weiße Rinde zeigen, auch den um den Wurzelstock stehenden Knospenkranz nicht mehr haben, gilt als unsicher. Bei sorgfältiger Ausführung der Pflanzung und auf passendem Standorte ist indessen der Abgang nicht größer als bei stärkeren Pflanzen anderer Holzarten.

5. Betriebsarten.

Im Hochwalde kann sie nur in vorübergehender Mischung mit Buchen, Kiefern, Fichten und Tannen gehalten werden und zwar reichlich, so lange sie gut vorwüchsig ist, hingegen nur noch einzelständig, wenn sie in den Hauptbestand einwächst. Sie wird durch natürliche Verjüngung eingebracht, wozu bei ihrem weitfliegenden Samen zur Besamung eines Hektars wenige Mutterstämme genügen. Zweckmäßig ist es, solche längs der Wege und Bestandsschneißen zu erziehen. Wo die Birke bei vorhandenen Samenbäumen nicht anfliegt, macht auch ihr künstlicher Anbau viel Mühe.

In Vorverjüngungen kann sie als Schirmholz dienen, unter dessen Schutz sich die Nachzucht von Eichen, Fichten und Weißtannen vollzieht. Als Schutzholz ist sie auch in Frostlöchern der Buchenverjüngungen verwendbar.

Im geregelten Plenterwald findet sie eine gute Verwendung.

Viel gehalten wird sie zurzeit noch im Niederwalde, obwohl sie nicht lange ausschlägt und obwohl sie die Bodenkraft auch hier nicht zu wahren versteht. Als Kernwuchs eingesprengt, leistet sie zur Erhöhung der Niederwalderträge bedeutendes und kann in einfachem, wie doppeltem Umtriebe ohne Nachteil gehalten werden, weil sie vorwüchsig ist und durch das Buschholz gedeckten Fuß hat.

Aus dem gleichen Grunde nehmen wir sie auch in den Oberbaumbestand des Mittelwaldes gern auf. Sie ist dort als Füllholz bei geringem Vorrate von Eichen, Eschen, Ulmen u. a. von großer Bedeutung. Nach eingelegtem Schlage findet sich in der Regel viel Anflug, ohne daß es besonderer Nachhilfe bedarf. Sollten ausnahmsweise die alten Birken nicht Samen haben, so besäet man die Stocklöcher, auch wohl besonders hergerichtete Plätze. Der Same ist dann entweder nur ganz leicht unterzurechen oder obenauf liegen zu lassen. Auch die Aussaat auf den Schnee kann in Betracht kommen.

6. Die Bestandspflege

ist eine mehr negative und hat ihr Augenmerk darauf zu richten, daß die Birken stets im rechten Augenblick fortgenommen werden, ehe sie einerseits dem Hauptbestande Schaden tun, anderseits durch Abständigkeit an Qualität verlieren.

k) Die Weiden.

Literatur: Reuter, Die Kultur der Eiche und Weide. Berlin 1867.
Schulze, Kultur der Korbweide. Brandenburg 1874.
Krahe, Lehrbuch der rationellen Korbweidenkultur. Aachen 1878. 4. Aufl. 1886.
Coaz, Die Kultur der Weide. Bern 1879.

1. Standort.

Das sehr artenreiche Geschlecht der Weiden kommt in einzelnen Vertretern bis zu den Grenzen der Vegetation vor.

Waldbaulich beachtenswert ist

Salix caprea, die Sahlweide, als Begleiterin der Buchen- und Fichtenwaldungen. Je besser der Standort für diese ist, um so üppiger gedeiht sie.

Salix caspica (acutifolia), weil sie auch trockene Böden, sogar trockenen Sand betritt. Allerdings ist der Anbau dort mit Vorsicht zu versuchen.

Die Menge der Kopf- und Werderweiden, als deren Hauptvertreter zu nennen sind:

Salix alba (vitellina),
„ fragilis,
„ triandra (amygdalina),
„ purpurea (helix),
„ viminalis.

Sie haben ihren Hauptstandort in nächster Umgebung fließender Gewässer, so weit deren Überschwemmungsgebiet reicht. Geeignet ist auch feuchter bis frischer Wiesengrund, dessen Grundwasser nicht staut. Auf trockenere Standorte wagt sich hier und da noch Salix purpurea.

Guter Weidenboden ist in der Regel fast eben, da mit größerer Neigung die Feuchtigkeit sich rasch verringert.

Dichter Graswuchs vermindert die Produktionskraft der Weiden — wahrscheinlich weil durch denselben der Zutritt der Luft zum Boden verringert wird.

Das Gedeihen der Werder hängt sehr oft in wesentlichem Maße von den durch das Grundwasser zugeführten Nährstoffen ab.

Gegen Maifröste sind alle, außer triandra und viminalis, unempfindlich. Unverkürzten Lichtgenuß verlangen sie sämtlich.

2. Samen.

Reift im Mai, spätestens Anfang Juni fast alljährlich. Er muß sofort nach dem Sammeln gesäet werden, da seine Keimkraft sehr schnell vergeht, namentlich wenn er nicht ganz locker liegt. Man benutzt ihn waldbaulich nicht, da eine

3. Pflanzenzucht im Kampe

nicht stattfindet und

4. Kulturen

niemals durch Saat, sondern durch Stecklinge und Setzstangen ausgeführt werden. Es empfiehlt sich auch bei diesen Holzarten die Anzucht kräftiger Mutterbäume und eine Entnahme der Stecklinge von solchen. Auch halte man auf reine Art. Die Gärtnerei ist in den letzten Jahrzehnten mit vielen neuen Bastardformen aufgetreten und hat damit der Sache mehr geschadet als genützt.

Wie beim Obstbau in Deutschland die Neigung besteht, zu viel Sorten anzupflanzen, so ist es auch bei den Weiden der Fall. Durch Versuche mit bewährten Sorten mag man die für den gegebenen Standort geeignetsten feststellen. Bei diesen dann zu bleiben, wird in der Regel am vorteilhaftesten sein.

Für die Anlage eines Weidenhegers — nach Krahe — ist der Boden im Herbst zu rajolen, im Sommer womöglich landwirtschaftlich zu benutzen und dann nochmals umzubrechen. Die Tiefe, bis zu der man geht, ist nach den Bodenverhältnissen zu richten; man soll schlechte Bodenschichten nicht heben, aber unbedingt so tief gehen, daß der Steckling seiner ganzen Länge nach in den gelockerten Boden kommt. Ein Grabennetz spannt sich über die Fläche, wenn ohne solches stauendes Wasser entsteht. Man kann mit Hilfe eines engmaschigen Netzes bis zu Beetrabatten gelangen. Für Bewässerung braucht man nicht zu sorgen; es wird durch sie leicht zu viel Unkrautsamen in den Werder getragen.

Der Steckling wird mit der Astschere nach Maß nicht unter 30 cm lang in der Regel aus einjährigen Ruten geschnitten, aus älteren nur dann, wenn die einjährigen zu schwach sind. Man schneidet am besten erst kurz vor dem Setzen, da die Aufbewahrung nicht leicht ist. Wird eine solche notwendig, so macht man aus den Stecklingen Bunde, die man draußen Bund an Bund aufrecht hinstellt und mit einem 20 cm starken Erdwall umgibt. Man kann sie auch in ca. 6 cm tiefes Wasser stellen. In den Bunden müssen die Stecklinge mit den oberen und unteren Enden sämtlich nach derselben Richtung liegen, sonst kommt es leicht vor, daß einzelne Ruten verkehrt eingesetzt werden.

Die Stecklinge werden längs der ausgespannten Pflanzleine senkrecht in die Erde geschoben, auf leichtem Boden ganz, auf schwerem so, daß drei Augen draußen bleiben. Ein Loch wird nur bei steinigem Boden vorgestoßen, dann muß aber der Steckling sorgfältig angetreten werden.

Der Verband ist $^{50}/_{10}$ cm, kann auf sehr fruchtbarem Boden sogar bis $^{40}/_{11}$ herabgehen.

Die Heger sind unkrautfrei zu halten, wobei man folgendermaßen vorgeht: Bis Mitte Juni läßt man das Unkraut ruhig wachsen, dann wird es ausgejätet, bleibt aber liegen. Hinterher schält man mit einer Planierschaufel den Boden 2—4 cm dick ab und legt die Schale um. Das wird je nach Bedürfnis im Verlauf des Sommers mehrmals wiederholt.

Die Bodenlockerung in älteren Hegern soll in gleicher Weise durch Abschälen erfolgen und zwar geschieht das womöglich vor dem Frost, damit dieser dann die weitere Lockerung besorgen kann.

Nachbesserungen macht man in den ersten zwei Jahren mit Stecklingen, die 75 cm aus der Erde ragen und dabei tief im Boden stecken, später durch Senken.

Die Anlagen sind mit gutem Kompost zu düngen, wenn der Wuchs nachläßt. Das Schneiden der Werder erfolgt von November bis März so tief, daß nur ein Sporn von 15—25 mm Länge stehen bleibt.

Im forstlichen Betriebe sind eine ganze Reihe andrer Kulturmethoden in Gebrauch, von denen zu nennen sind:

Das Stecken von Entennestern. Man hebt trichterförmige Löcher in 1—1,2 m Abstand aus, legt eine Anzahl von Stecklingen an die Wände und schließt ein jedes wieder. Das Verfahren wird empfohlen auf Sandwerdern, Verlandungen und bei heftigem Unkrautwuchs.

Das Einpflügen von Weidenbusch. In die durch einen Feldpflug ca. 15 cm tief geöffnete Furche legt man rauh belassene Zweige oder steckt sie auch wohl ein wenig in die Sohle der Furche ein. Die Stellung der Zweige soll etwas geneigt sein, immer aber so, daß die Zweigspitzen heraussehen, wenn die Furche durch den nächsten Pflugzug zugeworfen wird. Sechs Arbeiter legen bei einem Gespann ein. Neben dem Pfluge geht außerdem noch ein Arbeiter, der inzwischen wieder umgefallene Ruten ordentlich richtet.

Das Einlegen von Busch in Grabenaushub. Hierbei hebt man in etwa Meterentfernung von Rand zu Rand Parallelgräben aus. Nachdem etwa 60 cm gefertigt, die Erde davon auch nicht auf die stehenbleibenden Bänke, sondern an den äußeren Rand der Kultur geworfen ist, legt man langen Weidenbusch quer über Gräben und Bänke. Zieht man jetzt die Gräben weiter, so wird der Aushub auf die Bänke geworfen und damit der Busch unter die Erde gebracht. Die Ausschläge kommen an dem über den Gräben freiliegenden Busch hervor.

Das Einlegen von Wurstfaschinen, das sind lange, dünne, auf ca. 50 cm Abstand gebundene Faschinen. Man wendet sie bei Uferbauten und Buhnen an. Sie fangen, dort festgepflöckt, den vom Wasser mitgeführten Sand und Schlamm, schlagen dann Wurzeln und begrünen sich.

Die Kultur durch Absenker wird so ausgeführt, daß man beim Schnitt des Werders die zu senkenden Ruten stehen läßt. Im Frühjahr hebt man dann ein Gräbchen aus, verankert auf dessen Sohle die Rute gut und schließt es wieder. Die herausstehenden Enden der Ruten werden so abgeschnitten, daß nur 2—3 Augen bleiben.

Der Betrieb der Weidenwerder ist der des Niederwaldes mit 1- bis ca. 5jährigen Umtrieben. Je kürzer er ist, desto mehr Pflege bedarf die Anlage. Sie bedarf aber selbst da, wo ihr diese zuteil wird, meist nach 20 Jahren der Erneuerung.

Die Weide eignet sich dann noch für den Kopfholzbetrieb. Hierzu nimmt man alba-vitellina und fragilis am liebsten und verfährt folgendermaßen: Man wählt aus 4—6jährigem Holze glatte Stangen von einer Länge, die von Fall zu Fall nach Pflanztiefe, Wasserstand usw. bestimmt wird. Um sie in die Erde zu bringen, werden Löcher mit einem Eisen gestoßen oder mit einem

Erdbohrer ausgehoben, auf sehr bindigem Boden aber gegraben. Die Setzstange, der man zu festerem Stande auch wohl ein Querholz gibt, wird eingeschlemmt, ein Einrammen ist nicht gestattet.

Der Pflanzenverband richtet sich nach dem Umtriebe, geht aber nicht unter 2 m.

I. Pappeln.

1. Standort.

Die Aspe. Sie ist durch ganz Deutschland verbreitet, steigt im Gebirge nur wenig über die Buchenregion hinaus.

Sie kommt auf allen möglichen Standorten vor, soll sie aber zu einem brauchbaren Nutzholzstamm erwachsen, so verlangt sie frische, humose und mineralkräftige Böden.

Die Schwarzpappel. Sie ist ebenfalls in ganz Deutschland zu finden, wenn auch viel seltener als die vorige. Im Gebirge bleibt sie hinter der Aspe zurück.

Sie meidet feste und strenge Böden, verlangt eine feuchte Reserveschicht und kann bei solcher selbst auf oberflächlich dürrem Sande gepflanzt werden.

Die Pyramidenpappel, eine Varietät der Schwarzpappel, verdankt ihre weite Verbreitung künstlichem Anbau. Sie hat sich dabei nicht als wählerisch in ihren Standortsansprüchen erwiesen. Die Annahme, daß in Deutschland nur männliche Exemplare vorkommen, ist nicht richtig. Weibliche, guten Samen tragende Stämme stehen bei Karlsruhe, einer auch hier in Münden. Die weibliche Pyramidenpappel hat eine weiter ausgelegte Beastung als die männliche und wird vielleicht deshalb übersehen. Zuzugeben ist, daß sie selten ist. Unter den vielen Tausenden von Samenpflanzen, die in den Jahren 1884—1890 im Karlsruher Forstgarten erzogen wurden, war nicht eine einzige weibliche.

Die Silberpappel kommt nur im Auewalde zu guter und kräftiger Entwickelung.

Die außerdem noch hier und da kultivierten Pappeln machen sehr große Bodenansprüche, wenn sie den gehegten — meist dem Wuchs in Gärten angepaßten und daher für den Wald übertriebenen Erwartungen — entsprechen sollen. Von der einst so lebhaft empfohlenen Populus serotina besagt die Schwappach'sche Denkschrift: Besondere Vorzüge gegenüber den anderen im forstlichen Betriebe angebauten Pappelarten sind nicht zu beobachten gewesen.

Alle Pappeln sind schnellwüchsige ausgesprochene Lichtpflanzen, denen nur in der Jugend etwas bodenbessernde Kraft zuzusprechen ist.

2. Samen

ist außerordentlich leicht, so daß er vom Winde auf große Entfernungen hin getragen wird. Er wächst fast alljährlich, reift und fliegt um den 1. Juni. Er läßt sich so schlecht aufbewahren, daß ein Tag Lagerung ihm schon einen großen Teil der Keimkraft nimmt. Eine Keimruhe besitzt er nicht, eine Woche nach der Aussaat erscheinen die Kotyledonen.

3. Pflanzenzucht im Kampe.

Man zieht die Pappeln meist aus Stecklingen oder benutzt Wurzelbrut und hatte die Zucht aus Samen ganz vernachlässigt. Daher sind die Pappeln vielfach so degeneriert, daß man von ihnen wenig Vorteil hat.

Das Saatbeet ist so herzurichten, daß es vor der Samenreife fertig daliegt. Beginnt der Samenflug, so läßt man durch Abschneiden behangener Zweige den Samen sammeln und bringt ihn womöglich an und mit diesen zur Saatstelle. Hier werden die Hülsen abgenommen. Das Beet wird so voll besäet, daß es fast weiß erscheint. Eine Erdbedeckung ist nicht erforderlich, dagegen ein Angießen. Es muß das, wenn es nicht regnet, zwei- und dreimal täglich wiederholt werden. Zum Schutz gegen Sonnenbrand umsteckt man die 1 m breiten Beete ringsum mit Tannen- oder Kiefernreisig oder stellt Schattengitter oder Wände auf. Die Saaten gehen selten so dicht auf, daß man sie lichter stellen muß. Die Sämlinge entwickeln sich schon im ersten Jahre so kräftig, daß sie ins Freie verpflanzt werden können. Verschult auf ca. 60 cm Entfernung, werden sie im zweiten Jahre mannshoch. Ein Schnitt scheint eher schädlich als nützlich zu sein.

4. Kulturen

sind bis jetzt namentlich mit Stecklingen gemacht. Man muß sich für Entnahme der Stecklinge gesunde Mutterbäume aus Samen ziehen.

Die Stecklinge sind in gut und tief gelockerten Boden einzuschieben. Außerdem hat man Kulturen durch Einlegen gesunder Wurzelstücke gemacht. Diese bringen Wurzelbrut.

Bei der Leichtigkeit der Pflanzenerziehung möchte die Einführung der Kulturen mit Kernpflanzen in gewöhnliche Grabe- oder Hacklöcher sehr wohl zu empfehlen sein.

5. Betriebsarten.

Die Pappeln sind im Hochwalde mit Kahlschlag oder natürlicher Verjüngung als vorübergehende Bestandsmischungen zu empfehlen. Man läßt sie vorwachsen. Das Hauptholz wächst nach. Der Aushieb der Pappeln erfolgt, sobald die Hauptholzart durch sie Not leidet. Im Niederwalde sind die Pappeln gute Lückenbüßer. Als Schneidelholz geben sie in Notjahren Laub zu Viehfutter.

Im Mittelwalde spielen sie eine große Rolle bei geringem Vorrat harter Hölzer im Oberbaum. Die Pyramidenpappel ist zur Kennzeichnung der Schlaggrenzen benutzt.

m) Die Robinie.

1. Standort.

Sie ist im siebzehnten Jahrhundert eingeführt, hat rasche Verbreitung gefunden und ist jetzt in ganz Deutschland in der Ebene und in den Vorbergen zu finden.

Im Freistande und in Gärten erscheint sie als eine genügsame, selbst auf armem, trocknem Boden rasch und gut wachsende Holzart. Im Walde verlangt sie frischen, lockeren, gut durchlüfteten und mineralkräftigen Boden. Die Vegetationszeit darf nicht kurz sein, da sie spät ausschlägt und viel Zeit zum Verholzen der jungen Triebe fordert. Sie ist im Walde eine ausgesprochene Lichtpflanze.

In der Regel erfrieren die Spitzen der Triebe, wie es z. B. auch bei Morus der Fall ist. Während aber bei dieser die erfrorenen Teile am Zweige sitzen bleiben, bildet sich bei der Robinie im ausgereiften gesunden Holz eine abschnürende Korkschicht und die erfrorene Spitze wird abgeworfen. — Auf rohem Boden gedeiht sie noch gut, wenn er sehr locker ist, wie das z. B. auf Schutthalden der Steinbrüche und an Bahnböschungen der Fall ist.

2. Samen.

Wächst reichlich alle 2—3 Jahre. 1 hl wiegt ca. 75 kg, 1 kg enthält ca. 60000 Korn. Die Einsammlung geschieht nach völliger Ausreifung, d. i. vom November ab. Der Same fällt über Winter meistens in der Weise, daß die Schote am Baume platzt. Die Hälften werden dann bei Wind losgerissen und vom Winde mit den anhaftenden Samenkörnern weit vertragen.

Saatgut wird durch Abpflücken behangener Zweige gesammelt, das Korn durch Dreschen gewonnen und in Säcken aufbewahrt. Die Keimfähigkeit, die sich durch volles Korn beim Schneiden zeigt, hält sich viele Jahre hindurch. Älterer Same braucht aber mehr Zeit zum Keimen als frischer. Die Keimruhe währt bis zum Frühjahr.

3. Die Pflanzenzucht im Kampe

gestaltet sich sehr einfach. Man besät 20 cm entfernte Rillen so, daß noch viel Erde sichtbar ist (1 kg pro a). Die Erdbedeckung ist nicht unter 3 cm zu nehmen, auch nicht viel darüber. Die Aussaat erfolgt um den 10. Mai.

Der Same läuft, wenn er frisch ist, sehr gleichmäßig in ca. 14 Tagen. Die späte Saat gibt den Vorteil, daß sie nicht gegen die Maifröste mehr geschützt zu werden braucht, während das bei frühen Saaten dringend notwendig ist. Die Pflanzen erreichen im ersten Jahre je nach Feuchtigkeit des Sommers und den Bodenverhältnissen des Kampes die Höhe von 25—70 cm, sind also recht gut schon für Freikulturen zu verwenden.

Will man sie verschulen und somit stärkere Pflanzen erziehen, so empfiehlt sich nach Rajolung des Bodens ein Verband von 60 cm für Material, was ein Jahr stehen soll, ein Verband von 90 cm für solches, was 2—3 Jahre stehen bleibt.

Die Entwicklung so behandelter Pflanzen ist eine ganz enorme und macht den großen Wachsraum bezahlt.

4. Kulturen.

Für solche kommt nur die Pflanzung in Betracht.

5. Betriebsarten und Mischungen.

Sie wird bei uns zurzeit in reinen Beständen nur selten angebaut. Hauptstandort bilden Schutthalden und Bahnböschungen Dort sind sie in kurzem Umtrieb niederwaldmäßig bewirtschaftet. Sie verdichtet die Bestockung nach dem Abtriebe durch Wurzelbrut und bringt in solchem Betriebe gute Erträge, da das Holz vielfache Verwendungen hat.

Der Anbau der Robinie hat gelitten unter den übertriebenen Erwartungen, die einst Medicius anfachte, indem er sie geradezu zum Wunderbaum zu stempeln suchte. Rückschläge blieben nicht aus, man ging dann in der Verurteilung zu weit, vernachlässigte sie, so daß jahrzehntelang nichts für den Anbau im Walde geschah.

Sie verdient weder den einstigen Enthusiasmus, noch die Mißachtung, sondern einen mit Verständnis ausgewählten Anbau, der gegen den heutigen Umfang vielfach erweitert werden kann. Er ist z. B. zu empfehlen auf lockerem, aber nicht armen Boden im Niederwaldbetriebe, im Hochwalde für Außenränder, für Streifen längs der Wege und Schneißen, für Sicherheitsstreifen zur Unterbrechung gleichaltriger Nadelholzbestände. In Buchen kann sie flächenweise (15—20 ar) eingebracht werden, im Nadelholz als vorübergehende vorwachsende in Betracht kommen.

6. Pflege.

Bei der Pflege der Robinie ist zu beachten, daß sie zu Zwieselungen neigt. Die Zwieseläste verwachsen nicht miteinander, sondern pressen an der Zwieselnaht sich nur aneinander. Daher kommt es, daß die Zwiesel leicht bei Sturm auseinanderreißen und brechen. Stämme mit ausgebildetem Hauptschaft sind hingegen durchaus sturmfest. Man muß daher, so lange es möglich ist, die Zwiesel durch Einstutzen entfernen. Zu hoch und stark gezwieselte Stämme sind im Durchforstungswege zu hauen.

n) Nachlese in Laubhölzern.*)

Linde.

Der Same reift im Oktober und fällt über Winter. Er liegt meistens über, keimt aber mitunter auch bereits im ersten Jahre. Man sät ihn daher schon im ersten Frühjahr aus und läßt die Beete bis zur jeweiligen Keimung liegen. Lohden und Heister erzieht man in Verschulungsbeeten mit 30 resp. 60—80 cm Verband bei sorgfältigem Zweigschnitt.

Sie hat nur geringen waldbaulichen Wert, so daß die Pflanzenerziehung selten an uns herantritt. Zu finden ist sie als Mischholz

*) Für die zu Anbauversuchen offiziell herangezogenen Holzarten ist hier, ebenso wie später bei den Nadelhölzern, benutzt Schwappach, Ergebnisse der in den preußischen Staatsforsten ausgeführten Anbauversuche. 1901.

von Eichen im Hoch- und Mittelwald, als Buschholz im Nieder- und Mittelwald bunt gesellt mit allen möglichen Holzarten. Im Buchenwald steht sie nicht oft.

Eine regelmäßige Bestands-Nachzucht ist selten; für dieselbe ist benutzbar neben dem aus dem Kampe stammenden Material und dem natürlichen Anflug auch die vielfach auftretende Wurzelbrut. Ein erweiterter Anbau namentlich an Waldrändern ist zu wünschen. Dort würde sie gut blühen und treffliche Bienenweide gewähren.

Ihr Holz, einst das lignum sacrum, aus dem man die herrlichen Schnitzereien für Kirchen fertigte, wird jetzt sicherlich auch wieder gute Preise erzielen, nachdem die Holzschnitzerei zu neuem Leben erwacht ist.

Vogelbeeren.

Von diesen ist leider keine trotz der vorzüglichen Eigenschaften des Holzes wirkliches waldbauliches Anbauobjekt. Für reine Bestände taugen sie nicht und im Mischwalde bereitet ihr geringer Höhenwuchs Verlegenheit. Wo die Natur sie ansiedelt, sucht man sie nach Möglichkeit zu begünstigen, niemals darf man aber mit ihnen so rechnen, daß sie bis zur Haubarkeit der Bestände sicher durchgehen. Für die Waldstraßen benutzt man sie gern und pflanzt auch wohl die Eberesche ihrer Früchte wegen an Waldränder.

Die Elsbeere kommt auf gutem Kalkboden mit der Buche zusammen vor, wird auch als Oberholzstamm im Mittelwalde gefunden. Wo sie von Natur vorkommt, ist sie bei den Durchforstungen möglichst günstig zu stellen. Gerade diese Holzart zeigt die größten Rätsel im Vorkommen und Gedeihen. Keine Kunst kann ihr dauernd weitere Verbreitung verschaffen, als die Natur gewährt.

Eberesche und Mehlbeere siedeln sich oft auf Klippen, Geröll in Hochlagen an und können von großem Wert dort für die Bodendeckung sein.

Obstbäume.

Diese gesellen sich dem Auewalde und Buchenhochwald bei, sind auch wohl in Waldrevieren einmal angebaut. Birne und Kirsche sollte man mehr als bisher begünstigen.

Die Roßkastanie.

Sie ist ein Baum, der deutlich zeigt, wie Park und Wald dem Wuchs und Gedeihen verschiedene Gestalt geben.

Ihr prachtvolles Gedeihen im Park, der reiche Fruchtertrag hat namentlich für Wildreviere Anbau herbeigeführt. Im Walde aber baut sie sich dünnkronig auf, blüht selten und trägt wenig.

Bei der Aussaat der Roßkastanie muß man darauf sehen, daß der graue Fleck nach unten kommt, andernfalls erhält man Mißbildungen im Wurzelsystem und schwache Pflanzen.

Platanen.

Auch sie sprechen deutlich für den Unterschied zwischen Park und Wald. Für weite Gebiete Deutschlands sind sie geeignete und hochgeschätzte Parkbäume, im Walde aber ist der Anbau selbst in den günstigen Lagen des badischen Rheintals unsicher.

Der Same muß so lange an den Bäumen hängen bleiben, bis im Frühjahr die Kugeln sich anfangen zu lösen. Zu früh gepflückter Same hat wenig Keimkraft.

Quercus rubra: Die Roteiche.

Ist in den Standortsansprüchen nach Schwappachs Denkschrift von 1901 erheblich bescheidener, als die heimischen Eichen.

Sie blüht freistehend fast alljährlich, setzt auch gut an, läßt aber einen großen Teil der Eicheln fallen, wenn im zweiten Sommer im Juli sehr heiße Tage kommen. Bei der Aufbewahrung des Samens muß darauf gesehen werden, daß er nicht zu sehr austrocknet.

Die Pflanzenzucht wird in gleicher Weise geübt wie bei den heimischen Arten, auch sonst gilt das dort gesagte. Die Rinde der Roteiche ist nicht so gerbstoffreich, daß ihr Anbau im Eichenschälwalde anzuraten wäre.

Bezüglich der Stammpflege sei bemerkt, daß abgestorbene Äste rasch einfaulen und man solche daher rechtzeitig glatt am Stamme abnehmen muß.

Für die Parkwirtschaft ist sie wegen ihrer prachtvollen roten Herbstbelaubung beachtenswert.

Forstmeister Boden empfiehlt sie warm namentlich für die mäßigeren Buchenstandorte, wo unsere heimischen Eichen leicht versagen.

Carya alba: Weiße Hikory,

ein Baum, der unsere guten Buchen- und Eichenstandorte fordert.

Samen ist vermengt mit feucht zu haltendem Sande in nicht nassen Kellern aufzubewahren oder in 40—60 cm tiefen Gräben.

Es empfiehlt sich, den Samen anzumalzen. Man erreicht das dadurch, daß man die Nüsse mit Pferdedünger eindeckt oder sie so einsetzt, daß eine Schicht Dung mit einer Schicht von Nüssen abwechselt. Die Keimung wird beschleunigt, wenn man das Lager von Zeit zu Zeit mit verdünnter Jauche übergießt. Unterläßt man das Ankeimen, so erscheinen die meisten Pflanzen erst sehr spät, verholzen nicht und erfrieren später.

Saatbeete werden rillenweise auf je 5 cm mit einer Nuß belegt, und müssen sowohl gegen Maifrost wie Septemberfrost geschützt werden. Bei Verschulungen ist die Pfahlwurzel zu kürzen.

Die Entwickelung in der Jugend ist sehr langsam, später rasch vorschreitend. Sie ist frostempfindlich, bedarf warmer Standorte mit langer Vegetationszeit.

Sie ist im Buchenhochwald nur bei oft wiederkehrenden, sie begünstigenden Durchforstungen zu halten.

Auch die verwandten Arten Carya amara, sulcata, tomentosa und porcina sind zum Anbau gelangt. Jetzt wird amara ebenso wie sulcata und tomentosa nicht mehr empfohlen. Porcina ist der alba gleich zu achten, aber noch frostempfindlicher.

Juglans nigra: Die schwarze Walnuß.

Von allen bei den Anbauversuchen erprobten Holzarten (nach Schwappach) bei weitem die anspruchvollste sowohl hinsichtlich des Bodens als hinsichtlich des Klimas. Nur auf unseren besten Eichenstandorten sind die Bedingungen für die dauernde gute Entwickelung gegeben. Ihr Anbaugebiet ist daher ein ziemlich beschränktes.

Im Park bei Pflanzung starker Heister entwickelt sich der Stamm zu ähnlich großen Bäumen wie Juglans regia. Im Walde ist ein guter Stammaufbau in dem vorhin bezeichneten engen Gebiet möglich, wenn Spät- und Frühfröste fernbleiben.

Sie entwickelt eine sehr starke Pfahlwurzel mit wenig Seitenwurzeln und läßt sich daher nur verpflanzen, wenn ihr danach eine gartenmäßige Pflege zuteil werden kann.

Sie ist ein schöner Parkbaum, dort auch raschwüsig und wegen ihrer Nutzholztüchtigkeit zu empfehlen. Die Früchte sind nicht genießbar.

Fremde Ahorne.

Acer dasycarpum, ein Baum von schöner Kronenform mit hängenden, sich tief herabziehenden Ästen. Als Waldbaum wird er voraussichtlich nur eine ganz untergeordnete Rolle, etwa zur Bepflanzung von Waldrändern, spielen.

Der Same, der in großen Mengen fast alljährlich wächst, reift oft schon im Juni und muß sofort ausgesäet werden.

Acer negundo californicum. Er wird nicht mehr zum Anbau empfohlen.

Acer saccharinum steht dem Spitzahorn nicht fern hinsichtlich seiner Standortsansprüche. Sein Holz wird von Freunden der fremden Holzarten als vortrefflich bezeichnet. Es ist schwer, fest, hellbraun bis rötlich, besitzt schönen Glanz und nimmt prachtvolle Politur an (Schwappach).

Die Pflanzenerziehung erfolgt in derselben Weise wie bei den heimischen Arten. Bezüglich des Samens von negundo und saccharinum sagte der Arbeitsplan, daß er an kühlen, weder trockenen noch feuchten Orten 30 cm hoch geschichtet, mit Sand gemischt zu lagern und wöchentlich umzustechen sei. Nach den guten Erfolgen bei heimischer Art dürfte das Einschlagen in Gräbchen, wie es bei Hainbuche und Esche üblich ist, zu empfehlen sein.

Ulmus americana.

Ihr Anbauwert galt bereits 1880 als erwiesen und sollten Versuche darüber nicht mehr angestellt werden. Zu beachten ist aber, daß die Erfahrungen mehr außerhalb des Waldes als in demselben gesammelt sind.

Die amerikanische Ulme würde für dieselben Standorte und in gleicher Weise wie Ulmus campestris-suberosa anzubauen und zu behandeln sein.

Betula lenta: Die Hainbirke.

Sie liebt frischen kräftigen Boden, gedeiht auch auf mäßigem Sandboden, wenn er noch genügend Frische besitzt also auf solchen Böden, die auch bei unseren heimischen Birken, wenn man sie ihnen einräumt, treffliche Wuchsverhältnisse zeigen. Gegen Dürre und Frost ist sie empfindlicher als die deutschen Schwestern.

Die Pflanzenzucht bietet keine Besonderheiten.

Sie wird von Hasen, Kaninchen und Mäusen geschält, Rehe verbeißen sie.

Das Holz ist sehr fest und hart, hat braunen Kern.

Prunus serotina.

Ihr Anbau wird in der Denkschrift von 1901 empfohlen, um in den Kieferngebieten der östlichen Provinzen ein wertvolles Laubholz zu erziehen, wenn ihr die frischeren Einsenkungen überlassen werden. Mit sehr gutem Erfolge sei sie mehrfach zur Ausfüllung von Pilzlöchern in Kiefernstangenorten verwendet.

Die einjährigen Pflanzen werden im Kamp 20—30 cm hoch. Man verschult sie dann und hat nach 3 Jahren 1,5 m hohe Lohden, die ins Freie verpflanzt werden.

In den Waldungen um Karlsruhe stand die Holzart häufig, selten*) aber entwickelte sie einen guten Stamm. Nach meinen Beobachtungen reicht ihr Wuchs nicht an den von Prunus padus heran**).

Rhus vernicifera: Der Lackbaum.

Dieser Baum, der in Japan wegen der Lackgewinnung in weiter Verbreitung kultiviert ist, findet hier nur Erwähnung, weil in Deutschland vor einer Reihe von Jahren Anbauversuche mit ihm angestellt sind, er infolgedessen hier und da z. B. in Waldungen Badens zu finden ist.

Sein Anbau wird bei uns keine Verbreitung finden, weil er zu vollem Gedeihen Standort und Stellung der Obstplantagen beansprucht, vor allen Dingen aber deshalb nicht, weil der den Lack liefernde Saft, auf die Haut des Menschen gebracht, Entzündungen und Geschwürbildungen hervorruft.

---

*) Booth, Die Einführung ausländischer Holzarten 1903 zitiert S. 62 eine Schrift von Bolle: Hoher Strauch, bisweilen auch zu einem Baum erster Größe erwachsend (folgen Beispiele, darunter der Stamm von der Pfaueninsel, der seit Jahren tot ist und nur eine Höhe von 15 m hatte). (!!).

**) Dieselbe Ansicht vertritt Forstmeister Boden in der sehr beachtenswerten Schrift: Kritische Betrachtungen ausländischer Holzarten. Forstwissenschaftliches Zentralblatt 1902. S. 555.

Zweiter Abschnitt.

Nadelhölzer.

---

o) Die Weißtanne.

Literatur: Gerwig, Die Weißtanne im Schwarzwalde. Berlin 1868.

Dreßler: Die Weißtanne auf dem Vogesensandsteine. Straßburg 1880.

1. Standort.

Die Weißtanne ist jetzt fast durch ganz Deutschland verbreitet, während sie früher weder im Harz, noch auch über Sachsen hinaus nach Norden anzufinden war. Sie liebt das Gebirge, bleibt aber dort hinter der Buche zurück. Bestände werden seltener, sobald das Klima der Höhenlage sichtbar zurückhaltend auf den Wuchs der Waldvegetation wirkt. Sie sucht dann stets die wärmeren Lagen auf. Für den Schwarzwald nennt man die Höhenlage von 1050 m als Grenze für die Bestände, 1300 m für das Vorkommen in Horsten und Gruppen.

Während sie sich in tieferen Lagen mehr nach den Nord- und Osthängen zieht, finden wir sie in den höheren, dem vorhin Gesagten entsprechend auf südlichen Lagen.

Ihr Gedeihen ist an Bodenfrische aeknüpft. Wird diese Bedingung erfüllt, so kommt sie auch auf Sandboden fort, doch erlangt sie auf solchem immer nur eine bescheidene Entwickelung. Soll sie zur vollen Ausbildung und zu hohen Massen kommen, so verlangt sie neben frischem auch kräftigen und tiefgründigen Boden. Auf nassem Boden macht sie gern anderen Holzarten Platz, ist stets geringwüchsig.

Sie gedeiht gut in feuchter Luft, vermag aber auch trockene zu ertragen.

Ihr Anspruch an Wärme kann nach ihrem natürlichen Vorkommen nicht als gering angesprochen werden. Gegen Maifröste ist ihr jung ausgetriebenes Grün äußerst empfindlich und weicht sie deshalb vor allen Frostlagen in ähnlicher Weise wie die Buche zurück. Zu beachten ist, daß die Spitzknospe sehr oft vom Frost verschont bleibt, weil sie bedeutend später als die Seitenknospen austreibt. An und für sich ist der Höhentrieb ebenso frostempfindlich wie ein Seitentrieb, ja, ein scharfer Maifrost tötet sogar den Trieb unter der Knospenhülle.

Die Weißtanne ist eine ausgeprägte Schattenpflanze und hält sich daher dicht geschlossen bis zum Baumholzalter. Von da ist stets eine mäßige Lösung des Schlusses zu finden. Der Weißtannenschatten ist Jungpflanzen ihrer Art nicht selten zu tief, sie siedeln sich deshalb mit Vorliebe zuerst unter den Mischhölzern der Weißtannenbestände an und auf Bestandslücken.

Wird in dem Altholz der Schluß etwas gelockert, so finden sich Jungpflanzen allenthalben ein und sorgen für eine Deckung des Bodens. Hohe Umtriebe sind daher möglich, ohne daß ein Herabgehen der Bodenkraft zu fürchten ist.

Die Weißtanne verbessert den Boden in hohem Grade und ist auch nach dieser Richtung eine Holzart, die unsere volle Beachtung verdient.

2. Samen.

Die Zapfen reifen um den letzten September herum und lassen damit Schuppen und Samen fallen, nur die leere Spindel bleibt oben.

1 hl frischer Zapfen wiegt etwa 45 kg und gibt ungefähr 2 kg Kornsamen. 1 hl Kornsamen wiegt im Frühjahr ca. 27 kg. 1 kg enthält 24000 Körner.

Die Samenjahre kehren auf gutem Weißtannenstandort etwa alle zwei Jahre, auf ungünstigerem seltener wieder.

Die Einsammlung geschieht, sobald man hier und da abgefallenen Samen findet. Man läßt dann die Bäume besteigen und die Zapfen pflücken; da schon hierbei viele zerfallen, so muß der Sammler einen Sack oder dergleichen mit hinaufnehmen und die Zapfen dort hineinwerfen.

Zur Aufbewahrung über Winter schüttet man den Samen mit den Schuppen auf luftige, nicht zu trockene Hausböden (Speicher) oder Tennen und sticht ihn mehrfach um. Die Reinigung von den Schuppen durch Wurf nimmt man erst kurz vor der Aussaat vor.

Die Keimfähigkeit läßt sich durch eine Keimprobe oder durch Aufschneiden feststellen. Guter Same ist innen weiß, von frischem, reinem Terpentingeruch und zeigt gesunde Keimanlage.

Die Keimruhe währt bis zum Frühjahr, dann läuft der keimfähige Same in wenigen Wochen auf. Die Keimfähigkeit läßt sich selbst bei guter Aufbewahrung nicht ins zweite Jahr hinein erhalten.

3. Pflanzenzucht im Kampe.

Der Platz ist womöglich so zu wählen, daß die Pflanzen gegen Frost und Sonnenbrand gesichert sind. Schmale Rechtecke, deren lange Seiten von SO. nach NW. laufen und rings von hohem Bestande umgeben sind, empfehlen sich. Liegt der Kamp frei, so muß er durch Schattengitter, -Wände oder Deckung geschützt werden.

Die Bodenbearbeitung geschieht bis zur Tiefe von 25—30 cm. Die Pflanzen sollen im Kamp so lange bleiben, bis sie eine wirkliche Quirlbildung zeigen. Das ist selten vor dem fünften Jahre der Fall. Orte, wo es erst im achten und neunten Jahre geschieht, sollten nur unter besonderen Verhältnissen für die Anlage gewählt werden.

Man sät in 15 cm entfernte Rillen so dicht, daß Korn an Korn liegt und deckt 1—2 cm hoch mit Erde (5 kg pro a). Je zweifelhafter das Saatgut ist, um so breiter zieht man die Rillen. um dadurch eine stärkere Einsaat zu ermöglichen.

Die Pflanzen entwickeln im ersten Jahre selten mehr als die Plumula und bleiben deshalb zwei Jahre im Mutterbeet stehen. Die Verschulung erfolgt dann auf 20 zu 20 cm Entfernung. Man hat dabei sorgfältigst die Pflänzlinge vor einem Austrocknen der Wurzel zu hüten.

Die Kämpe sind von Unkraut frei zu halten und bei Frostgefahr zu decken. Sind die Pflanzen dennoch durch Frost einmal beschädigt, so kann eine Stammpflege durch Entfernung der sich oft bildenden Doppelwipfel notwendig sein.

Es sei schließlich noch bemerkt, daß da, wo die Saatbeete fehlschlagen oder nicht genug Pflanzen liefern, Ersatz durch Verschulung junger Wildlinge eintreten kann.

4. Freikulturen

sind durch Pflanzung ausführbar. Dabei darf man nur solches Material verwenden, das bereits im Kamp an den vollen Lichtgenuß gewöhnt ist und kräftige Entwickelung zeigt. Man hebt die Pflanzen mit Ballen aus und bringt sie in hinreichend große Pflanzlöcher. Der gewöhnliche Verband ist 1,3 m im Quadrat.

Bei der Pflanzung mit entblößter Wurzel erfordert die Behandlung der Pflanzen große Sorgfalt, da die Wurzeln empfindlich gegen Luftzug und dadurch veranlaßte Austrocknung sind. Sie müssen gleich nach dem Ausheben eingeschlagen werden und bei Überführung nach der Kulturstelle in Körbe, deren Boden feuchtes Moos deckt, dicht eingestellt werden. Bei der Verteilung über die Pflanzstätte hin, ist jede Pflanze einzuschlagen.

Die Frühjahrspflanzung ist als sicherer derjenigen im Herbst vorzuziehen.

Mischsaaten von Tanne, Kiefer und Lärche sind zuweilen mit Erfolg angewendet.

5. Betriebsarten.

Der Hochwald mit Kahlschlag ist als eine mögliche Form anzusehen. Sie wird aber immer nur unter besonderen Verhältnissen Platz greifen, weil man einerseits hohe Kulturkosten hat, anderseits auf Ausnutzung des bedeutenden Lichtzuwachses am Mutterbestande verzichtet. Rechnet man noch hinzu die Frostgefahr, so begründet sich damit die Abneigung der meisten Forstleute gegen diese Waldform vollauf.

Hochwald mit natürlicher Verjüngung. Er nimmt meist den Charakter des Femelschlagbetriebes an. Wird nämlich der Durchforstungsbetrieb richtig gehandhabt, so findet sich in den alten Orten überall Anflug vor. Er erstarkt rasch da, wo kleine Bestandslücken sind. Erweitert man diese durch Lichtungen der Ränder, so rückt die Verjüngung nach. Bei diesen Lichtungen nimmt man gern das starke, schon in den ersten Taxklassen stehende Holz zuerst und läßt schwächeres stehen, welches außer hohem Massenzuwachs auch noch eine bedeutende Wertsvermehrung erfährt.

Die Verjüngung folgt in die gelichteten Ränder hinein, immerhin vergehen aber bis zur vollständigen Verjüngung oft 10 Jahre. Zum schnelleren Fortschritt helfen uns die im allgemeinen Teil genannten Mittel:

Vermehrung der Angriffspunkte durch Lückenhieb, erforderlichenfalls unter Ausführung einer Plätzesaat;

Stellung eines Breitsamenschlages in einem guten Samenjahr. Dabei ist soviel Oberholzmasse zu belassen, daß die in den Altbeständen sich stets vorfindende Moosdecke nicht vergeht.

Führung von Saumabtriebsschlägen mit Zuhilfenahme der Pflanzung für die noch vorhandenen Lücken.

Wesentlichen Einfluß auf den Gang der Verjüngung hat die Hanglage. Nach Gerwig*) muß man Nord- und Ostseiten dunkler halten als die Südseiten. Auf diesen haut man gleich anfangs 1—2 a große Lichtungen und so zahlreich, daß $^1/_3$ bis $^1/_2$ der Masse herauskommt. Hierbei schont man die etwa eingesprengten Laubhölzer, weil sich unter ihnen die Tanne gern und leicht ansiedelt. Die Rücksicht auf Schutz gegen Frost und Dunkelstellung ist fallen zu lassen.

Mit den Lichtungen nach erfolgter Besamung geht man vor, sobald und wo der Jungbestand zu seinem Gedeihen einen Hieb fordert. Man sucht die Schläge aber stets so zu stellen, daß der bei den alten Weißtannen auftretende Lichtungszuwachs nach Möglichkeit ausgenutzt wird.

Die Aufarbeitung des Holzes bei Frost ist zu vermeiden, weil der Jungwuchs darunter schwer leidet.

Endlich ist hervorzuheben, daß man auch bei der Tanne nicht alles, also auch nicht die Zuziehung der letzten Lücke, von der Natur erwarten soll und darf. Man verliert dadurch nur an Zuwachs des Jungbestandes. Eine Ausflanzung mit Fichten kann wohl in allen Fällen als das zweckmäßigste angesehen werden.

Der Überhaltbetrieb ist, wie sich aus den vorliegenden großen Erfahrungen ergibt, sehr zu empfehlen. Man wählt zum Überhalten pro ha 15—30 wüchsige, fehlerfreie und nicht mit Hexenbesen behangene Stämme besonders aus mittleren Altersklassen aus. Windlagen vermeidet man, weil in ihnen selbst bei der Weißtanne viel Abgang ist.

Im Lichtungsbetriebe kann sie gehalten werden, wenn die Windbruchgefahr nach Lage der Verhältnisse nicht erheblich ist. Als Bodenschutzholz in gelichteten Beständen anderer Holzarten ist sie auf frischem und kräftigem Boden verwendbar, versagt jedoch den Dienst auf geringem Boden.

---

*) Bemerkt sei, daß das von Gerwig empfohlene Verfahren auch Gegner hat und selbst für diese Lagen ein langsameres Vorgehen empfohlen ist.

Der Hochwald mit Vorverjüngung wird für sie da gewählt, wo sie selten oder gar nicht im Mutterbestande vorkommt. Man macht gewöhnlich Plätzesaaten und nimmt die Pflanzung nur unter schwierigeren Verhältnissen oder nach Fehlschlagen der Saat zu Hilfe.

Der Plenterbetrieb ist für sie durchaus geeignet, man sucht ihn aber so zu stellen, daß die Verjüngung horstweise erfolgt. Wo es nur immer geht, ist der Hieb unter voller Rücksichtnahme auf den Jungwuchs zu führen, er gestaltet sich dann im einzelnen sowie beim Femelschlagbetrieb.

Wo der Weißtannenkrebs eine große Verbreitung hat und der Grundsatz durchgeführt ist, die Krebsbäume herauszuhauen, so lange sie noch „gesunde" d. h. noch mit Rinde bedeckte Krebse haben, hat dadurch ein förmlicher Plenterbetrieb Platz gegriffen.

6. Mischungen.

Am häufigsten und durch die Natur selbst hergestellt, finden wir diejenige mit der Fichte. Sie ist als eine durchaus zweckentsprechende anzusehen, da die Fichte einerseits fast überall höher bezahlt wird, anderseits im Weißtannenbestande an Sturmfestigkeit gewinnt. Die Mischung ist auch leicht herzustellen, indem man zunächst die Weißtanne natürlich verjüngt, bei der Abräumung aber alle vorhandenen und durch den Holzhieb entstehenden Lücken mit Fichten bepflanzt.

Die weniger rentable Mischung der Weißtannenbestände mit Buchen wird ebenfalls so eingeleitet, daß man zuerst die Weißtannenverjüngung herstellt und dieser die Verjüngung der Buche folgen läßt. Es läßt sich das häufig nur dadurch erreichen, daß man gegen die Buche zugunsten der Tanne feindlich auftritt. Auf eine künstliche Einbringung der Buchen sollte man verzichten, da sie sich nicht bezahlt macht.

Endlich kann noch die Kiefer in Betracht kommen. Die Fälle, wo sich die Mischung auf natürlichem Wege herstellen läßt, sind selten. Die Regel ist, daß man die Kiefer mit den letzten Schlagausbesserungen künstlich hineinbringt. Es werden ihr namentlich die verangerten Bodenpartien überwiesen; bringt man sie auch auf bessere, so muß man wenigstens durch einen engen Stand dafür sorgen, daß sie nicht sperrwüchsig erwächst.

Vorwachsende Mischungen, wobei das Mischholz als Schutzholz dient, können stellenweise gute Dienste leisten. Als vorwachsende

Holzart kann in Betracht kommen die Kiefer. die Lärche und die Birke. Für die Behandlung solcher Bestände gilt die Regel, daß man die Weißtannen von der beigegebenen Holzart befreit, sobald sie von dieser leidet.

7. Bestandspflege

hat zuerst in der Jugend einzugreifen, so lange die Tanne sehr langsam wüchsig ist. Alle Mischhölzer überwachsen sie in dieser Zeit leicht und wenn sie reichlich vorhanden sind, kann es zu einer vollständigen Verdrängung kommen, mindestens aber zu lebhaftem Verdämmungsschaden. Buche und Fichte sind dabei die gefährlichsten Holzarten. Die Pflege geschieht durch Freihieb oder Freischneiden der Weißtanne.

Die Durchforstungen sind bei ganz gesunden Beständen bis ungefähr zum 80. Jahre mäßig, von da ab stark zu führen. In solchen Beständen, die Krebsstämme enthalten, sind diese und zwar von den ersten Durchforstungen an zu hauen. Außerdem muß man aber auch das Übel bei der Wurzel*), nämlich den Hexenbesen, fassen. Es entstehen diese schon auf ganz jungen Pflanzen, namentlich aber auf den Vorwüchsen**). Man sollte daher schon während der Verjünguug bei Gelegenheit des Hiebes die Hexenbesen durch Abschneiden befallener Zweige und Fortnahme ganzer Stämme beseitigen. Später ist es allein noch durch Aushieb der ganzen Stämme möglich. Die Auszeichnung eines solchen Hiebes ist am leichtesten, wenn die Hexenbesen im jungen Laube stehen, also Ende Mai.

Da die befallenen Stämme oft dominieren, so erhält die Durchforstung dadurch einen besonderen Charakter. Es wird nicht selten der Fall sein, daß man zunächst nichts weiter hauen kann.

Endlich muß man auch die Überhälter im Auge behalten und diesen die entstandenen Hexenbesen durch Schneidelung nehmen. Siedeln sie sich in großen Mengen an, wie das durchaus nicht selten ist, so muß man die ganzen Stämme im Interesse der jungen Orte herausziehen.

---

*) Der Hexenbesen wird durch Aecidium elatinum hervorgerufen. Die Uredo- und Teleuto-Sporenform dieses Pilzes ist vom Professor Fischer in Bern in der auf Karyophyllaceen lebenden Melampsorella Cerastii (Pers.) erkannt. Er fand die Form auf Stellaria nemorum.

**) Vgl. Weise, Zur Kenntnis des Weißtannenkrebses. Mündener forstliche Hefte I, S. 1.

Entästungen verträgt die Tanne sehr gut, wenn man die Äste hart am Stamm abnimmt und wenn die Wunden nicht über 5 cm im Durchmesser haben. Man wendet sie an bei zu breitästigen Vorwuchsstämmen und bei den Überhältern. Interessant ist, daß die geästeten Überhälter sich durch Austreiben schlafender Knospen wieder begrünen.

p) Die Fichte.

1. Standort.

Die Fichte hat ihren Hauptverbreitungsbezirk im Gebirge, doch ist sie in großer Ausdehnung auch in dem östlichen Teile des deutschen Flachlandes vertreten und sporadisch überall zu finden. Die Ausdehnung der künstlichen Verjüngung hat ihren Verbreitungsbezirk wesentlich erweitert.

In unseren deutschen Gebirgen findet sie sich vom Fuße bis zu den Höhenlagen, wo der Baumwuchs als solcher aufhört. Sie sinkt schließlich zu strauchartiger Gestalt zusammen.

Die Fichte ist nicht auf dürrem Boden zu finden, meidet trocknen und fühlt sich erst auf dem frischen wohl. Sie geht von da bis zu wirklich nassem Boden, doch darf er nicht zu Versumpfungen neigen und muß im Hochsommer soweit abtrocknen, daß er nur noch als feucht anzusprechen ist. Überschwemmungen verträgt sie nicht und stirbt ab, selbst wenn sie nur kurze Zeit dauern.

Auf Gebirgsboden, der nach der Abholzung ein Übermaß von Feuchtigkeit zeigt, gedeiht sie gut, wenn man durch ein Grabennetz für Wasserabfluß sorgt. Das Netz braucht meistenteils nur solange offen gehalten zu werden, bis die Fichten sich geschlossen haben. Von da ab regelt die Fichte allein die Feuchtigkeitsverhältnisse durch ihren Wasserverbrauch und durch die verminderte Niederschlagszufuhr, die der Schlußstand mit sich bringt.

Als flachwurzelnde Holzart gedeiht sie auf flachgründigen Böden und liefert dort oft gute und massenreiche Bestände, doch findet man die höheren Ertragsklassen meist auf tiefgründigem Boden. Sie liebt mineralisch kräftige, nicht zu bindige Böden.

Eine hohe Luftfeuchtigkeit, wie sie die Gebirgsluft zeigt, sagt ihr zu, auch behagt ihr wechselnde Bewegung der Luft. Dagegen zeigt sie sich empfindlich gegen stetig wehende Winde.

Sie wird als eine dem Windwurf leicht unterliegende Holzart hingestellt, doch gilt das nur von solchen Stämmen, die im Schlusse erwachsen, einen engen Wachs- und Wurzelraum hatten. Wo man ihr Raum läßt, verankert sie sich so fest, daß sie nicht häufiger als andere Holzarten geworfen wird. Das beweisen die Bestandsränder und die raumen Bestände der Hochlagen. Eine zweckmäßige Bestandslagerung und Hiebsfolge drückt die Windwurfgefahr wesentlich herab.

Die Fichte ist eine Schattenpflanze, vermag demgemäß in dichtem Schluß zu stehen und den Boden tief beschattet zu halten. Die Bodendecke wird in jüngeren Orten meist nur von abgestorbenen Pflanzenteilen, also Nadeln, Zweigen usw. gebildet, später wenn die Beschattung etwas nachläßt, stellen sich Moose ein, auch Beerkräuter. Das Auftreten der Heide ist stets ein Zeichen, daß der Standort für die Fichte ein schwieriger wird. Wo in solchem Falle andere Holzarten möglich sind, sollte man solche wählen.

Die Fichte gehört zu den bodenbessernden Holzarten.

2. Samen.

Reift im Oktober und fliegt von da bis zum Frühjahr.

1 hl Zapfen wiegt ca. 30 kg (25—36) und gibt 1,2—1,7 kg entflügelten Samen, d. s. 2—2,8 geflügelter.

1 hl geflügelter Samen wiegt ca. 18 kg, entflügelter ca. 55 kg.

1 kg entflügelter Samen zählt 120—150000 Stück und ist nach Maß ungefähr = 2,2 l.

Die Samenjahre kehren in günstigen Lagen in Zwischenräumen von ca. 4 Jahren wieder, in ungünstigeren seltener.

Die Einsammlung geschieht entweder auf den Schlägen durch Brechen der Zapfen am liegenden Holz oder anderwärts durch Pflücken vom stehenden. Die im Oktober und November gebrochenen Zapfen liefern den besten Samen. Man klengt ihn auf Darren oder in gewöhnlicher Zimmerwärme und bewahrt ihn in Kästen, deren Wandungen mit Luftlöchern versehen sind oder auf Böden ca. 15 cm hoch geschichtet auf und beläßt ihm dabei die Flügel. Soll der Same über Jahr und Tag aufgehoben werden, so bleibt er in den Zapfen.

Vor der Aussaat ist der Same zu entflügeln, was am besten dadurch geschieht, daß nicht ganz gefüllte Säcke mit leichten Dreschflegeln geschlagen werden.

Die Keimfähigkeit wird durch eine richtige Keimprobe festgestellt, ausnahmsweise durch Schnitt. Sie erhält sich sehr ungleich, daher sinkt das Keimprozent von Jahr zu Jahr. Über vierjährigen Samen kann man nicht mehr benutzen.

3. Pflanzenzucht im Kampe.

Den Kamp legt man auf nahrungsreichen milden Boden von frischer Beschaffenheit. Tiefgründigkeit ist erwünscht, weil dabei die Frische der oberen Schicht besser bewahrt bleibt. Die Bodenbearbeitung geht spatenstichtief.

Die Aussaat geschieht in Rillen, die in der verschiedensten Art hergestellt werden. Wir nehmen etwa 15 cm Abstand. Die Einsaat beträgt 1—2 kg pro a, letzteres Quantum nur dann, wenn die Pflanzen einjährig verschult werden. Die Erdbedeckung ist 1 – 2 cm hoch.

Gegen Vogelfraß schützt man den Samen durch einen Überzug mit Mennige. Die Keimung erfolgt, je frischer der Samen ist, um so früher und gleichmäßiger, sie beginnt etwa mit dem 10. Tage.

Die Saaten sind den Sommer hindurch mehrmals durch Ausschneiden des Unkrauts gegen Überwachsen zu schützen.

Kommt die Zeit der Herbstnachtfröste, so füllt man die Zwischenräume von Saatrille zu Saatrille mit Moos, um dadurch das Auffrieren zu verhindern. Es bleibt liegen, bis die Periode des Barfrostes im Frühjahr vorüber ist.

Aufgefrorene Pflanzen müssen behäufelt werden. Die dadurch entstehenden Vertiefungen sind mit Erde auszufüllen, sonst spülen Regengüsse die Pflanzen wieder aus.

Zur Erziehung von Büscheln läßt man die Saat in den Rillen, vielleicht unter Lichtung des Pflanzenbestandes, bis zur Auspflanzung stehen.

Einzelpflanzen erzieht man durch Verschulung von ein- und zweijährigen an der Pflanzleine, der Latte, auch kann man unter geeigneten Verhältnissen den Tygeson'schen Rechen oder die Hacker'sche Maschine verwenden. Den Verband muß man nach der Stärke der zu erziehenden Pflanzen richten. 20 cm Reihenabstand mit 10 cm in den Reihen genügen.

Sollen die Pflanzen mit Ballen auf die Kultur gebracht werden, so muß man entsprechend bindigen Boden aussuchen. Empfohlen wird, daß man die Ballen im Herbst vorher umstechen soll, dann bewurzele sich die Pflanze dicht um den Stamm und der Ballen halte sehr gut. In der Regel ist dergleichen nicht notwendig.

Die Erziehung des Pflanzmaterials geschieht meistens in Wanderkämpen. Sind sie ausgenutzt, so müssen sie sorgfältig und mit bestem Material in regelmäßigem Verbande unter Anwendung von guter Kulturerde und passendem Kunstdünger ausgepflanzt werden. Unterläßt man das in der Meinung, daß der im Kamp verbliebene Bestand an Pflanzen genüge, so wird man, wie die Erfahrung lehrt, in der Regel Krüppelwuchs erhalten.

4. Kulturen.

Die Saaten sind in den letzten Jahrzehnten seltener geworden,
weil sie leicht unter Unkrautwuchs leiden;
weil sie durch wiederholte Barfröste aufgezogen und vernichtet werden können;
weil sie bei gutem Gelingen leicht zu dichten Stand der Pflanzen bringen und
weil man sie oft durch Schneedruck schwer geschädigt sah.

Zu ihren Gunsten sprechen bedeutende Vorerträge und große Astreinheit der untersten Stammstücke.

Zur Ausführung gelangen Streifen und Plattensaaten (8 bis 12 kg pro ha). Beide sind so anzulegen, daß sie durch ihre Breite und Größe Sicherheit gegen Unkrautschaden bieten.

Wo nicht gerodet wird, legt man die Plätze um die Stöcke herum.

Die Pflanzung ist namentlich von Beginn des neunzehnten Jahrhunderts an in Aufnahme gekommen, seit sie gute Dienste für die Aufforstung großer Windbruchblößen geleistet hat.

Heute sind hauptsächlich folgende Pflanzmethoden in Übung:

Die Pflanzung in gegrabene oder gehackte Löcher für ballenlose wie für Ballenpflanzen, für Einzel- wie für Büschelpflanzen.

Die Obenaufpflanzung nach v. Manteuffel und nach allen von diesem Verfahren hergeleiteten Abänderungen in der Regel für ballenlose Einzelpflanzungen seltener für andere.

Außerdem kommt lokal zur Anwendung die Pflanzung mit dem Buttlar'schen Eisen, mit dem Heyer'schen Hohlbohrer und mit anderen Ballenformern.

Der Verband ist im allgemeinen auf 1,3 m Weite angenommen, wird aber je nach den besonderen Verhältnissen enger oder weiter gestellt. Viehweiden bepflanzt man gern in Reihenverband 2 : 1 m. Die hierbei erzogenen Stämme zeigen jedoch meist eine schlechte Beastung.

Die Frage, ob Büschel- oder Einzelpflanzung zu wählen ist, wird sehr verschieden beantwortet. Für die Büschel sprechen:

die geringere Gefahr durch Rüsselkäferfraß, weil meist nur die Außenpflanzen geschädigt werden,

die geringen Nachbesserungskosten,

die schneller erfolgende Bodendeckung;

gegen sie:

die Verwachsungen der Pflanzen am Wurzelknoten,

eine langsamere Höhenwuchsentwickelung.

Für die Einzelpflanzungen führt man an:

den schnelleren Wuchs,

die gleichmäßigere Beastung;

gegen sie:

die Neigung zur Teilung des Wipfeltriebes.

Die Nachteile der Büschelpflanzung kann man sehr herabmindern, wenn man die dominierende Pflanze freischneidet oder bei mehreren gleichwertigen eine zur dominierenden macht, sobald die Pflanzung etwa Brusthöhe erreicht hat. Das Zurückschneiden läßt sich rasch und leicht mit den Dittmarschen Durchforstungsscheren ausführen.

Der Erfolg der Maßregel besteht darin, daß die herrschenden Pflanzen schnell zuwachsend sich sehr bald untereinander schließen, die gekappten aber allmählich eingehen. Sie verwachsen dann aber nicht mit der Hauptpflanze, sondern werden von dieser seitwärts geschoben.

Ballenbüschel sind jahrzehntelang mit großem Erfolge gepflanzt worden.

5. Betriebsarten.

Der Hochwald mit Kahlschlagbetrieb ist als herrschend anzusehen, zugleich als eine Betriebsform, die durch und durch gesund und passend für die Fichte ist. Es ist dabei aber vorauszusetzen, daß die Schläge nicht zu groß gemacht werden und daß man nicht Schlag an Schlag reiht. Kleine Wirtschaftsfiguren und bei größeren Waldkomplexen die Anlage vieler Hiebszüge erleichtern die Erfüllung dieser Voraussetzung.

Die Kultur soll überall, wo Rüsselkäferfraß zu fürchten ist, dem Hiebe erst nach zweijähriger Schlagruhe folgen.

Der Hochwald mit natürlicher Verjüngung und zwar in Breitsamenschlägen. Sie sind so zu stellen, daß die einzelnen Stufen geordnet gegen die herrschende Windrichtung vorschreiten. Der Vorbereitungsschlag liegt also immer am weitesten vorgeschoben, diesem folgt der Samenschlag und erst hinter diesem liegen die Lichtschläge;

vom Randbestande her in schmalen Absäumungsschlägen, die gegen den Wind weiter vorrücken, wenn die Besamung erfolgt ist. Die Schlagbreite soll der Baumhöhe des Randes gleich sein. Nach Wagner nur der halben Baumhöhe bei Vorschreiten von Nord nach Süd.

Eine Verjüngung in Löchern ist überall, wo die Fichte noch Nutzholzbestände liefert, zu gefährlich und kann bei eintretendem Windbruch sehr kostbar werden. Wo die Fichte aber hauptsächlich Brennholz gibt, wie in sehr hohen Lagen, ist wieder die Samenerzeugung zu gering, um den Betrieb durchzuführen.

Der für gefährdete Hochlagen angenommene Plenterbetrieb gestaltet sich als ein Kahlschlagbetrieb mit sehr kleinen Flächen. Man nimmt den von den Rändern her sich etwa einstellenden Anflug als Kulturhilfe mit, pflanzt aber regelmäßig den Schlag auch aus. Ein weiterer Schlag wird an den vorhergehenden erst angereiht, wenn auf dem früheren die Kultur gesichert ist.

6. Mischungen.

Vor allen empfiehlt sich dazu die Weißtanne. Wo gemischte Altbestände vorhanden sind, siedelt sich die Tanne leicht und reichlich unter den Fichten und auf Lücken an, so daß es nur darauf ankommt, beim Hiebe des Altbestandes den jungen Anwuchs zu erhalten.

Soll die Mischung künstlich hergestellt werden, so empfiehlt sich für vorhandene Lücken namentlich die Pflanzung, unter dem Schirm alter Fichten auch Plätzesaat. Das letzte Mittel wäre, den Kahlschlag in Mischung von Weißtanne und Fichte zu bepflanzen. Dabei ist wegen leichter durchzuführender Pflege ein reihenweiser Stand der Tannen dem horstweisen vorzuziehen. Einzelstand ist zu vermeiden, weil bei diesem eine Pflege sehr schwer wird.

Die dauernde Mischung mit der Lärche ist in den Alpen zwar vielfach zu finden, in den deutschen Mittelgebirgen aber selten, obwohl man sie oft versucht hat. Die Lebenskraft der Lärche ist in diesen Gebieten unsicher, so daß man nur auf vorübergehende Mischung rechnen darf. Man würde sie also in Einzelreihen oder ganz kleinen Gruppen namentlich aber einzeln pflanzen.

Hier und da ist auch eine Mengsaat von Fichte und Lärche von Erfolg begleitet gewesen. Die Lärche ist hierbei in den ersten 20 Jahren sehr vorwüchsig und wird oft erst spät von der Fichte eingeholt. Wie lange die Mischung gehalten werden kann, ist von dem Standort abhängig. Sehr oft liegt die Grenze schon beim 30. Jahre.

Fichte und Kiefer baut man da an, wo in den Vorbergen und im Flachlande die Standortsgrenze der Fichte läuft.

Es empfiehlt sich:

- die Fichte vorweg zu pflanzen und die Kiefer dazwischen zu setzen, wenn erstere 1 m Höhe hat. Reihenweise Stellung würde am zweckmäßigsten sein, weil sich dabei die Stärke der Einmischung in leichtester Weise regulieren läßt;
- die Fichte und Kiefer gleichzeitig in Mengung zu säen und dann je nach der Entwickelung der einen oder der anderen Holzart bei den Durchforstungshieben die Stellung zu regeln.

Fichte und Buche ist eine Mischung, die namentlich für Schneebruchlagen beliebt ist. Gemischte Altbestände sind zuerst auf Buche zu verjüngen, indem man in den Buchenhorsten den regelrechten Verjüngungsgang einschlägt. Die dabei sich leicht einfindende Fichte muß, soweit notwendig, zurückgehalten werden.

Die gleichzeitige Pflanzung von Buchenlohden und dreijährigen Fichten in je gesonderten Reihen, ist mehrfach in Anwendung gekommen, aber nicht zu empfehlen, weil die Buchen überwachsen werden und dann ein lückiger meist auch ästiger Fichtenbestand übrig bleibt.

Aspen und Birken gibt die Natur vielfach freiwillig und man behält sie, so lange sie in unschädlicher Weise vorwüchsig sind.

7. Die Bestandspflege.

Der Kultur muß oft eine Entwässerung vorangehen, die je nach den Verhältnissen dauernd oder nur zeitweise zu erhalten ist.

Reinigungshiebe sind gegen Weichhölzer zu führen.

Bei Einzelpflanzungen hat man, so lange es geht, die Doppelwipfel mit Messer oder Schere abzuschneiden, bei Büscheln die vorher erwähnte Ausscheidung der herrschenden Pflanze auszuführen.

Die Durchforstungen müssen in der Zeit kräftigen Höhenwuchses häufig wiederkehren und sind mäßig vom schwachen Holze her zu führen, weil die dominierenden Stämme oft durch Schnee gebrochen werden und dann seitlich gedrückte zur Geltung kommen können. Gegen die Einführung sehr starker Durchforstungen ist entschieden Widerspruch zu erheben. Man darf die hohe Stammzahl in den Beständen nicht aufgeben, weil gerade durch sie Gewähr gegeben wird, daß trotz Wind und Schneebruch volle Altbestände möglich sind.

Durch Trockenästung der dominierenden Stämme kann man den Wert der zukünftigen Altbestände erhöhen. Die Überwallung der Astwunden geht sehr langsam vor sich.

Eine Grünästung behagt der Fichte nicht, sie zeigt es im Nachlassen des Höhenwachstums.

q) Die Kiefer.

1. Standort.

Literatur. Godbersen, Die Kiefer. 1904.

Dr. Dengler, Die Horizontalverbreitung der Kiefer. 1904.

Die Kiefer ist durch ganz Deutschland verbreitet. Sie ist der Hauptbaum des norddeutschen Flachlandes, in Mitteldeutschland gedeiht sie gleichfalls in der Ebene, leistet aber im Gebirge verhältnismäßig wenig, während sie in warmen Lagen Süddeutschlands in den Bergen geradschäftige, gutwüchsige Bestände liefert, in der Ebene dagegen oft krumm erwächst und sich nicht genügend von Ästen reinigt.

Sie ist, was Bodenansprüche anlangt, nach jeder Richtung hin eine der genügsamsten Holzarten Da sie aber auch andrerseits guten Boden verträgt, so hat sie ein sehr weites, in sich äußerst verschiedenes Anbaugebiet.

Vom Flugsand beginnend, geht sie durch alle Grade der Bodenfeuchtigkeit hindurch bis zum Moorboden mit stagnierendem Wasser. Auf diesem weiten Wege nimmt sie äußerlich die verschiedensten Formen an und ändert selbst das Wurzelsystem.

Sie bevorzugt zwar lockere und milde Böden, kommt aber auch auf festem und bindungslosem vor.

Am besten gedeiht sie auf mineralisch mittelkräftigen, frischen Böden in nicht zu warmem Klima. Daraus erklärt sich, daß sie

z. B. in Baden in dem sehr milden Klima der Rheinebene nicht so schöne Stämme liefert, als in der kühleren Bergluft und daß sie hier wieder besser auf den West- und Südhängen gedeiht, als auf den ihr zu viel bietenden Ost- und Nordlagen. Dort baut man sie in der Regel auch nur vorübergehend an, etwa um die Folgen andauernder Streunutzung abzuschwächen und den Boden mit ihrer Hilfe wieder für anspruchsvollere Holzarten reif zu machen.

In Schneebruchlagen ist ihr Anbau nicht anzuraten, da sie wenig Widerstandskraft besitzt, den Schnee aber in ihrer Benadelung sehr fest hält.

Die Kiefer wird zu den Lichtholzarten gerechnet. Ihr Lichtbedürfnis hindert sie jedoch nicht daran, auf gutem Boden in der Jugend dicht geschlossene Bestände zu liefern, in deren Schatten ähnlich wie bei Fichte und Tanne selbst das Moos nicht wächst und die Bodendecke lediglich von Pflanzenabfällen gebildet wird.

Auf leichtem Boden tritt sie auch in der ersten Jugend nicht in dichten Schluß; daher vermag sie z. B. die Heide nicht zu unterdrücken.

Die Kiefer stellt sich überall licht, sobald der Wind die Stämme in kraftvoller Weise zu bewegen vermag. Die Kronen verlieren dann unter dem Einfluß dieser Bewegung und der gegenseitigen Reibung so viel an Nadeln, Knospen, Trieben, daß nur die kräftiger ausgebildeten es vertragen können und die Stammausscheidung sehr schnell vor sich geht. Der Schluß lockert sich dadurch und wird, wenn die stärkerkronigen horstweise beieinander standen, wie man das namentlich in der Ebene häufig findet, ein horstweiser.

Eine bodenbessernde Kraft wohnt der Kiefer so lange bei, wie sie den Schlußstand zu halten vermag, darüber hinaus kann sie eine Zeitlang das Errungene noch bewahren, dann aber geht die Bodenkraft langsam wieder zurück.

Wo man die Verbesserung des Bodens benutzen will, um zu anderen Holzarten überzugehen, darf man deshalb die Kiefer nur in kurzen Umtrieben bewirtschaften.

2. Der Same

reift im zweiten Herbst nach der Blüte und fliegt, vom Februar beginnend, an sonnigen Tagen zuerst nur bei trockenem, lebhaftem Winde, später bei jedem trockenen Wetter.

1 hl Zapfen gibt bei mehr als 6000 Stück und ca. 50 kg Gewicht ein wenig mehr als 1 kg Kornsamen mit über 150000 Stück.

Die Samenjahre kehren alle 2—3 Jahre wieder, die Einsammlung erfolgt auf den Schlägen von guten, kräftigen Bäumen, geschah aber früher sehr oft durch Brechen der Zapfen an sogenannten Kusselkiefern. Die mehrfach beobachtete Degeneration der Kiefer hat sicherlich in dieser Herkunft des Samens einen ihrer Gründe, wenn nicht den alleinigen. Man schenkt deshalb der Herkunft des Samens gegenwärtig große Aufmerksamkeit. Man bewahrt den Samen am besten in den Zapfen auf, ausgeklengten hingegen in Kästen oder dünn aufgeschichtet auf Böden.

Die Keimfähigkeit wird durch eine Keimungsprobe, aushilfsweise auch durch Schnittprobe festgestellt; sie erhält sich teilweise bis zum vierten Jahre.

Die Keimruhe dauert in der Regel bis zum Frühjahr, wird aber durch zu großes Austrocknen des Samens beim Aufbewahren oder durch Dürrperioden nach der Aussaat verlängert, so daß der Same mitunter überliegt.

3. Pflanzenzucht im Kampe

erstreckt sich auf Jährlinge, 2jährige verschulte Pflanzen und 2—4jährige Ballen. Der Boden ist — Ballenkämpe ausgenommen — 30 cm tief im Herbst zu rajolen. 1 m breite Beete werden dann im Frühjahr (gegen Mitte April) in Rillen von 12 cm Entfernung mit 1 kg pro a besät. Die Erdbedeckung beträgt 1—2 cm.

Die Keimung erfolgt je nach der Qualität des Samens rascher oder langsamer, immer aber dauert es vier Wochen, bis ein Beet voll in den Kotyledonen steht. Es empfiehlt sich, bis dahin der Saat Schattengitter zu geben; vor Vogelfraß schützt man sie durch Färbung des Samens mit Mennige.

Die Beete legt man womöglich auf humosen, lehmig-sandigen, frischen Boden. Will man sie mehr als zweimal benutzen, so müssen sie mit Kompostdünger gedüngt werden. Die flachere oder tiefere Unterbringung desselben gibt ein Mittel, um die Wurzellänge zu regeln.

Die Pflege der Saatbeete besteht in vorsichtigem Ausschneiden des Unkrautes, selten auch in einer Verringerung des Pflanzenstandes.

Die Verschulung der Kiefern erfolgt im Verbande 10 auf 15 cm meistens längs der Latte in Gräben, aber auch mit Setzholz längs der Pflanzleine, kann auch unter passenden Bodenverhältnissen mit dem Tygesonschen Rechen, auch wohl mit der Hackerschen Maschine geschehen. Bei dem gelockerten Boden kann man ohne jeden Schaden für die Pflanzen die Pfahlwurzel auf 10 cm kürzen.

Ballenkämpe bringt man auf bindigeren Boden, schält dessen Überzug ab, läßt ihn aber sonst ungelockert. Die Verschulung der einjährigen Pflanzen kann mit Pflanzdolch, Buttlarschem Eisen oder einem ähnlichen schwereren Instrument erfolgen.

In neuerer Zeit legt man übrigens die Ballenkämpe nur noch selten an, weil man die in Altbeständen sich vorfindenden Anflugkiefern sehr gut benutzen kann.

Die Kämpe leiden leicht wie alle jungen Kiefern unter der Schütte. Man soll deshalb

zur Deckung der Saaten niemals Kiefernreisig verwenden, weil dieses oft durch Hysterium pinastri, den die Krankheit erzeugenden Pilz, befallen ist;

im Herbst die Kämpe durch Deckung gegen früh eintretende Fröste schützen;

im März dasselbe tun gegen Barfröste und die Wirkung der Sonne.

Bei Pilzschütte ist rechtzeitig eine Besprengung mit Bordelaiser Brühe vorzunehmen.

4. Kulturen.

Saaten führt man streifen- und platzweise aus. Die Streifen werden gefertigt als

einfache Hackstreifen d. h. solche, bei denen nur der Bodenüberzug entfernt ist und ohne Lockerung gesäet wird. Der Same wird durch Rechen untergebracht;

Pflugfurchen. Bei ihnen säen wir ebenfalls ohne Lockerung der geöffneten Furche oder erst nachdem der Untergrundspflug durch sie gezogen ist. In beiden Fällen empfiehlt es sich, die Furchen vor der Aussaat klar zu rechen.

Die Saat selbst geschieht aus der Hand (5—6 kg pro ha) oder mit einem der im allgemeinen Teil genannten Hilfsmittel. Sehr geringe Einsaaten, wie sie z. B. bei Anwendung der

Drewitzschen Säemaschine möglich sind (2 kg), haben sich im allgemeinen nicht bewährt.

Besonders zu erwähnen ist, daß man auch Zapfensaaten ausführt (7—13 hl pro ha). Man streut die Zapfen oberflächlich aus, wenn sie noch geschlossen sind. Öffnen sie sich unter dem Einfluß warmer, trockener Witterung, so werden sie mit einem Rechen gekehrt d. h. gewendet. Hierbei lassen sie den Samen ausfallen. Wenn nötig, wird das Kehren wiederholt. Man ist von den Zapfensaaten abgekommen, weil die Saaten mißraten, wenn die erforderliche trockene Witterung ausbleibt.

Plätzesaaten werden analog den Streifensaaten gemacht, also in ungelockertem und gelockertem Boden. Zapfensaaten bilden hierbei jedoch eine große Ausnahme.

Pflanzungen werden in erster Linie mit Jährlingen ausgeführt. Am häufigsten setzt man sie in gestoßene Löcher, wobei wieder alle Methoden, die im allgemeinen Teil angeführt sind, geübt werden, d. s.

Handpflanzung (Danzscher Keil, Keilspaten);

Pflanzungen mit dem Lochstoßer (Buttlarsches Eisen, der Pflanzenstichel, das Wartenbergsche Eisen, Pfeils Pflanzung mit Setzholz oder Pflanzdolch, Spitzenbergs Pflanzung mit dem Spaltschneider;

Pflanzung mit anderen Hilfen (Alemanns Klemmpflanzung).

Die Verwendung zweijähriger verschulter Pflanzen empfiehlt sich überall, wo man es mit schwierigen Verhältnissen zu tun hat. Man setzt sie in gegrabene Löcher an die Wand oder in die Mitte. Bei lockerem Boden kann man die Löcher auch mit dem Danzschen Keil oder einem Keilspaten herstellen, immer aber soll man die Pflanze mit der Hand setzen.

Ballenpflanzungen sind bei späten Nachbesserungen, namentlich auf Maikäferfraßstellen, zu wählen.

Alle Kiefernkulturen auf zur Trockenheit neigendem Boden sind möglichst zeitig im Frühjahr zu machen, damit ihnen noch die Frühjahrsfrische des Bodens zuteil wird und sie anwachsen, bevor dessen Trockenperiode beginnt. Je besser und frischer der Boden wird, um so weiter hinaus kann man die Ausführung der Kultur schieben.

Pflanzungen auf Ortstein zeigen dauernd guten Wuchs nur dann, wenn die Ortsteinschicht auf der Pflanzstelle durchbrochen ist.

Es geschieht das durch Handrajolung, durch Pflügen mit Gespann und mit dem Dampfpflug. Rabattierungen, bei denen die Gräben bis auf die Ortsteinschicht reichen und diese freilegen, können auf nassem Heideboden von Erfolg begleitet sein.

Neuerdings sind Versuche gemacht, den Ortstein durch Anwendung von mineralischen Düngern zu beseitigen.

Kulturen auf kleinen Sandkehlen ohne Deckung gelingen ausnahmsweise bei und vermöge sehr dichter Pflanzung. Besser aber tut man, ebenso wie bei allen größeren Flugsandfeldern, eine Deckung des Bodens der Pflanzung voraufgehen zu lassen.

5. Betriebsarten.

Hochwald mit Kahlschlagbetrieb ist am verbreitetsten. Auf geringem Standort sollte man nur pflanzen, auf besserem auch der Saat Raum geben.

Der Hochwald mit Überhältern ist in vielen Gegenden sehr beliebt, überall fällt aber ein großer Teil des Überhalts den Stürmen, den Insekten, dem Kienzopf zum Opfer. Zu beachten ist auch, daß der junge Bestand auf allen geringeren Standortsklassen um die Altstämme herum Lücken zeigt.

Der Hochwald mit natürlicher Verjüngung ist früher fast die ausschließliche Betriebsform gewesen. Man hat ihn aber verlassen, weil die Erfolge keine günstigen waren. Erschien nämlich die Verjüngung zu spärlich, so legten die einzelnen Stämme sich zu sehr aus, und man erhielt ästiges Holz, erschien sie zu dicht, so entstanden auch daraus, namentlich auf geringem Boden wirtschaftliche Verlegenheiten. Pfeil hebt ausdrücklich hervor, daß der zu dichte Stand der Verjüngungen noch mehr zu fürchten sei als der lichte, daß aber gerade auf dem armen Boden eine zu dicht stehende Verjüngung häufig sei. Vorteilhaft auf den Gang der Verjüngung wirkte die Viehweide, weil das Gras dadurch niedergehalten wurde.

In früherer Zeit ließ man auf dem ha ca. 30 Samenbäume stehen und erwartete von diesen allmähliche Besamung.

Zweckmäßiger ist es, in Samenjahren Breitsamenschläge zu stellen, bei denen ungefähr eine Buchenlichtschlagstellung zu wählen ist. Als Samenbäume nimmt man die mit Zapfen behangenen und verzichtet nötigenfalls auf jede Gleichmäßigkeit in der Schlagstellung.

Die Räumung tritt 2—3 Jahre nach dem Samenschlag ein. Ist keine Verjüngung erfolgt, so geht man, ohne auf ein neues

Samenjahr zu warten, zur künstlichen Kultur über, ebenso zögert man nicht mit Auspflanzung der verbliebenen Lücken.

Nach Borggreve gilt auch für die Kiefer die Regel, daß sie auf allen Standorten bis zur Kniehöhe die Beschirmung von reichlich $^2/_3$ ihres eigenen vollen haubaren Mutterbestandes und dann bis zur Mannshöhe die von reichlich $^1/_3$ desselben erträgt.

Die Besamung vom Seitenbestande her in Saum- und Kulissenschlägen kann auf guten Standorten versucht werden, doch darf man auch hier nur den Erfolg des ersten Samenjahres abwarten und muß bei fehlgeschlagener Besamung zur künstlichen Kultur greifen.

Die Benutzung von Vorwuchshorsten bringt nur sehr selten gute Jungbestände, in der Regel sperrig und ästig erwachsenes Holz.

Der Hochwald mit Bodenschutzholz ist möglich auf Standorten, die einerseits für Buchen, anderseits für Fichten sich noch eignen. Buchen, Hainbuchen und Fichten bilden das Schutzholz und werden durch Saat oder Pflanzung nach dem 50. Jahre eingebracht.

Der Lichtungsbetrieb wird zwar geübt, hat aber keinen großen Wert, weil die Kiefer an und für sich licht steht und der Zuwachs dauernd nur wenig durch weitere Lichtstellung gehoben wird. Auf die Lichtstellung reagieren am meisten die starken, am wenigsten die geringen Stämme mit kleinen Kronen.

Der Hochwald mit Vorverjüngung bietet ein Mittel, um in reine Kiefernwaldungen Eichen, Buchen und Weißtannen einzubringen.

Der Plenterwald — ungeregelt — ist wegen des Schadens, den Verdämmung, Rüsselkäfer und wurzelbrütende Hylesinen tun, nicht gut anwendbar. Auch im geregelten Plenterbetriebe mit Abtrieb kleiner Flächen werden aus denselben Gründen die Kulturen zu teuer, um den Betrieb zu empfehlen. Beachtenswert ist es auch, daß die Rücksicht auf den jungen Wuchs oftmals nicht die vorteilhafteste Ausbeutung des Altbestandes gestattet und direkt und indirekt die Holzernte verteuert.

6. Mischungen

mit der Eiche sind in gemischten Altorten durch horstweise natürliche Verjüngung unter den alten Eichen nachzuziehen. Die Fällung der Mutterstämme erfolgt, wenn die Jungeichen zweijährig sind.

Bei Verzicht auf die natürliche Verjüngung und in reinen Beständen ist die Mischung herstellbar:

- durch bandweisen Anbau auf Kulissenschlägen, wobei Saat in der Regel den Vorzug vor der Pflanzung verdient;
- durch Pflanzung von Lohden auf Bestandslöchern und nachfolgenden Kiefernanbau;
- durch Pflanzung von Halbheistern und Heistern mit gleichzeitigem Kiefernanbau. Es ist am wenigsten zu empfehlen;
- durch Streifensaat, wobei auf je neun Reihen Kiefern eine Reihe Eichen kommt. Die Pflanzung von einjährigen Eichen und von Lohden wird seltener gewählt.

Mit der Buche. Bei vorhandenen alten Buchen sucht man durch Stellung eines Vorbereitungsschlages die Buchen zu vermehrtem Samentragen anzuregen. Findet sich dann Besamung ein, so ist die Schlagstellung zunächst lediglich zugunsten der Buche zu gestalten. Wenn das Gedeihen der Buche gesichert ist, stellt man in einem Samenjahre der Kiefer deren Samenschlag. Gelingt er, so räumt man nach zwei Jahren, gelingt er nicht, so kann man schon im ersten räumen und auspflanzen.

Das ältere Unterholz von Buchen, was sich in den Mischsorten fast immer reichlich findet, ist bei der Vorbereitung abzuräumen, dagegen junger Kernwuchs stehen zu lassen.

Verzichtet man auf die natürliche Verjüngung, so geht man wie in reinen Beständen vor und macht entweder

- unter dem Schirm des Altbestandes Plätzesaaten, nach deren Gelingen der Anbau der Kiefer folgt;
- oder verjüngt erst die Kiefer rein und bringt durch Saat und Pflanzung die Buche nachträglich ungefähr vom 50. Jahre ab hinein.

Mit der Birke. Die Birke muß in der Regel von der Natur durch Anflug gegeben werden und man hält deshalb alte Birken an Bestandsrändern, Wegen, Schneißen, auch auf den Schlägen selbst über; ausnahmsweise besät man auch die Stocklöcher. Die Mischung ist als eine vorübergehende anzusehen. Die Birke wird gehauen, sobald sie den Kiefern durch Abreiben der Wipfelknospen zu schaden droht.

Mit der Fichte. Die Mischung ist in derselben Weise herzustellen wie wenn die Fichte die Hauptholzart und die Kiefer die beigegebene ist (Seite 209).

Mit der Weißtanne können wir die Kiefern nur auf besten Standorten erfolgreich mischen; die Tanne ist durch Vorverjüngung einzubringen, wobei Saat und Pflanzung in Betracht kommen.

Mit Lärche und Strobe. Die Pflanzung dieser Holzarten gleichzeitig mit der Kiefer oder nachfolgend auf Lücken, die durch Eingehen der Kiefern entstehen, bildet die Regel, Saat die Ausnahme. Die Lärche ist immer nur einzelständig einzubringen, während die Strobe horstweise stehen darf.

Mit Douglasien kann man es auf gutem Boden versuchen, auf trockenem keinenfalls.

7. Die Bestandspflege.

Reinigungshiebe sind selten notwendig, sie haben in erster Linie räuberischen Vorwuchs zu nehmen.

Die Fortnahme der Aspenwurzelbrut ist sehr zu empfehlen, weil diese die Verbreitung von Caeoma pinitorquum befördert.

Ästungen vertragen junge Kiefern nur, wenn die Äste sehr schwach sind; die Überwallung erfolgt nämlich sehr langsam und oftmals unter Bildung von Stammauftreibungen.

Die Durchforstungen sind von der Bestandsreinigung beginnend zu führen, in der Jugend und Zeit des stärksten Höhenwuchses mäßig vom schwachen her und in kurzen Zwischenräumen (fünf Jahr) wiederkehrend. Mit Nachlassen des Höhenwuchses ist der Bestand verschieden zu behandeln, je nachdem unterbaut werden soll oder nicht. Geschieht es, so kann eine Periode starker Durchforstungen vom schwachen her folgen, geschieht es nicht, so hat man einen abgeschwächten Grad zu wählen. Zu diesem kommt man entweder durch Verlängerung der Zwischenräume von Durchforstung zu Durchforstung oder bei Behaltung der kurzen Perioden durch Übergang zur schwachen Durchforstung. Bemerkenswert ist dabei, daß die Kiefer als Baumholz absterbende Stämme nicht nur bei den unterdrückten, sondern auch bei den dominierenden Stämmen zeigt und die schwache Durchforstung dadurch einen ganz besonderen Charakter erhält.

Nach einem Raupenfraß muß man oft zunächst alljährlich einen Hieb führen und kann erst allmählich zu den gewohnten Intervallen übergehen.

r) Die Lärche.

1. Standort*).

Literatur: Boden, Die Lärche, ihr leichter und sicherer Anbau in Mittel- und Norddeutschland durch die erfolgreiche Bekämpfung des Lärchenkrebses. Hameln und Leipzig 1899.

Bühler: Streifzüge durch die Heimat der Lärche in der Schweiz, Forstwissenschaftliches Zentralblatt 1886. S. 1.

Ihr natürliches Vorkommen in Deutschland ist ursprünglich auf die Alpen beschränkt. Dort geht sie allein und mit der Arve bis zur Baumgrenze. Durch Kunst ist sie seit dem Ende des achtzehnten Jahrhunderts auch anderwärts eingeführt und heute durch ganz Deutschland verbreitet. Die vielfachen üblen Erfahrungen, die hierbei gewonnen sind, haben bereits wieder zu einer Einengung ihres Anbaues geführt.

Sie gedeiht nicht auf den ärmeren Klassen des Sandes, auch nicht auf festem Boden. Hinsichtlich der Feuchtigkeit sind die Ansichten sehr verschieden. Stagnierende Bodennässe meidet sie überall, außerhalb ihrer Heimat gedeiht sie überhaupt nicht auf nassem, weicht sogar vor feuchtem Boden zurück; in den Alpen zeigt sie sich dagegen nach dieser Richtung, wenn ihr die Standortsfaktoren der Luft zusagen, viel weniger empfindlich.

Die Standortsfaktoren der Luft sind für den Wuchs der Lärche wohl überhaupt von größter Bedeutung. Sie verlangt eine kurze, zu rascher und tatkräftiger Entwickelung anregende Vegetationszeit.

Solche finden wir in Lagen, in denen durch langes Liegenbleiben des Schnees die Entwicklung zurückgehalten wird, in solchen, die außerhalb des gewöhnlichen Gebietes der Nebel und deren Zugstraßen liegen. Wir finden sie ferner nur da, wo die Insolation eine kräftige und die Zahl der klaren Tage eine große ist. Auch die Anregung, welche eine bewegte, relativ nicht feuchte Luft auf den Organismus des Baumes durch eine stärkere Verdunstung hervorruft, darf nicht fehlen.

Abänderungen von diesen normalen Verhältnissen, wie sie die eigentliche Heimat der Lärche bietet, rufen deutlich wahrnehmbare Nachteile hervor.

---

*) Larix leptolepis, Die japanische Lärche zeigt im wesentlichen das gleiche Verhalten wie europaea.

Erwacht die Vegetation früh und, wie das dann immer der Fall ist, auch langsam, so wird der Schaden, den die Lärchenmotte tut, vergrößert. Während nämlich eine Raupe bei raschem Wachsen der Lärche einige wenige Nadeln zu ihrer Ernährung gebraucht, zerstört sie jetzt ganze Büschel. Bei häufigem Vorkommen der Motte verliert die Lärche mitunter das ganze erste Laub. Auch der Schaden der Lärchenlaus wächst mit langsamer Entwicklung.

Ist die Vegetationszeit sehr lang, so treibt die Lärche beim Vergilben des ersten Laubes noch einmal, wenn auch nur sparsam neue Nadelbüschel. Dieses abermalige Erwachen läßt sie nicht mit vollkommener Vegetationsruhe in den Winter treten und schwächt zweifellos ihre Widerstandskraft nicht sowohl gegen den Winterfrost, wie auch gegen den Angriff von Pilzen.

Stellt man die Lärche in einen Standort mit nebliger, feuchter, der Sonne oft beraubter Luft, so kräftigt man damit ihren mächtigsten Feind, die Peziza Willkommii. Sie selbst zeigt aber weniger Widerstandskraft.

Außerhalb ihrer Heimat stellt sich die Lärche licht und läßt schon vom 30. Jahre an den Boden unter sich verwildern. Sobald dann der Boden mit dichtem Unkrautfilz bedeckt ist, beginnt sie zu kränkeln.

2. Samen.

Reift im Oktober und fliegt vom Mai des nächsten Jahres den Sommer hindurch ab; ein Teil überwintert in den Zapfen und fällt erst im zweiten Jahre ab.

1 hl Zapfen gibt ungefähr 2,5 kg Kornsamen, wovon 1 kg = ca. 150000 Stück enthält.

Der Same wächst fast alljährlich, man sammelt die frischen, durch helle, unverwitterte Färbung sich kennzeichnenden Zapfen im Frühjahr durch Abbrechen. Der ausgeklengte Same wird zur etwaigen Aufbewahrung in kühle, nicht feuchte Räume gebracht und lagert dort offen. Er bewahrt die Keimdauer 3—4 Jahre, keimt aber, je älter er wird, um so ungleichmäßiger. Man malzt ihn deshalb auch an.

Die Keimfähigkeit beurteilt man nach dem Resultat von Keimproben. Meistenteils ist das Keimprozent gering.

3. Pflanzenzucht in Kampe.

Man wählt einen freiliegenden Platz mit nahrungsreichem, nicht festem Boden, bearbeitet ihn etwa 30 cm tief und besät ihn bei gutem Samen rillenweise (12 cm Entfernung) bei geringem breitwürfig (1,5—2 kg pro a). Die Erdbedeckung soll 1 cm betragen.

Dicht aufgegangene Saaten muß man einjährig verschulen, licht stehende kann man je nach Verhältnissen zwei Jahr stehen lassen oder braucht sie gar nicht zu verschulen.

Die Verpflanzung der Lärche muß früh im Jahre geschehen, weil sie früh treibt.

Verschulungen kann man in 30 cm Verband vornehmen, wenn die Pflanzen, bevor sie 1 m Höhe erreicht haben, ins Freie gesetzt werden, sollen sie größer verpflanzt werden, muß man ihnen mehr Raum geben.

4. Kulturen.

Saaten werden gemacht, aber selten, weil der Same zu geringe Keimfähigkeit hat (8 kg pro ha). Die Regel bildet die Pflanzung von zweijährigen und älteren Pflanzen. Man setzt sie mit entblößter Wurzel in gegrabene oder gehackte Löcher.

Ballenpflanzung ist selten und nur bei zweijährigen Lärchen noch möglich.

Als Pflanzzeit ist wegen des frühen Austreibens der Lärche der Herbst gut geeignet.

5. Betriebsarten und 6. Mischungen.

Der Anbau reiner Lärchenbestände ist nur bei sehr kurzen Umtrieben ratsam und dann, wenn man die Lärche als Vorholz benutzen will, von dem aus man später zu anderen Holzarten übergeht. Rechtzeitig mit der oder den eigentlichen Hauptholzarten unterbaut, gibt sie einen vortrefflichen Schirmstand, der wegen seiner lichten Belaubung ziemlich lange gehalten werden kann.

In den Mittelwald bringt man sie gern als Oberbaum, auch kann sie im Pflanzwald in weitständigen Reihen gut gebraucht werden. Sie läßt im Wuchs nach, wenn der Bodenüberzug verfilzt. Es fehlt dann die erforderliche Durchlüftung des Bodens. Nicht minder tut sie ihren Dienst auf Weidefeldern, die unter Sonnenbrand leiden.

Im übrigen tritt sie nicht als herrschende Holzart auf, sondern in Mischung mit anderen. Sie ist, wie das bei den Mischungen in anderen Kapiteln schon besprochen, immer so zu stellen, daß sie abkömmlich ist, ohne durch ihr Verschwinden die Bestände lückig zu machen. Auch in dieser Form gibt sie häufig recht beachtenswerte Erträge.

7. Bestandspflege

wird ihr eigentlich nicht zuteil, weil sie in der Regel vorwüchsig vor allen Haupt-Holzarten ist; wo sie es nicht ist, wird man sie auch kaum durch Freihieb retten. Schnitt und Ästung verträgt sie gut. Beides kommt aber nur selten in Anwendung, weil die beschatteten Äste absterben und auf natürlichem Wege abgestoßen werden. Gesund bleibt sie nur, wo und solange sie mit mindestens 30% ihrer Stammlänge in freiem Luft- und Lichtgenuß steht. Auch muß der Boden durchlüftungsfähig sein.

s) Die Strobe.

1. Standort.

Sie ist zurzeit durch ganz Deutschland verbreitet. Meist jedoch steht sie nur in Horsten, Gruppen oder Reihen, seltener in Beständen. Ihr Anbau hat seit ihrer etwa in Mitte des achtzehnten Jahrhunderts geschehenen Einführung stetig zugenommen.

Man hat sie in der Regel als einen Ersatz angepflanzt für die gemeine Kiefer und daher lehnt sich ihr Vorkommen an den natürlichen Standort dieser an. Sie ist brauchbar in der Ebene und im Gebirge; hier vermeide man Schneebruchlagen, denn sie leidet vom Schnee, wenn auch vielleicht weniger als die gemeine Kiefer.

Die Ansprüche an den Boden sind gering, sie leistet selbst auf dem mageren Boden mindestens ebensoviel wie die gemeine Kiefer. Ihre Entwicklung eilt auf besseren Standorten der Kiefer voran, dabei bildet sie aber überall und selbst in den Lagen, wo die Kiefer krumm erwächst, gerade und glatte Stämme aus.

Die besten Zuwachsverhältnisse werden auf einem mineralisch kräftigen, von allen Extremen sich frei haltenden Waldboden in mildem Klima gefunden.

Bezüglich ihres Baumschlages und des Vermögens, im Schlusse zu erwachsen, steht sie zwischen Fichte und Kiefer. Damit in Zusammenhang steht die Rückwirkung auf den Boden, sie nähert sich darin aber mehr der Fichte als der Kiefer. Sie hält sich bis zum Eintritt ihrer natürlichen Haubarkeit, die nicht viel jenseits des 80. Jahres eintritt, sehr geschlossen. In jüngeren Orten bildet sie eine Nadeldecke, die oft bedeutende Stärke erhält, weil ihre Nadeln schwer verwesen; in alten Orten ist der Boden mit Astmoosen bedeckt. Ihre bodenbessernde Kraft muß daher als bedeutend angesprochen werden.

Auf Laubholzboden leidet sie sehr unter dem Angriff von Agaricus melleus.

2. Samen.

Reift im Herbst des zweiten Jahres, fliegt an warmen, trocknen Oktobertagen.

1 hl enthält ca. 1500 Zapfen und gibt in der Regel mehr als 0,5 kg Kornsamen. 1 kg = ca. 60000 Stück.

Die Samenjahre sind so häufig, daß man jedes zweite Jahr als solches bezeichnen kann. Im Frankfurter Stadtwalde sind in 22 Jahren nur 3 Fehljahre vorgekommen.

Die Einsammlung geschieht durch Pflücken der eben gereiften Zapfen, er klengt sich sehr leicht aus und wird in der Regel dünn ausgebreitet aufbewahrt. Die Keimfähigkeit wird besser durch Schnitt als durch Ankeimen erprobt, weil die Körner bei ihrer Keimlangsamkeit in jedem Apparat zu viel Schimmel ansetzen. Die Keimfähigkeit erhält sich teilweise bis ins dritte Jahr.

3. Die Pflanzenzucht im Kampe.

Saatbeete macht man wie bei der gemeinen Kiefer, aber mit einer dem Gewicht nach verdoppelten Einsaat (2 kg pro a). Die Pflanzen müssen zwei Jahre in den Beeten stehen bleiben, weil ein großer Teil des Samens überliegt und im zweiten Frühjahr nachkeimt. Man gewinnt daher von solchen Mutterbeeten ein- und zweijährige Pflanzen. Sie werden getrennt verschult im Verband 20 auf 15 cm. Die zweijährigen bleiben 2 Jahre, die einjährigen 2—3 Jahre in den Beeten und können dann für die Kulturen verwendet werden.

4. Kulturen.

Saaten empfehlen sich nicht wegen des hohen Samenpreises und des langsamen Keimens.

Pflanzungen von Jährlingen können wie die der gemeinen Kiefer ausgeführt werden, in der Regel aber pflanzt man verschulte drei- und vierjährige mit entblößter Wurzel, seltener mit Ballen.

5. Betriebsarten.

Die Strobe kann rein erzogen werden. Der Betrieb in solchen Beständen, ist wie die in Deutschland zahlreich vorhandenen Altorte beweisen, sehr wohl auf Kahlschlag mit folgender Pflanzung zu begründen.

Auch die natürliche Verjüngung ist, wie die Mitteilungen aus dem bayerischen Forstamt Trippstadt ergeben, auf geeignetem Standort recht gut durchführbar.

6. Mischungen

sind ihr in unseren heimischen Nadelhölzern beizugeben. Ihr Hauptwert liegt jedoch nicht darin, daß wir sie als Hauptholzart anbauen, sondern darin, daß wir sie allen möglichen anderen Holzarten als Mischholz beigeben können. Sie ist wegen ihrer Schnellwüchsigkeit, der Fähigkeit, Seitenschatten zu ertragen und ihrer geringen Ansprüche an Bodenkraft vortrefflich geeignet, Bestandslücken auszufüllen und als letztes Nachbesserungsholz benutzt zu werden.

7. Bestandspflege.

Sie muß in dichtem Schlusse stehen, wenn sie glattes, astreines Holz liefern soll. Man wird demgemäß die Durchforstungen in sich reinigenden Beständen und Stangenhölzern vom schwachen her zu führen haben, darf zunächst nur das ganz ausgeschiedene hauen und erst, wenn astreines Schaftholz gebildet ist, zur mäßigen Durchforstung vorschreiten.

Die Fortnahme trockener Äste ist dringend zu empfehlen, weil sie sehr lange haften bleiben und tief einwachsen, doch muß man sich sehr hüten, beim Schnitt den Überwallungswulst zu verletzen, weil dann starke Stammauftreibungen entstehen.

Bei Grünästung bleibt sie zwar gesund, bekommt aber niemals einen glatten Stamm.

t) Nachlese in Nadelhölzern.

Pinus cembra: Die Zürbelnußkiefer.

Ein Baum alpiner Hochlagen, der für das übrige Deutschland schon wegen seiner Langsamwüchsigkeit und dabei geringen Holzgüte nicht geeignet ist.

Der Same reift und fällt im Herbst. Er hat eine Keimruhe von 18, mitunter von 30 Monaten. Da Mäuse, Eichhörnchen und Vögel ihn gern aufnehmen, so muß man die Saatbeete energisch gegen diese schützen. Die natürliche Verjüngung wird wesentlich durch die lange Keimruhe erschwert, weil ein solcher Schutz im Freien nicht möglich ist.

Die Nachzucht geschieht durch Pflanzung von 0,3—0,6 m großen verschulten Pflanzen, die man mit Ballen setzt, wenn die Kosten nicht zu hoch werden; außerdem durch natürliche Verjüngung.

Der Standort fordert in der Regel den Plenterwald als Betriebsform.

Pinus austriaca: Die österreichische Kiefer*)

hat ihren eigentlichen Standort auf Kalkboden und ist vollkommen frosthart.

Sie nimmt in ihrer Heimat mit sehr geringer Bodenkraft, Bodentiefe und Feuchtigkeit fürlieb; bei uns sind ihre Ansprüche höher, so daß man auf armen Böden unsere gemeine Kiefer vorzieht.

Die Krummholzkiefern.

Sie haben ihren Standort in Hochlagen, die nicht mehr für die Fichte sich eignen.

Ihre Bedeutung liegt darin, daß sie in jenen Lagen bodenbildend wirken und den geschaffenen Boden festhalten. Krummholzbestände sollten daher nur in letzter Linie als Nutzungsobjekte angesehen werden, vielmehr in die Reihe der Schutzwaldungen treten.

Die gebotene Betriebsform ist dann die des Plenterwaldes. In dieser findet sich meistens genug Jungwuchs an, um an die Stelle abgängiger Altbüsche und Stämme zu treten. Wo es nicht der Fall ist, muß man in hohen Lagen auf frischem, mildem Boden Saatbeete anlegen, aus denen man die Pflanzen ein- oder zweijährig auf Verschulungsbeete bringt. Sie läßt sich lange und während der ganzen Vegetationszeit verpflanzen.

Die Einsprengung von Fichten, wenn sie von der Natur gegeben wird, ist gern gesehen, auf künstliche Einbringung sind aber keine Kosten zu verwenden.

*) v. Seckendorff: Beiträge zur Kenntnis der Schwarzföhre. Wien 1881.

Pinus rigida: Die Pechkiefer.

Kommt auf sehr verschiedenartigen Standorten vor, gedeiht auf Kiefernboden IV. und V. Klasse, ist frosthart und lichtbedürftig. Zwanzigjährige Bestände machen indessen schon den Eindruck, daß ihr Wachstum beendet sei*).

Saatbeete werden ebenso wie die der gemeinen Kiefer angelegt; man verschult die Pechkiefer einjährig und bringt sie zweijährig auf die Kulturen, wo sie zunächst auf dem Boden herumkriecht, sich dann erhebt, aber selten zu geraden Stämmen erwächst.

Sie hat für Anlage von Waldmänteln auf armen Böden vielleicht einige Bedeutung. Im übrigen sind selbst eifrige Freunde der fremden Holzarten davon zurückgekommen, sie zum Anbau zu empfehlen.

Pinus Banksiana

übertrifft alle anderen Holzarten an Anspruchslosigkeit hinsichtlich der Bodenkraft und eignet sich daher vorzüglich zur Aufforstung der geringsten Ödländereien und von Flugsandflächen (Schwappach 1901).

Schon sechsjährige Pflanzen tragen Samen*).

Bis jetzt hat sie den Erwartungen auf gute Entwicklung entsprochen.

Abies Nordmanniana (Stewen).

Die Weißtanne aus dem Kaukasus, Nordmannstanne.

Sie ist als winterhart erprobt und gegen Maifrost mehr als unsere Weißtanne geschützt, weil sie später austreibt. Sie soll an die mineralische Nährkraft des Bodens geringere Ansprüche machen als die Weißtanne.

Der Same verliert, wie die Erfahrung gelehrt hat, durch den Transport viel von seiner Keimfähigkeit, ebenso büßt er sie leicht bei der Lagerung ein.

Man soll ihn also möglichst früh aussäen. Die Pflanzenzucht im Kampe ist ebenso wie bei der Weißtanne. Da jedoch die

---

*) Diese Bestände wurden vor Jahren als Anbauerfolge hingestellt.

**) Das ist indessen ein beachtenswertes Zeichen des Alterns. Auch Pinus rigida brachte sehr früh Zapfen in den Beständen, die mit 20 Jahren im Greisenalter standen.

Entwicklung noch langsamer ist als bei der Weißtanne, so muß sie in der Regel auch länger als diese im Kamp stehen.

Mit der Nordmannstanne sind zwar ausgedehnte Versuche gemacht, sie wird aber im Walde in dem Wettkampfe mit der heimischen Tanne unterliegen. Dagegen wird sie in den parkartig bewirtschafteten Flächen wegen ihrer sehr schönen Form und Benadelung eine verdiente und weitgehende Beachtung behalten bezw. finden.

Diese Auffassung bestätigt Schwappach 1901, spricht sogar aus: Es liegt kein Grund vor, Nordmanniana zum forstlichen Anbau zu empfehlen.

Picea Sitchensis (Carrière): Sitka-Fichte.

Sie ist wenig wählerisch in ihren Ansprüchen bezüglich des Standorts. Am besten gedeiht sie auf frischen bis feuchten, stark humosen und selbst anmoorigen Böden. Stehende Nässe meidet sie dabei. Bezüglich der Höhenlage soll sie keinen Unterschied machen und ebenso gute Entwicklung in der Ebene wie in höheren Lagen der Sudeten, des Taunus und Westerwaldes zeigen*). Sie gilt für frosthart; im Winter 1892/93 war die Benadelung der in Gahrenberg stehenden Horste erfroren, dennoch sind die Pflanzen am Leben geblieben und haben selbst wiederholten Schaden vollständig ausgeheilt. Einjährig leidet sie durch Auffrieren, weil sie sehr klein in den Winter geht.

Sie soll rein und gemischt mit Tanne, Fichte, Kiefer und Buche angebaut werden.

Zu den Saatbeeten ist lockerer, frischer und unkrautfreier Boden zu wählen, Aussaat 1 kg für 1 a. Die keimenden Saaten sind ebenso wie die jungen Pflanzen gegen die Sonne sorgfältig zu schützen. Eine Verschulung wird nach zwei Jahren vorgenommen. Zur Auspflanzung ins Freie eignen sich 4—5jährige Pflanzen. Es empfiehlt sich, um Astreinheit zu erzielen, ein enger Verband, jedenfalls kein weiterer als 1,2 m im Quadrat.

Vorläufig setzt man auf die Sitkafichte große Hoffnungen.

Taxus baccata: Die Eibe

ist wegen giftiger Eigenschaften der Nadeln zu Zeiten, wo Waldweide auf weiten Gebieten ausgeübt wurde, aus dem Walde fast

*) Schwappach, Zeitschrift f. Forst- u. Jagdw. 1891. S. 30.

verdrängt und sollte daher auch nicht wieder eingeführt werden. In schwer zugänglichen Waldungen hat sie sich als heimischer Waldbaum bis auf den heutigen Tag erhalten.

Pseudotsuga Douglasii*) (Carrière): Die Douglasie).**

Frischer, milder humoser Lehmboden behagt ihr am meisten, aber auch auf lehmhaltigem Boden gedeiht sie noch gut, wenn nur genügend Frische vorhanden ist. Auf trockenem Sandboden läßt ihre Entwicklung nach, unter Kiefernboden III. Klasse sollte man mit ihrem Anbau nicht gehen***).

Sie meidet nassen und feuchten, gedeiht oft nicht auf strengem Boden. Sie ist in den ersten beiden Lebensjahren sehr frostempfindlich, so daß die Pflanzenzucht im Kampe darauf Rücksicht zu nehmen hat. Gegen kalte Winde mit relativ niedriger Feuchtigkeit bei Sonnenschein ist sie nicht nur in der Jugend, sondern noch als 30jähriger Stamm empfindlich und stirbt nicht selten ab.

Sie soll nicht nur für Kahlschlagskulturen in reinen Beständen zum Anbau kommen, sondern auch als Mischholz mit Kiefern, Fichten, Tannen und Buchen. Am günstigsten ist das Wachstum in Löcherkahlschlägen von etwa 10 a Größe, sowie unter ganz leichtem Schirm, welcher aber bald entfernt werden muß, und ferner ganz besonders gut auf kleinen Lücken und Blößen in schon etwas stärkeren Kulturen. Sie eignet sich zur Füllung von Fehlstellen namentlich in Buchenverjüngungen.

Kampsaaten sind unter Seitenschutz oder Schirm zu halten, solange Frostgefahr droht. Sie wird einjährig verschult. In den Pflanzbeeten soll der Verband 20 cm zu 10 cm sein. Am besten hat sich die Pflanzung mit 4jährigen verschulten Pflänzlingen bewährt.

Sie hat unter den Pilzen in Phoma abietina einen unangenehmen Feind.

Die Douglasie ist eine von den Holzarten, bei welcher die Anbauversuche von Erfolg begleitet sind und deren Anbau auf Grund dieser Ergebnisse demnächst weiteren Raum gewinnen wird.

*) Booth, Die Douglasfichte und einige andere Nadelhölzer, namentlich aus dem nordwestlichen Amerika in bezug auf ihren forstlichen Anbau in Deutschland. Berlin 1877.

**) Der Name ist von Mayr (Die Waldungen von Nordamerika, München 1890) vorgeschlagen.

***) Schwappach 1901.

Chamaecyparis Lawsoniana: Lawsons Cypresse.

Steht in den Bodenansprüchen etwa der Rotbuche gleich; frischer, milder, humoser Lehmboden oder doch wenigstens lehmiger Sandboden sind zu ihrem Gedeihen erforderlich. Sie liebt Kalk und dieser scheint namentlich das Stärkenwachstum zu fördern (Schwappach 1901).

Man macht Vollsaatbeete, aus denen man die Pflänzchen zweijährig zur Verschulung nimmt. Saatbeete*) werden am besten im Seitenschutz auf unkrautfreiem Boden angelegt und sind gegen Dürre und Frost zu schützen. Zur Pflanzung verwendet man vier- bis fünfjährige kräftige verschulte Pflanzen. Kulturen gedeihen gut im Seitenschutz. Die Verpflanzung ins Freie geschieht, wenn die Pflanzen bis 0,5 m hoch sind. Sie ist empfindlich gegen zu tiefen Stand. Sie wird jetzt für Löcherkahlschläge oder Einzel- und Gruppenstand in Laubholzverjüngungen empfohlen, muß aber wegen der langsamen Entwickelung frühzeitig eingebracht werden**).

Chamaecyparis obtusa.

Verlangt frischen, lockeren und kräftigen Boden, meidet trockene Lagen und kalte nasse Stellen; Baum besserer Buchen- und Eichenstandorte, bester Kiefernböden. In der Jugend empfindlich gegen Hitze und Frost. Keimlinge sind gegen direktes Sonnenlicht zu schützen.

Zu Freikulturen werden 4—5 jährige Pflanzen genommen. Am zweckmäßigsten ist gruppenweise Einsprengung in Laubholzverjüngungen, auch Löcherkahlschläge sind geeignet, wobei man sie mit Fichten und Buchen mischt.

Thuja gigantea (Nuttal): Der Riesenlebensbaum.

Liebt feuchten und frischen, meidet trockenen Boden und solchen mit stagnierender Nässe.

In den ersten Jahren ist die schwache Pflanze empfindlich gegen Frost und Dürre, später leidet sie zuweilen unter dem Angriff eines Pilzes Pestalozzia funerea.

---

*) Vgl. Schwappach, Zeitschrift f. Forst- und Jagdw. 1902. S. 32.

**) Forstmeister Boden macht auf die Rindenzerreißung über dem Erdboden aufmerksam. Sie sei eine Krankheit der Kupressineen, die zu deren Entwertung beiträgt. Die Bodensche Beobachtung trifft zu. Die Krankheit scheint recht verbreitet zu sein.

Ihr fernerer Anbau wird nur für völlig zusagenden Standort und in geschützter Lage empfohlen.

Juniperus virginiana: Die virginische Ceder.

Die Anbauversuche haben ergeben, daß das Klima Norddeutschlands der Entwickelung dieser Holzart wenig günstig ist und sie sich hier zum forstlichen Anbau nicht eignet, sondern nur als Parkbaum in Betracht kommen kann.

Nur in den wärmeren Teilen Deutschlands dürfte ein umfangreicher Anbau zur Erziehung von Nutzholz in Erwägung zu ziehen sein (Schwappach 1901).

Leitfaden für Vorlesungen aus dem Gebiete der Ertragsregelung. Von **W. Weise,** Kgl. Preuß. Oberforstmeister und Direktor der Forstakademie zu Hann. Münden. Mit 8 Abbildungen im Text.
Preis M. 4,—; in Leinwand geb. M. 5,—.

Leitfaden für die Försterprüfungen. Ein Handbuch für den Unterricht und Selbstunterricht unter Berücksichtigung der preußischen Verhältnisse sowie für den praktischen Forstwirt. Von **G. Westermeier,** Königl. Forstmeister zu Schkeuditz, früher Dozent der Forstwissenschaften an der Königl. Landwirtschaftl. Hochschule zu Berlin. Mit 144 Holzschnitten und einer Spurentafel. Elfte, zum Teil umgearbeitete Auflage des Leitfadens für das preußische Jäger- und Försterexamen.
In Leinwand gebunden Preis M. 6,—.

Forstliche Rechenaufgaben. Ein Wiederholungs- und Übungsbuch zur Vorbereitung auf die Jäger- und Försterprüfung. Von **Otto Grothe,** Kgl. Forstschullehrer in Spangenberg. Sechste, vermehrte und verbesserte Auflage. Mit 88 Textfiguren. Kart. Preis M. 1,80.

Forstästhetik. Von **H. v. Salisch.** Dritte, vermehrte Auflage. Mit 133 Abbildungen im Text. Preis M. 8.—; in Leinwand geb. M. 9,—.

Kryptogamenflora für Anfänger. Eine Einführung in das Studium der blütenlosen Gewächse für Studierende und Liebhaber. Herausgegeben von Prof. **Dr. Gustav Lindau,** Privatdozent der Botanik an der Universität zu Berlin, Kustos am Kgl. Botanischen Museum zu Dahlem. I. Band. Die höheren Pilze (Basidiomycetes). Mit 607 Figuren im Text. Preis M. 6,60; in Leinwand geb. M. 7,40.

Arzneipflanzenkultur und Kräuterhandel. Rationelle Züchtung, Behandlung und Verwertung der in Deutschland zu ziehenden Arznei- und Gewürzpflanzen. Eine Anleitung für Apotheker, Landwirte und Gärtner. Von **Th. Meyer,** Apotheker in Colditz. Mit 21 in den Text gedruckten Abbildungen. Preis M. 4,—; in Leinwand geb. M. 4,80

Vereinfachte Blitzableiter. Von Dipl.-Ing. **Sigwart Ruppel,** Professor für Elektrotechnik an der Königl. Industrieschule Kaiserslautern. Mit 75 Textfiguren. Preis M. 1,—.